新型 建筑玻璃
与幕墙工程 应用技术

XINXING JIANZHU BOLI
YU MUQIANGGONGCHENG YINGYONG JISHU

李长久　蔡思翔　俞　琳　编著

化学工业出版社
·北京·

玻璃、建筑幕墙对于促进现代建筑的健康发展，具有非常重要的意义。本书按照国家更新的质量标准、施工规范，融入新技术、新材料、新工艺，不仅介绍了丰富的玻璃应用技术，涵盖节能玻璃、安全玻璃、装饰玻璃、多功能复合玻璃、镀膜玻璃、中空玻璃等；还突出介绍了建筑幕墙工程的施工技术、质量要求与验收、质量控制措施等，涵盖玻璃幕墙、石材幕墙、金属幕墙、建筑幕墙密封及结构粘接技术等。本书由具有多年工程实践经验的技术人员和科研人员共同编写完成，结合具体工程实例，贴近工程实际，通俗、易懂。

　　本书具有实用性强、技术先进、使用方便等特点，不仅可供建筑玻璃、建筑材料行业的科技人员、技术人员参考，还可以作为建筑幕墙工程设计、施工和管理人员的技术参考书，也可以作为高校及高职高专院校相关专业在校师生的参考辅导用书。

图书在版编目（CIP）数据

新型建筑玻璃与幕墙工程应用技术/李长久，蔡思翔，俞琳编著.—北京：化学工业出版社，2019.10
ISBN 978-7-122-34903-3

Ⅰ.①新… Ⅱ.①李…②蔡…③俞… Ⅲ.①玻璃-幕墙-工程施工 Ⅳ.①TU227

中国版本图书馆 CIP 数据核字（2019）第 151229 号

责任编辑：朱 彤　　　　　　　　　　　文字编辑：汲永臻
责任校对：刘 颖　　　　　　　　　　　装帧设计：刘丽华

出版发行：化学工业出版社（北京市东城区青年湖南街 13 号　邮政编码 100011）
印　　装：北京科印技术咨询服务有限公司数码印刷分部
787mm×1092mm　1/16　印张 14¼　字数 352 千字　　2020 年 1 月北京第 1 版第 1 次印刷

购书咨询：010-64518888　　　　　　　售后服务：010-64518899
网　　址：http://www.cip.com.cn
凡购买本书，如有缺损质量问题，本社销售中心负责调换。

定　　价：78.00 元　　　　　　　　　　　　　　　　　　版权所有　违者必究

前言

>>>

随着经济的腾飞，社会的不断进步，科学技术的飞速发展，人们对物质生活和精神文化生活水平的要求不断提高，更加重视生活和生存的环境。国内外工程实践充分证明，现代建筑和现代装饰对人们的生活、学习、工作环境的改善，起着相当重要的作用。

玻璃是建筑工程中不可缺少的重要材料。建筑幕墙是建筑物主体结构外围的围护结构，具有防风、防雨、隔热、保温、防火、抗震和避雷等多种功能。按照国家新的质量标准、施工规范，科学合理地选用建筑装饰材料和施工方法，努力提高玻璃应用和建筑幕墙的技术水平，对于创造舒适、绿色环保型的外围环境，促进建筑装饰业的健康发展，具有非常重要的意义。

建筑幕墙按其面板材料的不同，可分为玻璃幕墙、石材幕墙、金属幕墙、混凝土幕墙及组合幕墙等；按其安装形式的不同，可分为散装建筑幕墙、半单元建筑幕墙、单元建筑幕墙和小单元建筑幕墙等。其中，目前在实际工程中应用最广泛的是玻璃幕墙。

我们根据工程实践经验并参考有关技术资料，根据国家现行标准《建筑幕墙》（GB/T 21086—2007）、《中空玻璃》（GB/T 11944—2012）、《真空玻璃》（JC/T 1079—2008）、《玻璃幕墙光热性能》（GB/T 18091—2015）、《建筑装饰装修工程质量验收标准》（GB 50210—2018）、《住宅装饰装修工程施工规范》（GB 50327—2001）以及《建筑工程施工质量验收统一标准》（GB 50300—2013）等国家标准及行业标准的规定，编写了这本《新型建筑玻璃与幕墙工程应用技术》，对幕墙装饰工程的使用材料、施工工艺、材料核算、质量要求、检验方法、验收标准、质量问题、性能检测等方面进行了全面论述。

本书按照先进性、针对性、规范性和实用性的原则进行编写，特别突出理论与实践相结合，具有应用性突出、可操作性强、通俗易懂等特点，既适用于高等院校及高职高专院校建筑及装饰类专业学生的学习，也可以作为建筑装饰施工技术的培训教材，还可以作为建筑装饰第一线施工人员的技术参考书。

本书由李长久、蔡思翔、俞琳编著。编写的具体分工为：李长久编写第一章～第五章，并负责全书的统稿工作；蔡思翔编写第六章～第八章；俞琳编写第九章～第十二章。本书由山东农业大学李继业教授负责主审。

由于编者水平和时间有限，书中疏漏在所难免，敬请有关专家、同行和广大读者批评指正并提出宝贵意见。

编　者
2019 年 6 月

目录

▶▶▶

第 ❶ 章 ▶▶▶

玻璃基本概述

玻璃和陶瓷一样,具有悠久的历史。它们都是人类通过高温把天然物质转变为人工合成的新物质,可能是从有文字记载以来最古老的人造材料,几千年来,玻璃从未间断地被人类使用着。从日用玻璃器皿到光电子技术玻璃,都深深地影响着人类的社会活动,而高新技术的发展也继续对玻璃提出许多新的要求。

第一节　玻璃的组成与结构

在自然界中,物质主要存在着三种聚集状态,即气态、液态和固态。固态物质又有几种不同的存在形态,即晶体、非晶体(无定形态)和准晶。

玻璃属于非晶体(无定形态)。玻璃的机械性质类似于固体,是具有一定透明度的均匀脆性体,破碎时往往有贝壳状断裂面;但从微观结构来看,玻璃态物质中的质点呈近程有序、远程无序的特征,因此又有些像液体。玻璃的定义是:由熔融物冷却、硬化而得的非晶体固体,其内能和构型熵高于相应的晶体,其结构为短程有序、长程无序,从熔融态转化为固态时玻璃化转变温度为 T_g。

材料试验结果表明,玻璃的物理化学性质不仅决定于其化学组成,而且与玻璃的结构有密切联系。只有认识玻璃的结构,掌握玻璃的组成、结构、性能三者之间的内在联系,才有可能通过改变其化学成分、热历史,或利用某些物理、化学处理,制得符合要求的物理化学性能的玻璃材料或玻璃制品。

一、玻璃的共性与分类

(一)玻璃的共性

从玻璃的机械性质、外观特征和微观结构等几方面加以考虑,玻璃的共性可以归纳为以下几点。

1. 玻璃的各向同性

玻璃的各向同性是指玻璃体的任何方向具有相同性质。也就是说,玻璃态物质各个方向的硬度、弹性模量、热膨胀系数、热传导系数、折射率、电导率等都是相同的,而非等轴晶系的晶体是具有各向异性的。实际上,玻璃的各向同性是统计均质结构的外在表现,这与液体有类似性。

必须指出的是，玻璃中存在内应力时，结构的均匀性就遭受破坏，玻璃此时就显示出各向异性，例如出现明显的光程差或产生双折射现象。此外，由于玻璃表面与内部结构上的差异，其表面与内部的性质也不相同。

2. 玻璃的介稳性能

玻璃处于介稳状态，就是说，由熔体冷却或其他方法形成玻璃时，系统所含的内能并不处于最低值。我们知道，熔体冷却转化为晶体时，释放出的能量等于晶体熔化时的潜热。但当熔体过冷为固态玻璃时，其黏度急剧增大，质点来不及进行有规则的排列，虽然伴有放热现象，但释放出的热量小于相应晶体的熔化潜热，而且其热值也不固定（随冷却速度而异）。因此，玻璃态物质比相应的晶态物质含有更大的内能，它不是处于能量最低的稳定状态，而是处于介稳状态。

在一般情况下，高能量状态有向低能量状态转化的趋势。然而，玻璃即使处于高能量状态，由于常温下黏度很大，因而实际上也不能自发地转化为晶体；只有在一定条件下，或者说必须克服析晶活化能，即物质由玻璃态转化为晶态的势垒，才能使玻璃析晶。因此，从热力学的观点看，玻璃态是不稳定的，但从动力学的观点看，玻璃态又是稳定的，因为在常温下转变为晶态的概率非常小，所以玻璃处于介稳状态。

3. 玻璃性质变化规律

除了形成连续固熔体外，二元以上晶体化合物有固定的原子或分子比，因此它们的性质变化是非连续的。但玻璃则不同，在玻璃形成的范围内，其成分可以连续变化。图 1-1 为 R_2O-SiO_2 系玻璃 R_2O 分子百分含量与分子体积的关系。从图 1-1 中可以看出，分子体积随 R_2O 的增加或者连续下降（加入 Li_2O 或 Na_2O 时），或者连续增加（加入 K_2O 时）。由于这种变化的连续性，在大部分情况下，玻璃的一些物理性质是玻璃中所含各氧化物特定的部分性质之和。利用玻璃性质的加和性，可以计算已知成分玻璃的性质。

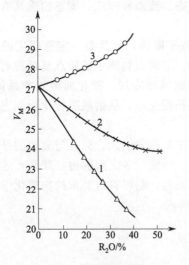

图 1-1 R_2O-SiO_2 系玻璃 R_2O 分子
百分含量与分子体积的关系
1—Li_2O；2—Na_2O；3—K_2O

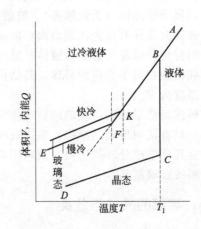

图 1-2 物质内能与体积随温度的变化曲线

4. 玻璃形态变化规律

材料试验证明，玻璃在固态和熔融态之间的转变具有可逆性，其物理化学性质的变化是连续和渐变的。

当物质由熔体向固体转化时，如果是结晶过程，则系统中必然有新相出现，在结晶温度下，许多性质会发生突变。但当熔体向固态玻璃转化时，是在较宽的温度范围内完成的，随着温度下降熔体的黏度剧增，最后形成固态的玻璃，不会有新的晶相出现。从熔体向固态玻璃转变的玻璃化转变温度（T_g）取决于玻璃的成分，同时也与冷却速度有关；一般在几十至几百摄氏度的范围内波动，因而玻璃没有固定的熔点，而只存在一个软化温度范围。同样，玻璃加热变为熔体的过程也是渐变的，因此玻璃具有可逆性。

以物质的内能与体积为例，它们随温度变化的曲线如图 1-2 所示。

从图 1-2 中可以看出，若将熔体 A 逐渐冷却，熔体将沿 AB 收缩，内能逐渐减小，达到熔点 T_1 时，固化为晶体，此时内能 Q、体积 V 以及其他一些物理化学性质会发生突然变化（BC）。当全部熔体都晶化后（即达到 C 点），温度再降低时，晶体体积及内能就沿着 CD 减小。显然当熔体冷却变为晶体时，温度 T 出现突变。而熔体 A 冷却形成玻璃时，其内能和体积等性质是连续地逐渐变化（在 T_1 时沿 BK 变为过冷液体），KF 称为转变区。在图中还可以看出，玻璃的体积（包括密度、折射率、黏度等性质）与温度变化快慢有关，降温速度快，形成的玻璃体积变大。

上述四点特性是玻璃态物质所特有的。因此，玻璃的物理化学性质除了随成分变化外，很大程度上取决于它的热历史。玻璃的热历史是指玻璃从高温液态冷却，通过转变温度区域和退火温度区域的经历。对于成分确定的玻璃来说，一定的热历史必然有其相应的结构状态，从而必然反映在它外部的性质。例如在图 1-2 中，快冷的玻璃较慢冷的玻璃具有较大的体积，在转变温度范围内某一温度保温，随着保温时间的增加，快冷玻璃体积逐渐减小；而慢冷玻璃的体积则会逐渐增大，最后趋向一个平衡值。玻璃的黏度、密度等也有这种情况。很显然，这些现象都和玻璃的热历史密切相关。

（二）玻璃的分类

玻璃的分类方式有很多，常见的主要包括按照组成分类、按照应用分类和按照性能分类等方式。

1. 按照组成分类

按照组成不同进行分类，这是玻璃的一种较严密的分类方法。该方法的特点是从名称上就直接反映了玻璃的主要组成和大概的结构、性质范围。在很多文献资料中均采用这种分类方式。一般玻璃按照组成分类有氧化物玻璃和非氧化物玻璃两类。

（1）**氧化物玻璃** 借助氧桥形成聚合结构的玻璃均归入氧化物玻璃，主要包括当前已了解的大部分玻璃品种，这类玻璃在实际应用和理论研究上具有重要意义。

（2）**非氧化物玻璃** 当前，非氧化物玻璃主要有两类：一类是卤化物玻璃，另一类是硫族化合物玻璃。

2. 按照应用分类

按照应用不同分类是日常生活中普遍采用的一种分类方法，它的主要优点是直接指明了玻璃的用途及使用性能，通常有以下几类。

（1）**建筑玻璃** 建筑玻璃主要包括各种平板玻璃、压延玻璃、钢化玻璃、磨光玻璃、夹层玻璃、中空玻璃等品种。

（2）**日用轻工玻璃** 日用轻工玻璃主要包括瓶罐玻璃、器皿玻璃、保温瓶玻璃及工艺美术玻璃等。

（3）**仪器玻璃** 仪器玻璃主要有高硅氧玻璃、高硼硅仪器玻璃、硼酸盐中性玻璃、高铝玻璃、温度计玻璃。仪器玻璃在耐蚀、耐温方面要求高一些。

（4）**光学玻璃** 光学玻璃可分为无色光学玻璃和有色光学玻璃两大类。

无色光学玻璃按折射率和色散不同分为冕牌玻璃和火石玻璃两大类，共 18 类 141 个牌号，用于显微镜、望远镜、照相机、电视机及各种光学仪器。

有色光学玻璃共有 13 类 96 个牌号，用于各种滤色片、信号灯、彩色摄影机及各种仪器显示器。此外，在光学玻璃中还包括眼镜玻璃、变色玻璃等。

（5）电真空玻璃　电真空玻璃主要用于电子工业，制造玻壳、芯柱、排气管及封接玻璃材料。按照膨胀系数范围又可分为石英玻璃、钨组玻璃、钼组玻璃以及中间玻璃、焊接玻璃等品种。

3. 按照性能分类

按照性能分类的方法一般用于一些专门用途的玻璃。这类玻璃具有某一方面的特定性能，从名称上就反映了玻璃所具有的特性及用途。

例如光学特性方面的光敏玻璃、声光玻璃、光色玻璃、高折射玻璃、低色散玻璃、反射玻璃、半透过玻璃；热学特性方面的热敏玻璃、隔热玻璃、耐高温玻璃、低膨胀玻璃；电学特性方面的高绝缘玻璃、导电玻璃、半导体玻璃、高介电性玻璃、超导玻璃；力学特性方面的高强玻璃、耐磨玻璃；化学稳定性方面的耐碱玻璃、耐酸玻璃等。

除了上述几种主要的分类方法外，也可以按照玻璃形态进行分类，如泡沫玻璃、玻璃纤维、薄膜（片）玻璃等；或者按照外观不同分类，如无色玻璃、颜色玻璃、乳浊玻璃、半透明玻璃等。

某些新品种玻璃是根据特殊用途专门研制的，其成分、性能、制造工艺均与一般工业和日用玻璃有所不同，它们往往被归入专门的类，称为特种玻璃。如在 20 世纪 50 年代问世的微晶玻璃，以及近年来出现的激光玻璃、超声延迟线玻璃、光导纤维玻璃、生物玻璃、金属玻璃、非线性光学玻璃等。

二、玻璃的组成与结构

（一）玻璃的结构学说

人们对玻璃结构的认识是一个实践、认识、再实践、再认识并不断深化的过程。多年来，学者们提出过各种有关玻璃结构的假说，从不同角度揭示了玻璃态物质结构的局部规律。门捷列夫最早提出，玻璃是无定形物质，没有固定的化学组成，与合金类似；塔曼（Tamman）把玻璃看成过冷液体；索克曼（Sockman）等提出，玻璃基本结构单元是具有一定化学组成的分子聚合体；此外，提出玻璃结构假说的还有依肯（Ecuh）的核前群理论、阿本的离子配位假说等。但目前影响最大的是查哈里阿森（Zachariasen）的"无规则网络学说"和列别捷夫的"晶子学说"。

（二）玻璃的组成与结构

根据查哈里阿森的无规则网络学说，氧化物玻璃在玻璃结构中一般分为三类：网络形成体、网络外体和网络中间体。

1. 网络形成体

能单独形成玻璃，在玻璃中形成各自特有的网络体系氧化物，称为玻璃的网络形成体，如 SiO_2、B_2O_3、P_2O_5、GeO_2、As_2O_3 等。

2. 网络外体

凡不能单独生成玻璃，一般不进入网络而是处于网络之外的氧化物，称为玻璃的网络外体，它们往往起到调整玻璃性质的作用，常见的有 Li_2O、Na_2O、K_2O、MgO、CaO、SrO、BaO 等。

3. 网络中间体

一般不能单独形成玻璃，其作为介于网络形成体和网络外体之间的氧化物，称为玻璃的网络中间体，如 Al_2O_3、BeO、ZnO、Ca_2O_3、TiO_2 等。

第二节　玻璃的基本性能

玻璃的基本性能包括很多方面，主要有黏度、表面张力、密度、弹性、机械强度及玻璃的内耗、硬度与脆性、热学性能、化学稳定性、光学性能等。

一、玻璃的黏度

黏度在玻璃制品的生产过程中有着重要作用。玻璃的许多物理化学和工艺性质都与黏度有关。玻璃的澄清、成型、热加工、退火等生产过程的进行都取决于黏度。实际上黏度决定了玻璃生产全过程中各个特性阶段的温度，使用黏度概念来描述玻璃全过程较之用温度来描述更确切与严密。

（一）黏度与温度的关系

由于结构特性的不同，玻璃熔体与晶体的黏度随着温度的变化有显著差别。晶体在高于熔点时，黏度随温度的变化很小；当达到凝固点时，由于熔融态转变成晶态，黏度呈直线上升，玻璃的黏度则随温度下降而增大，从玻璃液体到固态玻璃的转变，黏度是连续变化的，没有晶体那样的突变点。玻璃在高温下不是高黏度液体，在熔化阶段的最高温度时黏度为 $10Pa \cdot s$，而熔融金属的黏度只有 $10^{-2}Pa \cdot s$ 数量级，$0℃$ 时的水黏度才有 $10^{-3}Pa \cdot s$。随着温度的降低，玻璃的黏度慢慢增大，待到低温时，黏度急剧增高，这一特性是玻璃成型的基础。

成分不同的玻璃，其黏度随温度变化都属于同一类型，只是黏度随温度的变化速度以及对应于某给定黏度的温度有所不同。图 1-3 为两种不同类型玻璃的温度-黏度关系曲线示意，从图中可以看出，两种玻璃有着相同形状的变化曲线，但随着温度变化，它们的黏度变化速度不同，称为具有不同的料性。一般而言，对于两个组成相近、成型黏度范围接近的玻璃，可用 $\Delta \eta / \Delta T$ 的绝对值来比较料性的大小。$\Delta \eta / \Delta T$ 绝对值较小的玻璃为长性玻璃，由于长性玻璃的黏度随温度的变化比较慢，所以 A 玻璃也称为慢凝玻璃；同样，相对于 A 玻璃而言，B 玻璃的黏度随温度的变化较快，即 $\Delta \eta / \Delta T$ 的绝对值较大，称为短性玻璃或快凝玻璃。

此外，玻璃的硬化速度还取决于成型温度范围内的冷却速度，而影响玻璃冷却速度的因素有很多，如玻璃液的容量、与冷却介质接触的表面积、玻璃本身的透热性以及冷却介质的差异等。

（二）玻璃的特征黏度点

图 1-4 为硅酸盐玻璃的温度-黏度曲线。在玻璃的温度-黏度曲线上，存在一些具有代表性的点，称为玻璃的特征温度或特征黏度，用它们可以描述玻璃的状态或某些特征，是玻璃生产工艺中的重要参数。

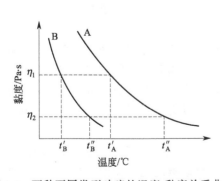

图 1-3　两种不同类型玻璃的温度-黏度关系曲线

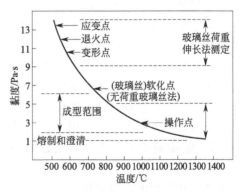

图 1-4　硅酸盐玻璃的温度-黏度曲线

（三）黏度与组成的关系

组成是通过改变玻璃熔体结构而对黏度发生影响的。组成不同，质点间的相互作用力不同，熔体结构就会发生改变，导致玻璃的黏度互不相同，具体而言是以硅氧化、键强、结构的对称性、配位数以及离子的极化等因素来影响黏度。

一般而言，在玻璃的组成中引入 SiO_2、Al_2O_3、ZrO_2 和 ThO_2 等高电荷、小半径离子氧化物时，倾向于形成较复杂的大阴离子团，使黏滞活化能变大而增大黏度。

在硅酸盐玻璃中，黏度取决于硅氧四面体网络的连接程度，它随着硅氧比的上升而增高。

当玻璃组成中引入碱性氧化物（R_2O）时，由于这些阳离子电荷少、半径大，与 O^{2-} 作用力小，随着 O/Si 比的增大，使原来复杂的硅氧阴离子团解离为较简单的单元，黏滞活化能变小，从而黏度降低。

必须指出，离子极化对玻璃黏度有显著的影响。特别是 PbO 的引入，由于形成不对称的结构形式，降低黏度更显著。此外，B_2O_3 的引入，根据玻璃基础组成不同，它的引入量不同，会引起配位数的变化从而影响玻璃的结构，使黏度随着 B_2O_3 含量的变化出现硼反常现象。

二、玻璃的表面张力

（一）玻璃表面张力的物理与工艺意义

与其他液体一样，熔融玻璃表面层的质点受到内部质点的作用而趋向于熔体的内部，使其表面有收缩的趋势；也就是说，玻璃液表面分子之间存在着一定的作用力，即表面张力。增加玻璃熔体的表面积，等于将更多质点移到表面，必须对系统做功。在等温可逆条件下，两相界面（另一相指空气）增加单位表面积所需要消耗的功称为表面能或表面张力，单位为 N/m 或 J/m^2。硅酸盐玻璃的表面张力一般为 $220 \times 10^{-3} \sim 380 \times 10^{-3}$ N/m，比水的表面张力大 3～4 倍；也比熔融盐类大，而与熔融金属的表面张力相接近。表 1-1 中列出了几种玻璃的表面张力。

表 1-1　几种玻璃的表面张力（相对于空气）

玻璃类型	表面张力/($\times 10^{-3}$N/m)	
	在 1250℃时	相当于 $10^3 \sim 10^4$Pa·s 黏度时的温度
钠钙硅酸盐	300～320	336
铅硅酸盐（PbO 15%～20%）	245～250	252
铅硅酸盐（PbO 50%）	215～220	224
钠硼硅酸盐	—	340～350
铅硅酸盐	—	350～355

生产实践证明，表面张力在玻璃制品的生产过程中有着重要意义。在熔制的过程中，表面张力在一定程度上决定了玻璃液中气泡的长大和排出。在一定条件下，微小气泡在表面张力作用下，可溶解于玻璃液内。在进行均化时，如果线道的表面张力大于玻璃的表面张力，线道趋于球形，不利于在周围玻璃液中的扩散和溶解；反之，线道就易扩散和溶解于玻璃液中（线道即玻璃上呈现的明显细的线条）。

在玻璃成型中，吹制法就是依靠表面张力进行生产。玻璃圆珠的生产，主要依靠熔融玻璃的表面张力变成圆珠。近代浮法玻璃的生产原理也是基于玻璃和熔融锡液表面张力的相互作用和重力作用，从而获得可与磨光玻璃表面质量相当的优质平板玻璃。玻璃液的表面张力还影响到玻璃液对金属表面的附着作用，同时它在玻璃同金属或其他材料封接时也具有重大作用。

（二）熔融玻璃表面张力与成分的关系

正如前面所述，表面张力是由于排列在表面层（或相界面）的质点受力不均衡而引起的，故这个力场相差越大，表面张力也越大，因此凡影响熔体质点间相互作用（键）力的因素，都将直接影响表面张力的大小。

对于硅酸盐玻璃熔体，随着组成的变化，特别是 O/Si 比值的变化，其复合阴离子基团的大小、形态和作用力矩 e/r 的大小也发生变化（e 是阴离子基团所带的电荷，r 是阴离子基的半径）。一般来说，O/Si 的比值越小，熔体中复合阴离子基团越大，作用力矩 e/r 值变小，相互作用力越小。因此，这些复杂阴离子基团部分地被排挤到熔体表面层，则表面张力降低。Na_2O-SiO_2 系统熔体组成对表面张力的影响如图 1-5 所示。

从图 1-5 中可以看出，在各种不同温度下，随着 SiO_2 含量的增多，表面张力反而下降。对于 R_2O-SiO_2 系统，随着 R^+ 半径的增大，这种作用依次减小，表现出如下顺序：

$$\sigma_{Li_2O-SiO_2} > \sigma_{Na_2O-SiO_2} > \sigma_{K_2O-SiO_2} > \sigma_{Cs_2O-SiO_2}$$

1300℃时 R_2O-SiO_2 系统的表面张力与组成的关系如图 1-6 所示。

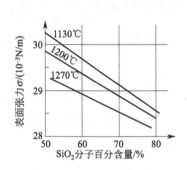

图 1-5 Na_2O-SiO_2 系统熔体组成
对表面张力的影响

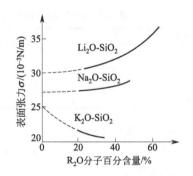

图 1-6 1300℃时 R_2O-SiO_2 系统的表面
张力与组成的关系

（三）熔融玻璃表面张力与温度的关系

从表面张力的概念可知，当温度升高、质点热运动时各种氧化物对玻璃表面张力的影响是不同的，Al_2O_3、La_2O_3、CaO、MgO 等均可增加表面张力，而引入 K_2O、PbO、B_2O_3、Sb_2O_3 等氧化物则可显著降低表面张力；至于 Cr_2O_3、V_2O_3、MoO_3、WO_3 等氧化物，即使引入较少的量，也可剧烈地降低表面张力。例如，在锂硅酸盐玻璃中引入 33％的 K_2O，可使表面张力从 $317×10^{-3}N/m$ 降低到 $212×10^{-3}N/m$，而只引入 7％ V_2O_3 时，表面张力就能降低到 $199×10^{-3}N/m$。

材料试验证明，温度对熔融玻璃表面张力的影响是非常复杂的。硅酸盐熔体的表面张力温度系数并不大。非极性气体（如空气、N_2、H_2、He 等）对表面张力的影响比较小，而极性气体（如水蒸气、SO_2、NH_3、HCl 等）对表面张力的影响则比较大，通常会使表面张力降低。在实际生产中，玻璃较多地和水蒸气、SO_2 等气体接触，因此，研究这些气体对玻璃表面张力的影响具有一定意义。

（四）玻璃的润湿性和润湿角

在实际生产中经常会遇到玻璃液对耐火材料、金属材料或液体对玻璃等的润湿性问题。润湿性表征各接触相自由表面能的关系，液滴平衡状态时各相界面张力之间的关系如图 1-7 所示。

熔融玻璃对大部分耐火材料（石墨制品除外）有较强的润湿能力，因而为侵蚀耐火材料提供了必要条件。但一般而言，随着温度升高，熔体润湿情况会有改善，但对不同固体材料，它的影响程度是不同的。材料试验证明，温度升高一般能提高润湿能力，对玻璃和陶瓷材料，这种作用要显著得多。

熔融玻璃对金属的润湿能力相对较差。一般认为，纯净的金属是不能被熔融玻璃润湿的。表 1-2 表示真空中纯净金属被熔融玻璃所润湿的数据。但在空气中和氧介质中，润湿情况是比较好的。表 1-3 表示 900℃时在不

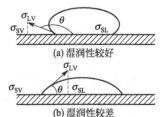

图 1-7 液滴平衡状态时各相
界面张力之间的关系

同气体中，钠钙硅酸盐玻璃对某些金属的润湿角。表 1-3 中玻璃对一些金属在氧和空气的气氛下的润湿角等于 0。这是由于在这些金属表面形成了一层金属氧化物，导致润湿性增加。润湿性也和氧化物的含氧量有关。一般在金属表面形成含氧较少的氧化物润湿性比含氧多的要好，例如 MoO_2、MnO、Cu_2O 对玻璃的润湿比 MoO_3、MnO_2、CuO 好。

表 1-2　真空中熔融玻璃对纯净金属的润湿角

金属	Cr	Ni	Pt	Mo	Co	Cu	Ag
润湿角 $\theta/(°)$	154	145	149	146	138	130	124

表 1-3　900℃时不同气体介质中钠钙硅酸盐玻璃对某些金属的润湿角　　　　单位：(°)

气体介质	Cu	Ag	Au	Ni	Pb	Pt
氧	0	0	53	0	20	0
空气	0	0	55	0	25	0
氢	60	73	45	60	40	43
氮	60	70	60	55	55	80

玻璃液对金属的润湿能力也与本身的成分有关：加入少量表面活性氧化物（如 V_2O_5、Mo_2O_5、MO_3、Cr_2O_3 等），可显著增加玻璃液的润湿能力；但加入大量 Fe_2O_3、Na_2O 等氧化物会降低润湿角。

三、玻璃的密度

玻璃的密度表示玻璃单位体积的质量，与其分子体积成反比，所以它主要决定于构成玻璃的原子质量，也与原子的堆积紧密程度、配位数有关，是表征玻璃结构的一个重要参数。

测定玻璃密度的方法很多，常见的有比重瓶法、阿基米德法、悬浮法等。为了快速测定玻璃的密度，在工业上一般采用悬浮法；这种方法是选择两种具有不同密度的有机试剂（如 β-溴代萘、四溴乙炔等）进行配比，将玻璃样品悬浮在混合试剂上部，随着温度的变化，试液的密度也相应变化。当试液的密度与玻璃试样一致时，玻璃开始下沉，根据下沉温度和试液的温度系数，就可测出玻璃的密度。这种方法简易快速，已成为控制玻璃生产和玻璃组成恒定性的有效手段。

（一）玻璃密度与成分的关系

玻璃的密度与成分关系密切，在生产中常用测定玻璃密度的方法来监测玻璃成分的变化。玻璃的种类不同，玻璃密度变化的差别还是很大的。表 1-4 中列出了各种实用玻璃的密度。

表 1-4　各种实用玻璃的密度

玻璃类别	密度/(g/cm³)	玻璃类别	密度/(g/cm³)
石英玻璃	2.20	显像管玻璃	2.68
硼硅酸盐玻璃	2.23	重铅玻璃	3.20
瓶罐玻璃	2.46	管颈玻璃（用于彩色显像管）	3.05
平板玻璃	2.50	防辐射玻璃	6.22

（二）玻璃密度与温度及热处理的关系

材料试验证明，随着温度的升高，质点振动的幅度增大，质点距离也增大，玻璃的比体积（密度的倒数）相应增高，密度随之下降。对于一般工业玻璃，当温度从室温升到 1300℃ 时，玻璃的密度下降 6%～12%。

玻璃的密度与热处理也有着密切的关系。淬冷玻璃的密度一般比退火玻璃低，冷却速度越快，玻璃的结构越能保持在高温时的疏松状态，玻璃密度也越小。

在退火温度下保持一定时间后，淬火玻璃和退火玻璃的密度都会趋向于该温度时的平衡密度，并且由于淬火玻璃的结构较退火玻璃疏松，处于较大的不平衡状态，结构调整要快些。图 1-8 表示了不同热处理的两种玻璃的密度平衡曲线。

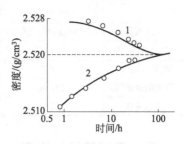

图 1-8 退火玻璃与淬火玻璃在 520℃时的密度平衡曲线
1—退火玻璃；2—淬火玻璃

由此可见，在玻璃实际生产中，退火质量的好坏可在密度上明显地反映出来。

(三) 玻璃密度在生产中的应用

玻璃密度是一个非常敏感的物理特征，成分上的微小变化立即会从密度值上反映出来。密度测定的精度一般可达到 $0.0002 g/cm^3$，因而不少玻璃生产工厂就以测定玻璃密度来分析成分和控制生产工艺的变化。

表 1-5 为 Na_2O-CaO-SiO_2 玻璃中部分单一氧化物的变化对密度的影响。从表 1-5 中可知，氧化物的少量变化均会引起玻璃密度值的波动，可以作为工艺人员分析玻璃组成波动的参考依据。

表 1-5 Na_2O-CaO-SiO_2 玻璃中部分单一氧化物的变化对密度的影响

氧化物	改变趋势	$\Delta\rho$[相当于氧化物变化 0.1(质量分数)]/(g/cm³)	氧化物变化量[相当于 $\Delta\rho$ 变化 0.0005(质量分数)]/%
SiO_2	增加	−0.00024	0.21
CaO	增加	+0.00106	0.05
MgO	增加	+0.00500	0.10
BaO	增加	+0.00170	0.03
Al_2O_3	增加	+0.00018	0.18
Na_2O	增加	+0.00050	0.10
CaO→SiO_2	取代	−0.00130	0.04
Na_2O→SiO_2	取代	−0.00050	0.07
CaO→Na_2O	取代	−0.00060	0.09
PbO	增加	+0.00220	0.025

在玻璃的生产过程中，往往因工艺制度控制不严而发生一些不正常情况，如配料称量不准、原料成分波动、温度制度波动、含水量变化等，这些都会导致玻璃产品性能的改变而影响质量。

用简单的沉浮法测定玻璃密度时，其精度可达 $10^{-4} g/cm^3$。在正常生产时，玻璃密度的波动范围很小，我国一般不超过 $\pm 50 \times 10^{-4} g/cm^3$。利用密度是否超出正常波动范围的现象可进行生产工艺的控制。

为了更准确地分析和查明生产事故的原因，除了可用玻璃的密度控制以外，对于生产控制还配以其他物理化学分析，如进行膨胀系数及软化温度的测定等。

四、玻璃的弹性

材料在外力的作用下发生一定的变形，当外力去掉后能恢复原来形状的性质称为弹性；如果外力去掉后仍停留在完全或部分变形状态，此性质称为塑性。对于已经硬化或固化的玻璃，其塑性变形实际上是不存在的。

在近代建筑技术中，玻璃越来越广泛地被用于结构材料，因此对玻璃弹性进行的研究也日益增长。玻璃的弹性主要是指弹性模量、剪切模量、泊松比和体积模量。弹性模量是表征材料应力与应变关系的物理量，是表示材料对变形的抵抗力。在低温和常温下，玻璃基本上是遵循虎克定律的理想弹性体。玻璃的弹性模量一般为 $441 \times 10^8 \sim 882 \times 10^8 Pa$，泊松比在 0.11～0.33 范围内。各种玻璃的弹性模量和泊松比见表 1-6。

表 1-6　各种玻璃的弹性模量和泊松比

玻璃类型	弹性模量/($\times 10^8$Pa)	泊松比	玻璃类型	弹性模量/($\times 10^8$Pa)	泊松比
钠-钙-硅玻璃	676.2	0.24	硼硅酸盐玻璃	617.4	0.20
钠-钙-铅玻璃	578.2	0.22	高硅氧玻璃	676.2	0.19
铝硅酸盐玻璃	842.8	0.25	石英玻璃	705.6	0.16
高铅玻璃	539.0	0.28			

五、玻璃的机械强度

(一) 玻璃理论强度与实际强度

所谓材料的理论强度，就是从不同的理论角度来分析材料所能承受的最大应力或分离原子（或离子）所需要的最小应力。很显然，理论强度是指不存在任何缺陷的理想情况下的强度。

固体物质的强度主要取决于组成该物质的原子（或离子）间的相互作用与热运动。虽然不同物质具有不同的结合力，但它们的结合力在定性上仍具有共同的普遍规律。

试验数据证明，玻璃的实际强度要比理论强度低得多，一般仅为 $3 \times 10^7 \sim 15 \times 10^7$Pa，与理论强度相差 2～3 个数量级。这是因为玻璃的强度除了和原子间作用力（化学键）有关之外，还与玻璃的脆性、玻璃表面的微裂纹、内部不均匀区（力学弱点）及各种缺陷的存在有关。其中，表面微裂纹对玻璃强度的影响最大。当玻璃受到应力作用时，表面上的微裂纹尖端因应力集中而造成裂纹急剧扩展，以致使玻璃破裂。

(二) 影响玻璃强度的因素

（1）化学组成　玻璃的化学组成是决定玻璃强度的重要因素。不同化学组成的玻璃，其结构间的键力及网络疏密程度不同，因而强度的大小也不同。例如，桥氧形成的键比非桥氧形成的键要强得多；高电荷阳离子因较高的场强而比低电荷阳离子与氧离子结合的键强得多。碱金属离子越大，结构中的断网也越多，玻璃的强度就越低；而高价小半径离子的引入，由于其集聚效应会增大玻璃结构的致密程度，所以玻璃的强度会提高。图 1-9 给出了三种不同玻璃的结构。

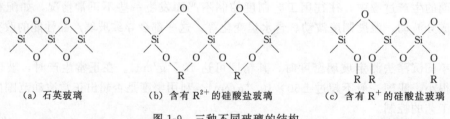

(a) 石英玻璃　　　　(b) 含有 R^{2+} 的硅酸盐玻璃　　　　(c) 含有 R^+ 的硅酸盐玻璃

图 1-9　三种不同玻璃的结构

由图 1-9 中可知，石英玻璃的强度最高，含有少量 R^{2+} 的玻璃次之，含有大量 R^+ 的玻璃最低。在玻璃的化学组成中，CaO、BaO、B_2O_3（15％以下）、Al_2O_3 等对玻璃强度的提高作用较大，而 MgO、Fe_2O_3、ZnO 等对玻璃强度的影响不大。

（2）玻璃的缺陷　玻璃制造过程中的缺陷如气泡、结石和条纹等，经常是玻璃制品被破坏的断裂源。由于缺陷与主体玻璃组成的不一致，在经受热负荷过程中因膨胀和收缩情况不同，从而导致局部的应力集中，使玻璃的强度下降。

(三) 提高玻璃强度的方法

为提高玻璃的强度，除了应设计高强度组成、严格遵守工艺制度（包括良好的退火以减少玻璃的缺陷及应力）以外，还有以下两种途径：一种是表面处理，如表面脱碱、火抛光、酸碱腐蚀以及涂层；另一种是加强玻璃抵抗张力的能力，主要是通过物理及化学钢化，使玻璃的表面产生压应力层，从而提高玻璃的抗张强度；还包括微晶化，与其他材料制成高强度的复合材料等。

六、玻璃的内耗

若在固体内引起振动过程，即使在与外界完全隔离的条件下，其机械能也会很快地转变成热能。这种能量的转换及随之而来的振动衰减现象称为内耗。

玻璃受到应力作用时发生变形，除了瞬时变形以外，还随着作用时间的延长而有更多的变形，即滞后变形，但这种变形的速度会逐渐变慢，最后达到平衡位，这种现象称为弹性蠕变（或称为缓慢弹性形变）。相反地，当应力去除后，样品立即恢复一部分，其余应变的恢复则需要一定的时间（称为弛豫时间），且恢复的速度也是逐渐减慢的，这种现象称为弹性后效。这种应变落后于应力的特性称为滞弹性。弛豫时间很小的物体称为弹性体，而玻璃显然属于滞弹性体。

固体材料的内耗是表征该物质内部发生机械能损耗时抵抗变形的能力，它反映了物质内部结构和质点运动的变化。玻璃的内耗包括弹性后效、应力弛豫、热弹性效应、黏滞流动和塑性形变等现象。产生玻璃内耗的主要原因为：玻璃中存在微观不均匀；热扩散；玻璃调整物的扩散和重排；玻璃结构基团的迁移和偏转。

影响玻璃内耗的主要因素是温度、频率和玻璃的化学组成。

七、玻璃的硬度与脆性

硬度可以理解为固体材料抵抗另一种固体材料深入其内部的能力。玻璃的硬度在无机非金属材料中属于比较高的，因而在各个领域中得到了广泛应用。

玻璃的硬度为莫氏硬度 5～7。在玻璃的生产过程中，加入 Na_2O、K_2O、PbO 等氧化物，都会显著地降低玻璃的硬度，因而凡碱性氧化物含量较高的玻璃硬度就较低，高铅硅酸盐玻璃的硬度更低；而加入 SiO_2、ZrO_2、B_2O_3 等氧化物都会显著地提高玻璃的硬度。一般而言，玻璃的硬度随着碱性氧化物含量的增加而降低，随着网络外体离子半径的减小和原子价的上升而增加。

玻璃的脆性是指当负载超过玻璃极限强度时立即破裂的特性。玻璃属于脆性材料，脆性是它的致命缺陷，使其应用价值受到很大的局限。玻璃的脆性与其组成、热处理程度等因素有关。提高玻璃强度是改善玻璃脆性的最好途径，此外在玻璃组成中适量引入离子半径小的氧化物（如 Li_2O、BaO、MgO、B_2O_3 等）都可以改善玻璃的脆性。

八、玻璃的热学性能

热学性能是玻璃的一项重要特性，主要包括玻璃的热膨胀系数、热应力、热稳定性等物理性质。

九、玻璃的化学稳定性

玻璃制品在使用的过程中，必然会受到水、酸、碱、盐、气体及各种化学试剂和药物溶液的侵蚀，玻璃对这些侵蚀的抵抗能力称为化学稳定性。玻璃的化学稳定性决定于玻璃的组成、热处理以及侵蚀介质的性质。此外，侵蚀的温度、时间、压力等环境因素也对其有很大影响。

十、玻璃的光学性能

玻璃的光学性能是指玻璃的折射、吸收、透过和反射等性质。对玻璃可以通过调整成分、光照、热处理、光化学反应以及涂膜等物理和化学方法，来满足一系列重要的光学材料对光性能以及理化性能的要求。

第三节　玻璃在建筑业的应用

建筑业是我国国民经济建设的支柱产业之一。据有关专家预计，到 2030 年我国累计新建城镇住宅面积将达到 260 亿平方米，公共与工业建筑及基础设施也有长足发展。建筑玻璃作为采光、围护、节能、装饰等用途的多功能建筑材料，应不断发展以满足建筑业提出的新要求。

一、节能建筑玻璃

建筑节能是缓解我国能源紧缺矛盾、改善人民生活工作条件、减轻环境污染、促进经济可持续发展的重要措施。节能建筑玻璃是节能建筑材料的重要组成部分，是全国实现节能达到65％目标的重要措施。具有节能作用的建筑玻璃主要有以下品种。

（一）热反射玻璃

在平板玻璃的表面镀覆金属或金属氧化物薄膜，该薄膜具有反射太阳光的功能，主要是反射太阳光中的红外线，使玻璃能够阻挡部分太阳能进入室内，从而降低室内空调负荷，达到节能的目的。热反射玻璃不仅是具有节能作用的建筑玻璃品种之一，而且还有很好的装饰功能，具有几十个颜色、品种和不同的反射率指标。

随着热反射玻璃在建筑工程中的大量应用，人们开始关注其带来的"光污染"问题，这种"光污染"主要包括反射可见光污染和反射热污染。高反射率的热反射玻璃，对可见光的反射可以达到 50％以上，对建筑物周边的环境有强烈的照射，使居民、行人和司机感到强光刺眼，造成视觉不安全。另外，热反射也会造成邻近建筑和街道温度升高，在对热反射玻璃进行应用设计时要避免或减轻"光污染"的问题。

（二）吸热玻璃

吸热玻璃是在玻璃的制造过程中，在原料中加入适量金属离子，使玻璃具有吸收太阳能的功能，这样可减少进入室内的太阳能，降低室内空调的负荷，它是节能建筑玻璃常用的另一品种。吸热玻璃是颜色玻璃的一种，一般有灰色、茶色、蓝色和绿色等品种。

吸热玻璃在吸收太阳光中红外热能的同时，对于可见光的吸收阻挡也是很严重的，一般可见光透过率低于 50％，从而造成室内采光不足。经过调整玻璃的成分和改进工艺制度，美国PPG 玻璃公司生产出了既能阻挡红外热能、又能较多地透过可见光的超吸热玻璃。超吸热玻璃的技术指标可以达到：可见光透过率大于 65％，红外线透过率小于 25％，太阳能总透过率小于 40％，它是一种具有发展前景的建筑节能玻璃。

（三）低辐射玻璃

在平板玻璃表面镀覆特殊的高可见光透过率金属氧化物薄膜，使照射到玻璃上的远红外线被薄膜反射，从而降低玻璃的热辐射通过量，从而达到建筑节能的目的。低辐射玻璃是一种新型的高效建筑节能玻璃，夏季可以降低室外侧向室内的热辐射，冬季可以减少室内侧的热量流失。工程实践证明，采用低辐射玻璃时，最好与吸热玻璃组合成中空玻璃，这样可以达到最佳的节能效果。

（四）中空玻璃

中空玻璃是用两片或两片以上的平板玻璃组合而成的，玻璃层与层之间留有干燥的空气层或惰性气体层，玻璃的边部设有铝条和分子筛，并用胶进行密封。由于玻璃间存在不流动的空气层，使中空玻璃的保温性能较单片玻璃有极大改善，节能效果非常显著。因此，中空玻璃以其优良的保温性能成为建筑节能玻璃的重要品种。

（五）真空玻璃

真空玻璃是一种新型的建筑节能材料。这种玻璃是将四周封接的两块平板玻璃间的空隙抽成真空，两块平板玻璃的间隙非常小，一般仅有 0.2～0.3mm。测试数据表明，真空玻璃的保温隔热性能优于中空玻璃。用镀有低辐射膜制成的真空平板玻璃，其热导率为 0.9W/(m·K)；而同样材料制造的充氩气双层中空玻璃，其热导率为 1.3W/(m·K)。这种真空玻璃的隔热性能比间隔为 6mm 的充氩气双层中空玻璃还好；防结露性能好，在 -6℃ 时也不会出现结露；另外，还具有耐风压、厚度薄、易安装等优点。由此可见，真空平板玻璃具有广阔的发展前景。

（六）光致变色玻璃

光致变色玻璃在阳光下照射时，可以随光照强度的变化而改变透过率，阳光较强时玻璃颜色变深，阳光的透过率降低，可以阻挡部分太阳能进入室内，从而达到建筑节能的目的。光致变色玻璃已问世多年，但一直没有很好地解决低成本工业化生产问题，所以在建筑工程中的应用并不广泛。

最常见的光致变色玻璃是卤化银玻璃，用于眼镜片已有几十年，在仪表、装饰和防护等方面也有应用，应用到建筑玻璃领域在技术上也没有困难；关键是工程成本太高，一般情况下不便采用，玻璃制造业一直在探讨如何降低成本。

目前，建筑节能玻璃在公共建筑中应用已比较普遍，而在民用住宅工程中正在推广和应用，其根本原因在于节能玻璃的价格是普通平板玻璃的 5～20 倍，人们还没有真正认识到建筑节能的重大意义。随着市场经济的发展，建筑节能政策将逐步到位，人们对于节能建筑玻璃的认识也不断提高，建筑玻璃的节能问题将被人们所关注。

二、安全建筑玻璃

国内外的实践经验证明，在建筑上使用安全玻璃不仅能获得安全性的效益，还能获得提高强度、减小玻璃厚度、改善隔声性能、增加防盗功能等多方面的效益。安全玻璃已广泛使用的有钢化玻璃、夹丝玻璃和夹层玻璃等。

（一）钢化玻璃

根据现行国家标准《建筑用安全玻璃 第 2 部分：钢化玻璃》（GB 15763.2—2005）中的规定，钢化玻璃是指经热处理工艺后所得到的玻璃，其特点是在玻璃表面形成压应力层，机械强度和耐热冲击强度得到提高，并具有特殊的碎片状态。

钢化玻璃是平板玻璃的二次深加工产品，平板玻璃经过化学钢化方法或物理钢化方法，都能使原玻璃的机械强度和热稳定性大幅度提高。钢化玻璃一旦被破坏，会碎成无数小块，这些碎块无尖棱，不会伤人。

（二）夹丝玻璃

夹丝玻璃是一种性能良好的安全建筑玻璃，通常采用压延法生产，即在玻璃液进入压延辊的同时，将通过化学处理和预热的金属丝（网）嵌入玻璃板中；也可以采用浮法工艺生产。夹丝玻璃具有均匀的内应力和较高的抗冲击强度。当受到外力作用时，其碎片能黏附在金属丝（网）上，不致脱落伤人；另外，夹丝玻璃的防火性优越，可遮挡火焰，高温燃烧时不炸裂，破碎时不会脱落。

（三）夹层玻璃

夹层玻璃是指玻璃与玻璃和/或塑料等材料，用中间层分隔并通过处理使其黏结为一体的复合材料的统称。经常使用的是玻璃与玻璃用中间层分隔并通过处理使其黏结为一体的玻璃构件。夹层玻璃是一种安全玻璃，具有很好的隔声性能，抗冲击性能优良，经过较大的冲击和较剧烈震动，夹层玻璃仅出现一些裂纹，仍是一个整体，碎片被牢牢黏结在中间层上，不至于出现粉碎性破坏。

三、装饰建筑玻璃

现代建筑业的装饰效果彰显出建筑的个性风采，装饰建筑玻璃不仅可体现玻璃的透光透明特性，而且从艺术的角度对建筑进行装饰，可营造特殊的环境氛围。

（一）微晶玻璃

建筑装饰用微晶玻璃是由玻璃控制晶化而得到的多晶固体材料。该制品结构致密、纹理清晰，具有玉质般的感觉；外观平滑光亮，色泽柔和典雅，无色差，不褪色；具有良好的耐磨性能；具有耐酸、耐碱的优良抗蚀性能；具有不吸水、抗冻、极低的热膨胀系数和独特的耐污染性能；绿色、环保、无放射性污染，并可根据需要设计制造出众多类型、色泽花样、规格不同的平板及异型板材。

微晶玻璃是指在玻璃中加入某些成核物质，通过热处理、光照射或化学处理等手段，在玻璃内均匀地析出大量的微小晶体，形成致密的微晶相和玻璃相的多相复合体。通过控制微晶的种类数量、尺寸大小等，可以获得透明微晶玻璃、膨胀系数为零的微晶玻璃、表面强化微晶玻璃、不同色彩或可切削微晶玻璃。

微晶玻璃又称为微晶玉石或陶瓷玻璃，属于无机非金属材料。微晶玻璃和常见的玻璃看起来大不相同，它具有玻璃和陶瓷的双重特性。普通玻璃内部的原子排列是没有规则的，这也是玻璃易碎的原因之一；而微晶玻璃像陶瓷一样，由晶体所组成；也就是说，它的原子排列是有规律的。所以，微晶玻璃比陶瓷的亮度高，比玻璃韧性强。

（二）压花玻璃

压花玻璃又称花纹玻璃或滚花玻璃，一般分为压花玻璃、真空镀膜压花玻璃和彩色膜压花玻璃。压花玻璃是在玻璃硬化前，由刻有花纹的辊筒，在玻璃的单面或双面压上深浅不同的花纹图案。压花玻璃的理化性能基本与普通透明平板玻璃相同，仅在光学上具有透光不透明的特点，可使光线柔和，并具有隐私的屏护作用和一定的装饰效果。压花玻璃适用于建筑的室内间隔、卫生间门窗及需要阻断视线的各种场合，超白压花玻璃也被广泛用于光伏领域。

（三）釉面玻璃

釉面玻璃是指在一定尺寸切裁好的玻璃表面上涂覆一层彩色的易熔釉料，经烧结、退火或钢化等处理工艺，使釉层与玻璃牢固结合，从而制成的具有美丽色彩或图案的玻璃。釉面玻璃图案精美，不褪色，不掉色，易于清洗，具有良好的化学稳定性和装饰性，适用于室内饰面层、一般建筑物门厅和楼梯间的饰面层及外墙饰面。

（四）镜面玻璃

镜面玻璃是以一级平板玻璃、磨光玻璃、浮法玻璃等无色透明玻璃或着色玻璃（蓝色、茶色等）为基体，在其表面通过镀银形成反射率极强的镜面反射玻璃产品。为提高玻璃的装饰效果，在进行镀银之前，可以对基体玻璃进行彩绘、磨刻、喷砂、化学蚀刻等加工，形成具有各种花纹或精美字画的镜玻璃；也可将玻璃经热弯加工或磨制形成特殊形态的哈哈镜。

（五）水晶玻璃

水晶玻璃也称为石英玻璃，是采用玻璃珠在耐火材料模具中制得的一种高级艺术玻璃，这种玻璃表面晶亮，宛如水晶。玻璃珠是以二氧化硅（SiO_2）和其他添加剂为主要原料，经配料后用火焰烧熔结晶而制成的。水晶玻璃表面光滑，机械强度高，装饰性能好，化学稳定性和耐大气腐蚀性较好。

（六）喷花玻璃

喷花玻璃又称为胶花玻璃，它是在平板玻璃表面贴上花纹图案，抹以护面层，经喷砂处理形成的透明与不透明相间图案的玻璃。这种玻璃的性能和装饰效果与压花玻璃相同，其厚度一般为 6mm，最大加工尺寸为 2200mm×1000mm，主要用于室内门窗、隔断和采光。

（七）镭射玻璃

镭射玻璃也称全息玻璃或镭射全息玻璃，是一种应用最新全息技术开发而成的创新装饰玻璃产品。镭射玻璃是一款夹层玻璃，应用镭射全息膜技术，在玻璃或透明有机薄膜上涂覆一层感光层，利用激光在上刻画出任意多的几何光栅或全息光栅，在同一块玻璃上可形成上百种图案。

镭射玻璃的特点在于，当它被任何光源照射时，都将因衍射作用而产生色彩的变化；而且对于同一受光点或受光面而言，随着入射光角度及人视角的不同，所产生的光的色彩及图案也将不同。其效果扑朔迷离，似动非动，亦真亦幻，不时出现冷色、暖色交相辉映，五光十色的变幻，给人以神奇、华贵和迷人的感受，其装饰效果是其他材料无法比拟的。

四、多功能复合玻璃

新型建筑玻璃材料的每一个品种都有各自的特性，在具体应用中要注意扬长避短。同时，复合玻璃的研制使建筑玻璃正朝着多功能、人性化的方向发展，其性能优于原有的建筑玻璃品种，使其得到最好的效果。

（一）多功能中空玻璃

（1）着色中空玻璃 着色中空玻璃集着色玻璃的隔热性和中空玻璃的保温性于一身，隔热性能优于透明中空玻璃，但保温性能和透明中空玻璃基本相同。着色中空玻璃尽管其节能效果不是最好的，但考虑到它的价格适中，因此更适合在民用住宅使用。需要引起注意的是：这种玻璃的吸热性极强，在温差较大的地区使用时，应采取措施，防止因局部受热不均而导致的热应力破裂，例如可将这种玻璃加工成钢化玻璃使用。

（2）热反射中空玻璃 热反射中空玻璃集镀膜玻璃和中空玻璃的优点于一身，对太阳直接辐射有所控制，同时也更有效地限制了温差传热损失。这种玻璃的综合节能效果高于着色中空玻璃15％以上。热反射中空玻璃结构是一种较为理想的配置，适用于我国几乎所有的地区。当然，当在极寒冷的地区使用时，尽管它能有效阻挡室内暖气的热损耗，但同时也会限制进入室内的阳光。

（3）Low-E中空玻璃 Low-E中空玻璃由于具有更低的传热系数、更大的遮阳系数选择范围，因此其功能已经覆盖了热反射玻璃。Low-E中空玻璃集节能、防火、隔声、降低噪声等优异性能于一身，在中空玻璃市场上被誉为"世界级新产品"，代表着中空玻璃未来的发展趋势，是真正意义上的绿色、节能、环保玻璃建材。

（二）微晶泡沫玻璃

微晶泡沫玻璃是以碎玻璃、粉煤灰为主要原料，加入发泡剂、成核剂和外加剂等，经过粉碎后混合均匀形成配合料，然后将配合料放到特制的模具中，在电炉上进行加热，经过预热、熔融、发泡、析晶、退火等工艺制成的多孔微晶泡沫玻璃材料。

微晶泡沫玻璃是一种性能优良的隔热、吸声、防潮、防火且轻质高强的新型环保建筑材料，它不仅具有机械强度高、热导率小、热工性能稳定、不燃烧、不变形、使用寿命长、工作温度范围宽、耐腐蚀性强、不具放射性、易于加工等优点，同时也解决了泡沫玻璃机械强度不高和微晶玻璃价格过高、重量较大的缺点。用这种玻璃作为装饰和墙体材料，可大大降低建筑物的重量，提高建筑物的内在质量，而且工程成本较低。

（三）多功能夹层玻璃

在夹丝玻璃和夹层玻璃的启示下，科学家们又推出了一种当今新型的建筑材料——多功能夹层玻璃。多功能夹层玻璃与一般的建材玻璃相比，除了具有不褪色、光亮照人、抗风化性强、经久耐用、价格便宜等许多优点外，还具有独特的多功能特性；同时，由于它非常坚固、适用性强，能解决许多建筑设计中的难题，因此越来越广泛地被应用在现代建筑设计中，成为当今建材中的一颗明星。

多功能夹层玻璃是采用多层复合工艺，在两层玻璃之间夹入可有效遮挡紫外线但能透过可见光的透明聚酯防火薄膜和导电性真空镀膜层而制成的。由于多功能夹层玻璃的功能多，特别适合用于要求防火的玻璃窗、圆屋顶的玻璃门罩、玻璃幕墙、高层建筑用玻璃等。

近年来，建筑玻璃的应用正经历着迅速的变化，传统的玻璃材料已不能满足现代建筑的要求，各种节能型、人性化的建筑玻璃受到越来越多的关注。新型建筑玻璃材料虽然已取得较大进步，但很多仍处于研究开发阶段，它将继续沿着节能、安全、健康、环保的方向发展，且发展空间广阔。

五、其他建筑玻璃

（一）调光玻璃

调光玻璃是一款将液晶膜复合进两层玻璃中间，经高温高压胶合后一体成型的、具有夹层结构的新型特种光电玻璃产品。根据控制手段及原理的异同，调光玻璃可借由电控、温控、光控、压控等各种方式实现玻璃的透明状态与不透明状态的切换。由于各种条件的限制，目前建筑市场所采用的调光玻璃几乎都是电控型调光玻璃。

（1）光致调光玻璃　光致调光玻璃是一种新型的节能材料，它通过调节太阳光透过率达到节能效果。其作用原理是：当作用于调光玻璃上的光强度发生变化时，光致调光玻璃的性能将发生相应变化，从而可以在部分或全部太阳能光谱范围内实现高透过率状态和低透过率状态间的可逆变化。目前，光致调光玻璃主要用于眼镜行业，由于技术、成本及人居舒适性等原因，其在建筑方面的应用还在研发中。

（2）电致调光玻璃　电致变色效应是指在电场或电流作用下，材料对光的透射率和反射率能够产生可逆变化的现象。具有电致变色效应的材料通常称之为电致变色材料。根据变色机理，电致变色材料可分为三类：氧化态下无色、还原态下着色的阴极变色材料，还原态下无色、氧化态下着色的阳极变色材料，在不同价态下具有不同颜色的多变色电致变色材料。电致调光玻璃通常由普通玻璃及沉积于玻璃上的数层薄膜材料组成，在外加电压的作用下，起到着色和褪色的效果。

（3）热致调光玻璃　热致调光玻璃通常是在普通玻璃上镀一层可逆热致变色材料而制成的。在众多可逆热致变色材料中，以钒的氧化物（VO_2）为基础的薄膜涂层是人们研究的热点。其中，VO_2 是人们最感兴趣的氧化物，因为它的相变温度是 68℃，在实际应用中具有重要意义。当温度低于 68℃时，VO_2 呈单斜晶系结构；当温度高于 68℃时，呈四方晶系结构。由于晶系结构的变化，VO_2 的光学性质发生了很大变化，而且这种变化是可逆的。在 VO_2 中掺入其他元素（如钨等），可以有效降低 VO_2 发生相变的临界温度，使其尽量接近室温。

（二）泡沫玻璃

泡沫玻璃最早是由美国匹兹堡康宁公司发明的，是由碎玻璃、发泡剂、改性添加剂和发泡促进剂等经过粉碎和均匀混合后，再经过高温熔化、发泡、退火而制成的无机非金属玻璃材料。由于这种新型的玻璃材料具有防潮、防火、防腐等功能，加之玻璃材料具有长期使用性能不劣化的优点，使其在绝热、深冷、地下、露天、易燃、易潮以及有化学侵蚀等苛刻环境下深受用户青睐，被广泛用于墙体保温、石油、化工、机房降噪、高速公路吸声隔离墙、电力、军工产品等，被用户称为绿色环保型绝热材料。

（三）自清洁玻璃

随着对环境恶化给人类生活带来危害的认识以及对环境保护要求的提高，人们对使用具有环保作用且利用自然条件能达到自动清洁作用又能美化环境的绿色建筑材料的要求越来越迫切，而自清洁玻璃的出现，正好满足了人们这一美好愿望。

自清洁玻璃能够利用阳光、空气、雨水，自动保持玻璃表面的清洁，并且玻璃表面所镀的 TiO_2 膜或其他半导体膜还能分解空气中的有机物以净化空气，催化空气中的氧气使之变为负氧离子，从而使空气变得清新，同时能杀灭玻璃表面的细菌和空气中的细菌。TiO_2 不仅能够使玻璃摆脱有机污渍，而且可减少玻璃的清洁工作，节省大量的人力和物力，并使窗户和室外玻璃幕墙更加清洁明亮，是装饰摩天大楼的新型建筑材料。

建筑玻璃质量要求

随着现代建材工业技术的迅猛发展，建筑玻璃的新品种不断涌现，不仅具有装饰性，而且具有良好的功能性，为现代建筑设计和装饰设计提供了广阔的选择范围，建筑玻璃已成为建筑装饰工程中一种重要的装饰材料。如中空玻璃、镜面玻璃、热反射玻璃等品种，既能调节居室内的温度，节约能源，又能起到良好的装饰效果，给人以美的感受。这些新型多功能玻璃以其特有的优良装饰性能和物理性能，在改善建筑物的使用功能及美化环境方面起到越来越重要的作用。

第一节　普通建筑玻璃

建筑玻璃的主要品种是平板玻璃，具有表面晶莹光洁、透光、隔声、保温、耐磨、耐气候变化、材质稳定等优点。它是以石英砂、砂岩或石英岩、石灰石、长石、白云石及纯碱等为主要原料，经粉碎、筛分、配料、高温熔融、成型、退火、冷却、加工等工序制成。

普通平板玻璃是平板玻璃中生产量最大、使用面最广的一种，它是未经加工的平板玻璃制品，在工程中被称为白片玻璃、单片玻璃、原片玻璃或净片玻璃等，简称平板玻璃。按生产方法不同，可分为无色透明平板玻璃和本体着色平板玻璃。

根据现行国家标准《平板玻璃》（GB 11614—2009）中的规定，本标准适用于各种工艺生产的钠钙硅平板玻璃，但不适用于压花玻璃和夹丝玻璃。

一、普通平板玻璃的分类和尺寸要求

1. 普通平板玻璃的分类方法

（1）平板玻璃按生产方法不同，可分为无色透明平板玻璃和本体着色平板玻璃。

（2）平板玻璃按外观质量不同，可分为合格品、一等品和优等品。

（3）平板玻璃按其公称厚度可分为：2mm、3mm、4mm、5mm、6mm、8mm、10mm、12mm、15mm、19mm、22mm、25mm。

2. 普通平板玻璃的尺寸要求

平板玻璃的尺寸偏差、对角线差、厚度偏差和厚薄差应符合表 2-1 中的规定。

表 2-1 平板玻璃的尺寸偏差、对角线差、厚度偏差和厚薄差

<table>
<tr><td rowspan="5">尺寸偏差
/mm</td><td rowspan="2">公称厚度</td><td colspan="2">尺寸偏差</td></tr>
<tr><td>尺寸≤3000</td><td>尺寸＞3000</td></tr>
<tr><td>2～6</td><td>±2</td><td>±3</td></tr>
<tr><td>8～10</td><td>＋2，－3</td><td>＋3，－4</td></tr>
<tr><td>12～15</td><td>±3</td><td>±4</td></tr>
<tr><td>19～25</td><td>±5</td><td>±5</td></tr>
<tr><td>对角线差</td><td colspan="3">对角线差应不大于其平均长度的 0.2%</td></tr>
<tr><td rowspan="6">厚度偏差
和厚薄差
/mm</td><td>公称厚度</td><td>厚度偏差</td><td>厚薄差</td></tr>
<tr><td>2～6</td><td>±0.2</td><td>0.2</td></tr>
<tr><td>8～12</td><td>±0.3</td><td>0.3</td></tr>
<tr><td>15</td><td>±0.5</td><td>0.5</td></tr>
<tr><td>19</td><td>±0.7</td><td>0.7</td></tr>
<tr><td>22～25</td><td>±1.0</td><td>1.0</td></tr>
</table>

注：平板玻璃应切裁成矩形，其长度和宽度的尺寸偏差应不超过表中的规定。

二、普通平板玻璃的外观质量要求

普通平板玻璃合格品、一等品和优等品的外观质量要求，应分别符合表 2-2 中的各项规定。

表 2-2 普通平板玻璃的外观质量要求

<table>
<tr><td rowspan="16">平板玻璃
合格品外
观质量[①]</td><td>缺陷种类</td><td colspan="4">质量要求</td></tr>
<tr><td rowspan="3">点状缺陷</td><td>尺寸(L)/mm</td><td>允许个数限定</td><td>尺寸(L)/mm</td><td>允许个数限定</td></tr>
<tr><td>0.5≤L≤1.0</td><td>2.0S</td><td>2.0＜L≤3.0</td><td>0.5S</td></tr>
<tr><td>1.0＜L≤2.0</td><td>1.0S</td><td>L＞3.0</td><td>0</td></tr>
<tr><td>点状缺陷
密集度</td><td colspan="4">尺寸≥0.5mm 的点状缺陷最小间距不小于 300mm，直径≥100mm 圆内尺寸 0.3mm 的
点状缺陷不超过 3 个</td></tr>
<tr><td>线道和裂纹</td><td colspan="4">不允许</td></tr>
<tr><td rowspan="2">划伤</td><td colspan="2">允许范围</td><td colspan="2">允许条数限度</td></tr>
<tr><td colspan="2">宽度≤0.5mm，长度≤60mm</td><td colspan="2">3.0S</td></tr>
<tr><td rowspan="4">光学变形</td><td>公称厚度</td><td colspan="2">无色透明平板玻璃</td><td>本色透明平板玻璃</td></tr>
<tr><td>2mm</td><td colspan="2">≥40°</td><td>≥40°</td></tr>
<tr><td>3mm</td><td colspan="2">≥45°</td><td>≥40°</td></tr>
<tr><td>≥4mm</td><td colspan="2">≥50°</td><td>≥45°</td></tr>
<tr><td>断面缺陷</td><td colspan="4">公称厚度不超过 8mm 时，不超过玻璃板的厚度；8mm 以上时，不超过 8mm</td></tr>
<tr><td rowspan="16">平板玻璃
一等品外
观质量[②]</td><td>缺陷种类</td><td colspan="4">质量要求</td></tr>
<tr><td rowspan="3">点状缺陷</td><td>尺寸(L)/mm</td><td>允许个数限定</td><td>尺寸(L)/mm</td><td>允许个数限定</td></tr>
<tr><td>0.3≤L≤0.5</td><td>2.0S</td><td>1.0＜L≤1.5</td><td>0.2S</td></tr>
<tr><td>0.5＜L≤1.0</td><td>0.5S</td><td>L＞1.5</td><td>0</td></tr>
<tr><td>点状缺陷
密集度</td><td colspan="4">尺寸≥0.3mm 的点状缺陷最小间距不小于 300mm，直径≥100mm 圆内尺寸 0.2mm 的
点状缺陷不超过 3 个</td></tr>
<tr><td>线道和裂纹</td><td colspan="4">不允许</td></tr>
<tr><td rowspan="2">划伤</td><td colspan="2">允许范围</td><td colspan="2">允许条数限度</td></tr>
<tr><td colspan="2">宽度≤0.2mm，长度≤40mm</td><td colspan="2">2.0S</td></tr>
<tr><td rowspan="5">光学变形</td><td>公称厚度</td><td colspan="2">无色透明平板玻璃</td><td>本色透明平板玻璃</td></tr>
<tr><td>2mm</td><td colspan="2">≥50°</td><td>≥45°</td></tr>
<tr><td>3mm</td><td colspan="2">≥55°</td><td>≥50°</td></tr>
<tr><td>4～12mm</td><td colspan="2">≥60°</td><td>≥55°</td></tr>
<tr><td>≥15mm</td><td colspan="2">≥55°</td><td>≥50°</td></tr>
<tr><td>断面缺陷</td><td colspan="4">公称厚度不超过 8mm 时，不超过玻璃板的厚度；8mm 以上时，不超过 8mm</td></tr>
</table>

续表

	缺陷种类	质量要求			
平板玻璃优等品外观质量③	点状缺陷	尺寸(L)/mm	允许个数限定	尺寸(L)/mm	允许个数限定
		0.3≤L≤0.5	1.0S	L>1.0	0
		0.5<L≤1.0	0.2S		
	点状缺陷密集度	尺寸≥0.3mm 的点状缺陷最小间距不小于 300mm,直径≥100mm 圆内尺寸 0.1mm 的点状缺陷不超过 3 个			
	线道和裂纹	不允许			
	划伤	允许范围		允许条数限度	
		宽度≤0.1mm,长度≤30mm		2.0S	
	光学变形	公称厚度	无色透明平板玻璃	本色透明平板玻璃	
		2mm	≥50°	≥50°	
		3mm	≥55°	≥50°	
		4～12mm	≥60°	≥55°	
		≥15mm	≥55°	≥50°	
	断面缺陷	公称厚度不超过 8mm 时,不超过玻璃板的厚度;8mm 以上时,不超过 8mm			

① 点状缺陷中的光畸变点视为 0.5～1.0mm 的缺陷。

② 点状缺陷中不允许有光畸变点。

③ 点状缺陷中不允许有光畸变点。

注:表中 S 是以平方米为单位的玻璃板面积数值,按《数值修约规则与极限数值的表示和判定》(GB/T 8170—2008)修约,保留小数点后两位,点状缺陷的允许个数限度及划伤允许条数限度为各系数与 S 相乘所得的数值,按《数值修约规则与极限数值的表示和判定》(GB/T 8170—2008)修约。

三、普通平板玻璃的光学特征要求

平板玻璃的透光率是衡量其透光能力的重要指标,它是光线透过玻璃后的光通量占透过前光通量的百分比。普通平板玻璃的光学特征要求,应符合表 2-3 中的规定。

表 2-3　普通平板玻璃的光学特征

无色透明平板玻璃的可见光透射比					
公称厚度/mm	可见光透射比最小值/%	公称厚度/mm	可见光透射比最小值/%	公称厚度/mm	可见光透射比最小值/%
2	89	6	85	15	76
3	88	8	83	19	72
4	87	10	81	22	69
5	86	12	79	25	67
本色透明平板玻璃的可见光透射比、太阳光直接透射比、太阳能总透射比偏差					
种类	偏差/%	种类	偏差/%	种类	偏差/%
可见光(380～780nm)透射比	2.0	太阳光(380～780nm)直接透射比	3.0	太阳能(300～2500nm)总透射比	4.0

注:1. 玻璃的可见光透射比,即光线透过玻璃后的光通量与光线透过玻璃前的光通量的比值。

2. 本色透明平板玻璃的颜色均匀性,同一批产品色差应符合 $\Delta E_{ab}≤2.5$。

3. 特殊的厚度和光学特征要求,由供需双方协商。

第二节　建筑节能玻璃

材料试验结果表明,建筑节能玻璃的节能机理主要包括两个方面:一方面是基于阻挡热能辐射热流;另一方面是基于降低热传导,利用两层玻璃间的空气或真空降低结构的传热系数,从而达到保温节能的目的。

目前,在建筑装饰工程中应用的节能玻璃品种越来越多,最常见的有吸热玻璃、热反射玻璃、中空玻璃等。

一、中空玻璃

中空玻璃又称隔热玻璃，是由两层或两层以上的平板玻璃、热反射玻璃、吸热玻璃、夹丝玻璃、钢化玻璃、镀膜反射玻璃、压花玻璃、彩色玻璃等组合在一起，四周用高强度、高气密性复合胶黏剂将两片或多片玻璃与铝合金框架、橡胶条、玻璃条黏结密封，同时在中间填充干燥的空气或惰性气体，也可以涂以各种颜色和不同性能的薄膜。

根据现行国家标准《中空玻璃》（GB/T 11944—2012）中的规定，本标准适用于建筑、冷藏等用途的中空玻璃，其他用途的中空玻璃可参照使用。按形状不同，可分为平面中空玻璃和曲面中空玻璃；按中空腔内气体不同，可分为普通中空玻璃和充气中空玻璃。中空玻璃的使用寿命一般不得少于15年。

（一）中空玻璃的规格尺寸要求

1. 中空玻璃的规格和最大尺寸

中空玻璃的规格和最大尺寸，应符合表2-4中的规定。

表2-4　中空玻璃的规格和最大尺寸　　　　　　　　　　单位：mm

玻璃厚度	间隔厚度	长边的最大尺寸	短边的最大尺寸	最大面积/m²	正方形边长最大尺寸
3	6	2110	1270	2.4	1270
	9～12	2110	1270	2.4	1270
4	6	2420	1300	2.85	1300
	9～10	2440	1300	3.17	1300
	12～20	2440	1300	3.17	1300
5	6	3000	1750	4.00	1750
	9～10	3000	1750	4.80	2100
	12～20	3000	1815	5.10	2100
6	6	4550	1980	5.88	2000
	9～10	4550	2280	8.54	2440
	12～20	4550	2440	9.00	2440
10	6	4270	2000	8.54	2440
	9～10	5000	3000	15.00	3000
	12～20	5000	3180	15.90	3250
12	12～20	5000	3180	15.90	3250

注：短边的最大尺寸不包括正方形。

2. 中空玻璃的尺寸偏差

中空玻璃的尺寸允许偏差，应符合表2-5中的规定。

表2-5　中空玻璃的尺寸允许偏差　　　　　　　　　　单位：mm

长度及宽度		厚度		两对角线之差	胶层厚度
基本尺寸 L	允许偏差	公称厚度 t	允许偏差	正方形和矩形中空玻璃对角线之差，不应大于对角线平均长度的0.2%	单道密封胶的厚度为（10±2）mm；双道密封胶的厚度为5～7mm。胶条密封胶层的厚度为（8±2）mm，特殊规格或有特殊要求的产品，由供需双方商定
$L<1000$	±2.0	$t<17$	±1.0		
$1000 \leqslant L<2000$	+2，−3	$17 \leqslant t<22$	±1.5		
$L \geqslant 2000$	±3.0	$t \geqslant 22$	±2.0		

注：中空玻璃的公称厚度为玻璃原片的公称厚度与间隔厚度之和。

（二）生产中空玻璃的材料要求

生产中空玻璃所用材料，均应满足中空玻璃制造工艺和性能的要求。

（1）玻璃　生产中空玻璃可采用浮法玻璃、夹层玻璃、钢化玻璃、幕墙用钢化玻璃和半钢化玻璃、着色玻璃、镀膜玻璃和压花玻璃等。浮法玻璃应符合《平板玻璃》（GB 11614—2009）的规定；夹层玻璃应符合《建筑用安全玻璃 第3部分：夹层玻璃》（GB 15763.3—2009）的规定；幕墙用钢化玻璃应符合《建筑用安全玻璃 第2部分：钢化玻璃》（GB 15763.2—2005）的规定；幕墙用均质钢化玻璃《建筑用安全玻璃 第4部分：均质钢化玻璃》（GB 15763.4—2009）的规定；幕墙用半钢化玻璃应符合《半钢化玻璃》（GB/T 17841—2008）的规定。其他品种的玻璃应符合相应标准或由供需双方商定。

（2）密封胶 生产中空玻璃所用密封胶，应满足以下要求：中空玻璃用弹性密封胶，应符合《中空玻璃用弹性密封胶》（GB/T 29755—2013）的规定；中空玻璃用塑性密封胶，应符合现行的有关规定。

（3）胶条 生产中空玻璃用塑性密封胶制成的含有干燥剂和波浪形铝带的胶条，其性能应符合现行的相应标准。

（4）间隔框 生产中空玻璃使用金属间隔框时，应去污或进行化学处理。

（5）干燥剂 生产中空玻璃所用干燥剂质量性能应符合相应标准。

（三）中空玻璃的技术性能要求

（1）外观 中空玻璃不得有妨碍透视的污迹夹杂物及密封胶飞溅现象。

（2）密封性能

① 20块4mm+12mm+4mm试样全部满足以下两条规定为合格：a. 在试验压力低于环境气压10kPa±0.5kPa下，初始偏差必须≥0.8mm；b. 在该气压下保持2.5h后，厚度偏差的减少应不超过初始偏差的15%。

② 20块5mm+9mm+5mm试样全部满足以下两条规定为合格：a. 在试验压力低于环境气压10kPa±0.5kPa下，初始偏差必须≥0.5mm；b. 在该气压下保持2.5h后，厚度偏差的减少应不超过初始偏差的15%，其他厚度的样品供需由双方商定。

（3）露点 20块试样露点均≤−40℃为合格。

（4）耐紫外线辐射性能 2块试样紫外线照射168h，试样内表面上均无结雾或污染的痕迹，玻璃原片无明显错位和未产生胶条蠕变为合格。如果有1块或2块试样不合格，可另取2块备用试样重新试验，2块试样均满足要求为合格。

（5）气候循环耐久性能 试样经过循环试验后，可进行露点测试；4块试样的露点≤−40℃为合格。

二、阳光控制镀膜玻璃

镀膜玻璃是在玻璃表面涂镀一层或多层金属、合金或金属化合物薄膜，以改变玻璃的光学性能，满足某种特定要求。阳光控制镀膜玻璃是对波长范围350～1800nm的太阳光具有一定控制作用的镀膜玻璃。根据现行国家标准《镀膜玻璃 第1部分：阳光控制镀膜玻璃》（GB/T 18915.1—2013）中的规定，本标准适用于建筑工程用的阳光控制镀膜玻璃。

（一）阳光控制镀膜玻璃的产品分类和一般要求

1. 阳光控制镀膜玻璃的产品分类

（1）阳光控制镀膜玻璃产品按外观质量、光学性能差值、颜色均匀性等不同，可分为优等品和合格品两个等级。

（2）阳光控制镀膜玻璃产品按热处理加工性能不同，分为非钢化阳光控制镀膜玻璃、钢化阳光控制镀膜玻璃和半钢化阳光控制镀膜玻璃。

2. 阳光控制镀膜玻璃的一般要求

（1）非钢化阳光控制镀膜玻璃尺寸允许偏差、厚度允许偏差、弯曲度、对角线差，应符合现行国家标准《平板玻璃》（GB 11614—2009）的规定。

（2）钢化阳光控制镀膜玻璃和半钢化阳光控制镀膜玻璃尺寸允许偏差、厚度允许偏差、弯曲度、对角线差，应符合现行国家标准《建筑用安全玻璃 第 2 部分：钢化玻璃》（GB 15763.2—2005）和《半钢化玻璃》（GB/T 17841—2008）的规定。

（二）阳光控制镀膜玻璃的外观质量要求

阳光控制镀膜玻璃的外观质量，应符合表 2-6 中的规定。

表 2-6　阳光控制镀膜玻璃的外观质量

缺陷名称	说明	优等品	合格品
针孔/个	直径<0.8mm	不允许集中	—
	0.8mm≤直径<1.2mm	中部：3.0S 且在任意两针孔间距离大于 300mm；75mm 边部，不允许集中	不允许集中
	1.2mm≤直径<1.6mm	中部：不允许；75mm 边部：3.0S	中部：3.0S；75mm 边部：8.0S
	1.6mm≤直径≤2.5mm	不允许	中部：2.0S；75mm 边部：5.0S
	直径>2.5mm	不允许	不允许
斑点/个	1.0mm≤直径≤2.5mm	中部：不允许；75mm 边部：2.0S	中部：5.0S；75mm 边部：6.0S
	2.5mm<直径≤5.0mm	不允许	中部：1.0S；75mm 边部：4.0S
	直径>5.0mm	不允许	不允许
斑纹	目视可见	不允许	不允许
暗道	目视可见	不允许	不允许
膜面划伤	0.1mm≤宽度≤0.3mm，长度≤60mm	不允许	不限，划伤间距不得小于 100mm
	宽度>0.3mm，长度>60mm	不允许	不允许
玻璃面划伤/条	宽度≤0.5mm，长度≤60mm	3.0S	—
	宽度>0.5mm 或长度>60mm	不允许	不允许

注：1. 针孔集中是指直径在 100mm 圆面积内超过 20 个。

2. S 是以平方米为单位的玻璃板面积，保留小数点后两位。

3. 允许个数及允许条数为各系数与 S 相乘所得的数值，按 GB/T 8170—2008 修约到整数。

4. 玻璃板的中部是指距玻璃板边缘 75mm 以内的区域，其他部分为边部。

5. 阳光控制镀膜玻璃原片的外观质量，应符合《平板玻璃》（GB 11614—2009）中汽车级别的技术要求。作为幕墙用的钢化、半钢化阳光控制镀膜玻璃，原片进行边部磨边处理。

（三）阳光控制镀膜玻璃的物理力学性能

阳光控制镀膜玻璃的物理力学性能，应符合表 2-7 中的规定。

表 2-7　阳光控制镀膜玻璃的物理力学性能

项目		质量指标			
厚度偏差、尺寸偏差、弯曲度、对角线差		应符合《平板玻璃》（GB 11614—2009）的规定。钢化阳光镀膜控制玻璃与半钢化阳光镀膜控制玻璃，其厚度偏差、尺寸偏差、弯曲度、对角线差，应符合《建筑用安全玻璃 第 2 部分：钢化玻璃》（GB 15763.2—2005）和《半钢化玻璃》（GB/T 17841—2008）的规定				
光学性能	玻璃类型	允许偏差最大值（明示标称值）		允许最大差值（未明示标称值）	
		优等品	合格品	优等品	合格品
	可见光透射比>30%	±1.5%	±2.5%	≤3.0%	≤5.0%
	可见光透射比≤30%	±1.0%	±2.0%	≤2.0%	≤4.0%
颜色均匀性		采用 CIELAB 均匀色空间的色差 ΔE_{ab} 来表示。反射色色差优等品不得大于 2.5CIELAB，合格品不得大于 3.0CIELAB				
耐磨性		试验前后可见光透射比平均值差值的绝对值不应大于 4%				
耐酸性		试验前后可见光透射比平均值差值的绝对值不应大于 4%，并且膜层不能有明显变化				
耐碱性		试验前后可见光透射比平均值差值的绝对值不应大于 4%，并且膜层不能有明显变化				
其他要求		供需双方协商解决				

注：光学性能包括紫外线透射比、可见光透射比、可见光反射比、太阳光直接透射比、太阳光直接反射比和太阳能总透射比，其差值应符合表中的规定。

三、低辐射镀膜玻璃

低辐射镀膜玻璃又可称为低辐射玻璃、"Low-E"玻璃，这是一种对波长范围 $4.5 \sim 25 \mu m$

的远红外线有较高反射比的镀膜玻璃。低辐射镀膜玻璃还可以复合阳光控制功能，称为阳光控制低辐射玻璃。

根据现行国家标准《镀膜玻璃　第 2 部分：低辐射镀膜玻璃》（GB/T 18915.2—2013）中的规定，本标准适用于建筑用低辐射镀膜玻璃，其他方面使用的低辐射镀膜玻璃也可参照本标准执行。

（一）低辐射镀膜玻璃的分类方法

（1）低辐射镀膜玻璃产品按其外观质量不同，可分为优等品和合格品。

（2）低辐射镀膜玻璃产品按生产工艺不同，可分为离线的低辐射镀膜玻璃和在线的低辐射镀膜玻璃。

（3）低辐射镀膜玻璃可以进一步进行加工，根据加工的工艺可以分为钢化的低辐射镀膜玻璃、半钢化的低辐射镀膜玻璃、夹层低辐射镀膜玻璃等。

（二）低辐射镀膜玻璃的外观质量

低辐射镀膜玻璃的外观质量，应符合表 2-8 中的规定。

表 2-8　低辐射镀膜玻璃的外观质量

缺陷名称	说明	优等品	合格品
针孔 /个	直径＜0.8mm	不允许集中	—
	0.8mm≤直径＜1.2mm	中部：3.0S 且在任意两针孔间距离大于 300mm；75mm 边部，不允许集中	不允许集中
	1.2mm≤直径＜1.6mm	中部：不允许；75mm 边部：3.0S	中部：3.0S；75mm 边部：8.0S
	1.6mm≤直径≤2.5mm	不允许	中部：2.0S；75mm 边部：5.0S
	直径＞2.5mm	不允许	不允许
斑点 /个	1.0mm≤直径≤2.5mm	中部：不允许；75mm 边部：2.0S	中部：5.0S；75mm 边部：6.0S
	2.5mm＜直径≤5.0mm	不允许	中部：1.0S；75mm 边部：4.0S
	直径＞5.0mm	不允许	不允许
斑纹	目视可见	不允许	不允许
暗道	目视可见	不允许	不允许
膜面划伤	0.1mm≤宽度≤0.3mm，长度≤60mm	不允许	不限，划伤间距离不得小于 100mm
	宽度＞0.3mm，长度＞60mm	不允许	不允许
玻璃面划伤/条	宽度≤0.5mm，长度≤60mm	3.0S	—
	宽度＞0.5mm 或长度＞60mm	不允许	不允许

注：1. 针孔集中是指直径在 100mm 圆面积内超过 20 个。

2. S 是以平方米为单位的玻璃板面积，保留小数点后两位。

3. 允许个数及允许条数为各系数与 S 相乘所得的数值，按 GB/T 8170—2008 修约到整数。

4. 玻璃板的中部是指距玻璃板边缘 75mm 以内的区域，其他部分为边部。

（三）低辐射镀膜玻璃的技术指标

低辐射镀膜玻璃的技术指标，应符合表 2-9 中的规定。

表 2-9　低辐射镀膜玻璃的技术指标

项目	质量指标
厚度偏差	应符合《平板玻璃》(GB 11614—2009)的有关规定
尺寸偏差	应符合《平板玻璃》(GB 11614—2009)的有关规定，不规则形状的尺寸偏差由供需双方商定；钢化、半钢化的低辐射镀膜玻璃尺寸偏差，应符合《建筑用安全玻璃　第 2 部分：钢化玻璃》(GB 15763.2 —2005)和《半钢化玻璃》(GB/T 17841—2008)的规定
弯曲度	不应超过 0.2%。钢化、半钢化的低辐射镀膜玻璃的弓形弯曲度，不得超过 0.3%；波形弯曲度(mm/300mm)不得超过 0.2%
对角线差	应符合《平板玻璃》(GB 11614—2009)的有关规定。钢化、半钢化的低辐射镀膜玻璃的对角线差，应符合《建筑用安全玻璃　第 2 部分：钢化玻璃》(GB 15763.2—2005)和《半钢化玻璃》(GB/T 17841—2008)的规定

项目	质量指标	
光学性能	允许偏差最大值（明示标称值）	允许最大差值（未明示标称值）
	±1.5%	≤3.0%
颜色均匀性	采用 CIELAB 均匀色空间的色差 ΔE_{ab} 来表示。测量低辐射镀膜玻璃在使用时朝向室外的表面，该表面的反射色差不得大于 2.5CIELAB 色差单位	
耐磨性	试验前后可见光透射比平均值差值的绝对值不应大于 4%	
耐酸性	试验前后可见光透射比平均值差值的绝对值不应大于 4%	
耐碱性	试验前后可见光透射比平均值差值的绝对值不应大于 4%	
其他要求	供需双方协商解决	

注：光学性能包括紫外线透射比、可见光透射比、可见光反射比、太阳光直接透射比、太阳光直接反射比和太阳能总透射比，其差值应符合表中的规定。

四、贴膜玻璃

贴膜玻璃是指贴有有机薄膜的玻璃制品，在足够强的冲击下将其破碎，玻璃碎片能够黏附在有机膜上不飞散。贴膜玻璃属于新型节能安全玻璃，这种玻璃能改善玻璃的性能和强度，使玻璃具有节能、隔热、保温、防爆、防紫外线、美化外观、遮蔽私密、安全等多种功能。

根据现行行业标准《贴膜玻璃》（JC 846—2007）中的规定，本标准适用于建筑用贴膜玻璃，其他场所用贴膜玻璃可参照使用。

（一）贴膜玻璃的分类方法

（1）贴膜玻璃按功能不同，可分为 A 类、B 类、C 类和 D 类。A 类具有阳光控制或低辐射及抵御破碎飞散功能；B 类具有抵御破碎飞散功能；C 类具有阳光控制或低辐射功能；D 类仅具有装饰功能。

（2）贴膜玻璃按双轮胎冲击功能不同，可分为Ⅰ级和Ⅱ级。Ⅰ级贴膜玻璃以 450mm 及 1200mm 的冲击高度冲击后，结果应满足表 2-10 中的有关规定；Ⅱ级贴膜玻璃以 450mm 的冲击高度冲击后，结果应满足表 2-10 中的有关规定。

（二）贴膜玻璃的技术要求

贴膜玻璃的技术要求，应符合表 2-10 中的规定。

表 2-10　贴膜玻璃的技术要求

项目	技术指标					
玻璃基片及贴膜材料	贴膜玻璃所用玻璃基片应符合相应玻璃产品标准或技术条件的要求。贴膜玻璃所用的贴膜材料，应符合相应技术条件或订货文件的要求					
厚度及尺寸偏差	贴膜玻璃的厚度、长度及宽度的偏差，必须符合与所使用的玻璃基片相应的产品标准或技术条件中的有关厚度、长度及宽度的允许偏差要求					
外观质量[①]	贴膜层杂质（含气泡）应满足以下规定；不允许存在边部脱膜、磨伤、划伤及薄膜接缝等，由供需双方协商确定					
	杂质直径 D/mm	$D \leqslant 0.5$	$0.5 < D \leqslant 1.0$	$0.5 < D \leqslant 1.0$		$D > 3.0$
	板面面积 A/m²	任何面积	任何面积	$A \leqslant 1$	$1 < A \leqslant 2$	$2 < A \leqslant 8$	$A > 8$	任何面积
	缺陷数量/个	不作要求	不得密集存在	1	2	$1.0 m^{-2}$	$1.2 m^{-2}$	不允许存在
光学性能	可见光透射比、紫外线透射比、太阳能总透射比、太阳光直接透射比、可见光反射比和太阳光直接反射比应符合以下规定，遮蔽系数应不高于标称值					
	允许偏差最大值（明示标称值）			允许最大差值（未明示标称值）		
	±2.0%			≤3.0%		
传热系数	由供需双方协商确定					
双轮胎冲击试验	试验后试样应符合下列要求：试样不破坏；若试样破坏，产生的裂口不可使直径 76mm 的球在 25N 的最大推力下通过；冲击后 3min 内剥落的碎片总质量不得大于相当于试样 100cm² 面积的质量，最大剥落的碎片总质量不得大于相当于试样 44cm² 面积的质量					

项目	技术指标
抗冲击性	试验后试样应符合下列要求:试样不破坏;若试样破坏,不得穿透试样。5块或5块试样符合时为合格;3块或3块以下试样符合时为不合格。当4块试样符合时,应再追加6块试样,6块试样全部符合要求时为合格
耐辐照性	试验后试样应同时满足下列要求:试样不可产生气泡,不可产生显著变色,膜层经擦拭不可脱色;贴膜层不得产生显著尺寸变化;试样的可见光透射比相对变化率不应大于3%。3块试样全部符合时为合格,1块试样符合时为不合格。当2块试样符合时,应再追加新3块试样,3块试样全部符合要求时为合格
耐磨性	试样试验前后的雾度(透明或半透明材料的内部或表面由于光漫射造成的云雾状或混浊的外观)差值均应不大于5%
耐酸性	试验后试样应同时满足下列要求:试样不可产生显著变色,膜层经擦拭不可脱色;不得出现脱膜现象;试验前后的可见光透射比差值不应大于4%。3块试样全部符合时为合格,1块试样符合时为不合格。当2块试样符合时,应再追加3块新试样,3块试样全部符合要求时为合格
耐碱性	同耐酸性
耐温度变化性	试验后试样不得出现变色、脱膜、气泡或其他显著缺陷
耐燃烧性	试验后试样应符合下列 a、b 或 c 中任意一条的要求:a. 不燃烧;b. 燃烧,但燃烧速度不大于100mm/min;c.如果从试验计时开始,火焰在60s内自行熄灭,且燃烧距离不大于50mm,也被认为满足b条燃烧速度要求
黏结强度耐久性	试验后试样的黏结强度应不低于试验前的90%

① 密集存在是指在任意部位直径200mm的圆内,存在4个或4个以上的缺陷。

五、真空玻璃

真空玻璃是将两片平板玻璃四周密闭起来,将其间隙抽成真空并密封排气孔,两片玻璃之间的间隙为0.1~0.2mm,将真空玻璃的传导、对流和辐射方式散失的热降到最低。真空玻璃是多种学科、多种技术、多种工艺协作配合的成果。

根据现行行业标准《真空玻璃》(JC/T 1079—2008)中的规定,本标准适用于建筑、家电和其他保温隔热、隔声等用途的真空玻璃,包括用于夹层、中空等复合制品中的真空玻璃。

(一) 真空玻璃的分类、材料和尺寸偏差

(1) 真空玻璃的分类方法 真空玻璃按其保温性能 K 值的不同,可分1类、2类和3类。

(2) 真空玻璃的材料要求 构成真空玻璃的原片质量,应符合现行国家标准《平板玻璃》(GB 11614—2009)中一等品以上(含一等品)的要求,其他材料的质量应符合相应标准的技术要求。

(3) 真空玻璃的尺寸偏差 真空玻璃的尺寸偏差,应符合表2-11中的规定。

表 2-11 真空玻璃的尺寸偏差

真空玻璃厚度偏差/mm			
公称厚度	允许偏差	公称厚度	允许偏差
≤12	±0.40	>12	供需双方商定

尺寸及允许偏差/mm			
公称厚度	边的长度 L		
	L≤1000	1000<L≤2000	L>2000
≤12	±2.0	+2,−3	±3.0
>12	±2.0	±3.0	±3.0
对角线差	按照JC 846—2007中规定的方法进行检验,对于矩形真空玻璃,其对角线差不大于对角线平均长度的0.2%		

(二) 真空玻璃的技术要求

真空玻璃的技术要求,应符合表2-12中的规定。

表 2-12　真空玻璃的技术要求

项目	技术指标		项目	技术指标	
边部加工质量	磨边倒角,不允许有裂纹等缺陷		保护帽	高度及形状由供需双方商定	
支撑物	缺陷种类	质量要求	弯曲度	玻璃厚度	弓形弯曲度
	缺位　连续	不允许		≤12mm	0.3%
	缺位　非连续	≤3个/米²		>12mm	供需双方商定
	重叠	不允许	保温性能(K 值)	类别	K 值/[W/(m²·K)]
	多余	≤3个/米²		1	K≤1.0
外观质量	划伤	宽度<0.1mm 的轻微划伤,长度≤100mm 时,允许 4 条/米²;宽度0.1～1mm 的轻微划伤,长度≤100mm 时,允许 4 条/米²		2	1.0<K≤2.0
				3	2.0<K≤2.8
			耐辐照性	样品试验前后 K 值的变化率应不超过 3%	
	爆裂边	每片玻璃每米边长上允许有长度不超过 10mm、自玻璃边部向玻璃表面延伸深度不超过 2mm、自玻璃边部向玻璃表厚度延伸深度不超过 1.5mm 的爆裂边 1 个	封闭边质量	封闭边部后的熔融封接缝应保持饱满、平整,有效封闭边宽度应≥5mm	
			气候循环耐久性	试验后,样品不允许出现炸裂,试验前后 K 值的变化率应不超过 3%	
			高温高湿耐久性	试验后,样品不允许出现炸裂,试验前后 K 值的变化率应不超过 3%	
	内面污迹和裂纹	不允许	隔声性能	≥30dB	

第三节　建筑安全玻璃

为提高建筑装饰玻璃的安全性,减小建筑玻璃的脆性,提高建筑玻璃的强度,通常可采用以下方法:用退火法消除其内应力,用物理钢化回火、化学钢化法使玻璃中形成可缓解外力作用的均匀预应力,消除玻璃表面缺陷。安全玻璃是一类经剧烈振动或撞击不破碎的玻璃。目前,在建筑装饰工程中常用的安全玻璃有防火玻璃、钢化玻璃、夹层玻璃等。

一、防火玻璃

防火玻璃是指具有防火功能的建筑外墙用幕墙或门窗玻璃。根据现行国家标准《建筑用安全玻璃　第 1 部分:防火玻璃》(GB 15763.1—2009)中的规定,本标准适用于复合防火玻璃及经钢化工艺制造的单片防火玻璃。

防火玻璃在防火时的作用主要是控制火势的蔓延或隔烟,是一种措施型的防火材料,其防火效果是以耐火性能进行评价的。它是经过特殊工艺加工和处理,在规定的耐火试验中能保持其完整性和隔热性的特种玻璃。

(一)防火玻璃的分类方法

防火玻璃的分类方法,可参见表 2-13。

表 2-13　防火玻璃的分类方法

分类方法	防火玻璃种类及说明
按组成结构分	复合防火玻璃(FFB),由两层或两层以上玻璃复合而成,或由一层玻璃和有机材料复合而成,并满足相应耐火等级要求的特种玻璃
	单片防火玻璃(DFB),由单层玻璃构成,并满足相应耐火等级要求的特种玻璃
按耐火性能分	隔热型防火玻璃(A 类),同时满足耐火完整性、耐火隔热性要求的防火玻璃
	非隔热型防火玻璃(C 类),仅满足耐火完整性要求的防火玻璃
按耐火极限分	按耐火的时间分类,可分为 0.50h、1.00h、1.50h、2.00h、3.00h

(二)防火玻璃的尺寸允许偏差

防火玻璃的尺寸允许偏差,应符合表 2-14 中的规定。

表 2-14　防火玻璃的尺寸允许偏差

复合防火玻璃的尺寸允许偏差/mm

玻璃的公称厚度 d	厚度允许偏差	长度或宽度(L)允许偏差	
		$L \leqslant 1200$	$1200 < L \leqslant 2400$
$5 \leqslant d < 11$	±1.0	±2.0	±3.0
$11 \leqslant d < 17$	±1.0	±3.0	±4.0
$17 \leqslant d < 24$	±1.3	±4.0	±5.0
$24 \leqslant d \leqslant 35$	±1.5	±5.0	±6.0
$d > 35$	±2.0	±5.0	±6.0

单片火玻璃的尺寸允许偏差/mm

玻璃的公称厚度 d	厚度允许偏差	长度或宽度(L)允许偏差		
		$L \leqslant 1000$	$1000 < L \leqslant 2000$	$L > 2000$
5,6	±0.2	+1,−2	±3.0	±4.0
8,10	±0.3	+2,−3		
12	±0.3			
15	±0.5	±4.0	±4.0	
19	±0.7	±5.0	±5.0	±6.0

（三）防火玻璃的外观质量

防火玻璃的外观质量，应符合表 2-15 中的规定。

表 2-15　防火玻璃的外观质量

玻璃种类	缺陷名称	质量指标
复合防火玻璃	气泡	直径 300mm 圆内允许长 0.5～1.0mm 的气泡 1 个
	胶合层杂质	直径 500mm 圆内允许长 2.0mm 以下的杂质 2 个
	划伤	宽度≤0.1mm、长度≤50mm 的轻微划伤，每平方米面积内不超过 4 条
		0.1mm<宽度<0.5mm、长度≤50mm 的轻微划伤，每平方米面积内不超过 1 条
	边部爆裂	每米边长允许长度不超过 20mm、自边部向玻璃表面延伸深度不超过厚度一半的爆边 4 个
	叠差、裂纹、脱胶	裂纹、脱胶不允许存在，总叠差不应大于 3mm
单片防火玻璃	边部爆裂	不允许存在
	划伤	宽度≤0.1mm、长度≤50mm 的轻微划伤，每平方米面积内不超过 2 条
		0.1mm<宽度<0.5mm、长度≤50mm 的轻微划伤，每平方米面积内不超过 1 条
	结石、裂纹、缺角	不允许存在

注：复合防火玻璃周边 15mm 范围内的气泡、胶合层杂质不作要求。

（四）防火玻璃的技术性能

防火玻璃的技术性能，应符合表 2-16 中的规定。

表 2-16　防火玻璃的技术性能

项目	技术性能要求		
	名称	耐火极限等级	耐火性能要求
耐火性能	隔热型防火玻璃（A 类）	3.00h	耐火隔热性时间≥3.00h，且耐火完整性时间≥3.00h
		2.00h	耐火隔热性时间≥2.00h，且耐火完整性时间≥2.00h
		1.50h	耐火隔热性时间≥1.50h，且耐火完整性时间≥1.50h
		1.00h	耐火隔热性时间≥1.00h，且耐火完整性时间≥1.00h
		0.50h	耐火隔热性时间≥0.50h，且耐火完整性时间≥0.50h
	非隔热型防火玻璃（C 类）	3.00h	耐火完整性时间≥3.00h，且耐火隔热性时间无要求
		2.00h	耐火完整性时间≥2.00h，且耐火隔热性时间无要求
		1.50h	耐火完整性时间≥1.50h，且耐火隔热性时间无要求
		1.00h	耐火完整性时间≥1.00h，且耐火隔热性时间无要求
		0.50h	耐火完整性时间≥0.50h，且耐火隔热性时间无要求
弯曲度	防火玻璃弓形弯曲度不应超过 0.3%，波形弯曲度不应超过 0.2%		
可见光透射比	允许偏差最大值（明示标称值）±3%；允许偏差最大值（未明示标称值）±5%		

项目	技术性能要求
耐热性能	试验后复合防火玻璃试样的外观质量应符合表 2-15 中的规定
耐寒性能	试验后复合防火玻璃试样的外观质量应符合表 2-15 中的规定
耐紫外线辐射性	当防火玻璃使用在有建筑采光要求的场合时,应进行耐紫外线辐照性能测试。复合防火玻璃试样试验后不应产生显著变色、气泡及浑浊现象,并且试验前后可见光透射比相对变化率 ΔT 应不大于 10%
抗冲击性能	试样试验破坏数应符合 GB 15763.1—2009 第 8.3.4 条的规定。 单片防火玻璃不破坏是指在试验后不破碎;复合防火玻璃不破坏是指在试验后玻璃满足下述条件之一: ①玻璃不破碎;②玻璃破碎但钢球未穿透试样
碎片状态	每块试验样品在 50mm×50mm 区域内的碎片数应不低于 40 块。允许有少量长条碎片存在,但其长度不得超过 75mm,且端部不是刀刃状;延伸至玻璃边缘的长条形碎片与玻璃边缘形成的夹角不得大于 45°

二、钢化玻璃

根据现行国家标准《建筑用安全玻璃 第 2 部分:钢化玻璃》(GB 15763.2—2005)中的规定,钢化玻璃是指经热处理工艺后所得到的玻璃,其特点是在玻璃表面形成压应力层,机械强度和耐热冲击强度得到提高,并具有特殊的碎片状态。

(一)钢化玻璃的分类方法

(1)钢化玻璃按生产工艺分类,可分为垂直法钢化玻璃和水平法钢化玻璃。垂直法钢化玻璃是指在钢化过程中采取夹钳吊挂的方式生产出来的钢化玻璃;水平法钢化玻璃是指在钢化过程中采取水平辊支撑的方式生产出来的钢化玻璃。

(2)钢化玻璃按其形状分类,可分为平面钢化玻璃和曲面钢化玻璃。

(二)钢化玻璃的尺寸允许偏差

钢化玻璃的尺寸允许偏差,应符合表 2-17 中的规定。

表 2-17 钢化玻璃的尺寸允许偏差

长方形平面钢化玻璃边长允许偏差/mm				
玻璃厚度/mm	边长/L			
	L≤1000	1000<L≤2000	2000<L≤3000	L>3000
3,4,5,6	+1,-2	±3	±4	±5
8,10,12	+2,-3			
15	±4	±4		
19	±5	±5	±6	±7
>19	由供需双方协商确定			

长方形平面钢化玻璃对角线允许偏差/mm			
玻璃厚度/mm	边长 L		
	L≤2000	2000<L≤3000	L>3000
3,4,5,6	±3.0	±4.0	±5.0
8,10,12	±4.0	±5.0	±6.0
15,19	±5.0	±6.0	±6.0
>19	由供需双方协商确定		

钢化玻璃厚度允许偏差/mm						
厚度	3,4,5,6	8、10	12	15	19	>19
允许偏差	±0.2	±0.3	±0.4	±0.6	±1.0	供需双方协商确定

玻璃边部及圆孔加工质量				
边部加工质量	由供需双方协商确定			
圆孔的边部加工质量				
孔径及其允许偏差 /mm	公称孔径(D)	允许偏差	公称孔径(D)	允许偏差
	D<4	由供需双方协商确定	50<D≤100	±2.0
	4≤D≤50	±1.0	D>100	由供需双方协商确定

玻璃边部及圆孔加工质量				
孔的位置	孔的边部距玻璃边部	≥2d(d 为公称厚度)	孔的边部距玻璃角部	≥6d
	两孔孔边之间的距离	≥2d	圆孔圆心的位置允许偏差	同玻璃边长允许偏差,应符合表中的要求

注：1. 其他形状的钢化玻璃的尺寸及其允许偏差，由供需双方协商确定。

2. 对于上表中未作规定的公称厚度的玻璃，其厚度允许偏差可采用表中与其邻近的较薄厚度的玻璃的规定，或由供需双方协商确定。

(三) 钢化玻璃的外观质量要求

钢化玻璃的外观质量要求，应符合表 2-18 中的规定。

表 2-18　钢化玻璃的外观质量要求

缺陷名称	说明	允许缺陷数量
边部爆裂	每片玻璃每米边长上允许有长度不超过 10mm、自玻璃边部向玻璃表面延伸深度不超过 2mm、从板的表面向玻璃厚度延伸深度不超过厚度 1/3 的爆裂边	1 处
划伤	宽度在 0.1mm 以下的轻微划伤，每平方米面积内允许存在条数	长度≤100mm 时，允许 4 条
	宽度在 0.1mm 以上的划伤，每平方米面积内允许存在条数	宽度 0.1～1mm、长度≤100mm 时，允许 4 条
夹钳印	夹钳印中心与玻璃边缘的距离	≤20mm
	边部的变形量	≤2mm
裂纹、缺角	不允许存在	

(四) 钢化玻璃的物理力学性能

钢化玻璃的物理力学性能，应符合表 2-19 中的规定。

表 2-19　钢化玻璃的物理力学性能

项目	质量指标			
弯曲度	平面钢化玻璃的弯曲度不应超过 0.3%，波形弯曲度不应超过 0.2%			
抗冲击性	取 6 块钢化玻璃试样进行试验，试样破坏数不超过 1 块为合格，多于或等于 3 块为不合格。破坏数为 2 块时，再另取 6 块进行试验，6 块必须全部不被破坏为合格			
碎片状态	取 4 块钢化玻璃试样进行试验，每块试样在 50mm×50mm 区域内的最少碎片数			
	玻璃品种	公称厚度/mm	最少碎片数/片	备注
	平面钢化玻璃	3	30	允许有少量长条碎片，其长度不超过 75mm
		4～12	40	
		≥15	30	
	曲面钢化玻璃	≥4	30	
霰弹袋的冲击性能	取 4 块平面钢化玻璃试样进行试验，必须符合下列①或②中任意一条的规定。 ①玻璃破碎时，每块试样的最大 10 块碎片质量的总和，不得超过相当于试样 65cm² 面积的质量，保留在框内的任何无贯穿裂纹的玻璃碎片的长度不能超过 120mm。 ②霰弹袋的下落高度为 1200mm 时，试样不破坏			
表面应力	钢化玻璃的表面应力不应小于 90MPa。以制品为试样，取 3 块试样进行试验，当全部符合规定为合格；2 块试样不符合则为不合格；当 2 块试样符合时，再追加 3 块试样，如果 3 块全部符合规定，则为合格			
耐热冲击性能	钢化玻璃应耐 200℃温差不被破坏。 取 4 块试样进行试验，当全部符合规定为合格，2 块试样不符合则为不合格。当 1 块试样不符合时，重新追加 1 块试样，如果它符合规定，则认为该性能合格。当有 2 块不符合时，则重新追加 4 块试样，全部符合规定时则为合格			

三、夹层玻璃

夹层玻璃是玻璃与玻璃和/或塑料等材料，用中间层分隔并通过处理使其黏结为一体的复合材料的统称。经常使用的是玻璃与玻璃用中间层分隔并通过处理，使其黏结为一体的玻璃构件。夹层玻璃是一种安全玻璃。材料试验表明，此种玻璃经过较大冲击和较剧烈的振动，仅出现一些裂纹，不至于出现粉碎性破坏。

根据现行国家标准《建筑用安全玻璃 第 3 部分：夹层玻璃》（GB 15763.3—2009）中的规定，本标准适用于建筑用夹层玻璃。

（一）夹层玻璃的分类及应用

（1）夹层玻璃的分类 夹层玻璃按其形状不同，可分为平面夹层玻璃和曲面夹层玻璃。按霰弹袋的冲击性能不同，可分为Ⅰ类夹层玻璃、Ⅱ-1 类夹层玻璃、Ⅱ-2 类夹层玻璃和Ⅲ类夹层玻璃。

（2）夹层玻璃的应用 夹层玻璃的应用十分广泛，主要用于高层建筑门窗、工业厂房门窗、高压设备观察窗、飞机和汽车风窗及防弹车辆、水下工程、动物园猛兽展览窗、银行门窗、展览橱窗、商业橱窗等处。

（二）夹层玻璃的尺寸允许偏差

夹层玻璃的尺寸允许偏差，应符合表 2-20 中的规定。

表 2-20 夹层玻璃的尺寸允许偏差

项目	技术指标			
	公称尺寸（边长 L）	公称厚度≤8	公称厚度＞8	
			每块玻璃公称厚度＜10	每块玻璃公称厚度≥10
长度和宽度允许偏差/mm	L≤1100	+2.0，−2.0	+2.5，−2.0	+3.5，−2.5
	1100＜L≤1500	+3.0，−2.0	+3.5，−2.0	+4.5，−3.0
	1500＜L≤2000	+3.0，−2.0	+3.5，−2.0	+5.0，−3.5
	2000＜L≤2500	+4.5，−2.5	+5.0，−3.0	+6.0，−4.0
	L＞2500	+5.0，−3.0	+5.5，−3.5	+6.5，−4.5
最大允许的叠加差	长度或宽度 L			
	L＜1000	1000≤L＜2000	2000≤L＜4000	L≥4000
	2.0	3.0	4.0	6.0
厚度允许偏差[①]/mm	干法夹层玻璃厚度偏差：干法夹层玻璃的厚度偏差，不能超过构成夹层玻璃的原片厚度允许偏差和中间层材料厚度允许偏差总和。中间层的总厚度＜2mm 时，不考虑中间层的厚度偏差；中间层的总厚度≥2mm 时，其厚度允许偏差为±0.2mm。 湿法夹层玻璃厚度偏差：湿法夹层玻璃的厚度偏差，不能超过构成夹层玻璃的原片厚度允许偏差和中间层材料厚度允许偏差总和。湿法中间层厚度允许偏差应符合以下规定：			
	中间层厚度 d	d＜1.0	1≤d＜2	2≤d＜3	d≥3
	允许偏差	±0.4	±0.5	±0.6	±0.7
对角线差	矩形夹层玻璃制品，长边长度不大于 2400mm 时，对角线差不得大于 4mm；长边长度大于 2400mm 时，对角线差由供需双方商定			

① 对于三层原片以上（含三层）制品、原片材料总厚度超过 24mm 及使用钢化玻璃作为原片时，其厚度允许偏差由供需双方商定。

（三）夹层玻璃的外观质量要求

夹层玻璃的外观质量要求，应符合表 2-21 中的规定。

表 2-21 夹层玻璃的外观质量要求

项目				技术要求					
可视区缺陷	允许点状缺陷数	缺陷尺寸 λ/mm		$0.5<\lambda\leqslant1.0$	$1.0<\lambda\leqslant3.0$				
		板面的面积 S/m^2		S 不限	$S\leqslant1$	$1<S\leqslant2$	$2<S\leqslant8$	$8<S$	
		允许缺陷数/个	玻璃层数 2层	不得密集存在	1	2	$1.0m^{-2}$	$1.2m^{-2}$	
			3层		2	3	$1.5m^{-2}$	$1.8m^{-2}$	
			4层		3	4	$2.0m^{-2}$	$2.4m^{-2}$	
			≥5层		4	5	$2.5m^{-2}$	$3.0m^{-2}$	
	允许线状缺陷数	缺陷尺寸(长度 L,宽度 B)/mm		$L\leqslant30$ 且 $B\leqslant0.2$	$L>30$ 或 $B>0.2$				
		玻璃面积$(S)/m^2$		S 不限	$S\leqslant5$		$5<S\leqslant8$	$8<S$	
		允许缺陷数/个		允许存在	不允许		1	2	
周边区的缺陷		使用时装有边框的夹层玻璃周边区域,允许直径不超过 5mm 的点状缺陷存在;如点状缺陷是气泡,气泡面积之和不应超过边缘区总面积的 5%。 使用时,不带边框的夹层玻璃周边区域,由供需双方商定							
裂口、脱胶、皱痕、条纹等缺陷		不允许存在							
边部爆裂		长度或宽度不得超过玻璃的厚度							

注:1. $\lambda\leqslant0.5mm$ 的缺陷不予考虑,不允许出现 $\lambda>3mm$ 的缺陷。

2. 当出现下列情况之一时,视为密集存在:①两层玻璃时,出现 4 个或 4 个以上的缺陷,且彼此相距<200mm;②三层玻璃时,出现 4 个或 4 个以上的缺陷,且彼此相距<180mm;③四层玻璃时,出现 4 个或 4 个以上的缺陷,且彼此相距<150mm;④五层以上玻璃时,出现 4 个或 4 个以上的缺陷,且彼此相距<100mm。

3. 单层、中间层厚度大于 2mm 时,上表中的允许缺陷总数增加 1。

(四) 夹层玻璃的物理力学性能

夹层玻璃的物理力学性能,应符合表 2-22 中的规定。

表 2-22 夹层玻璃的物理力学性能

项目	技术指标
弯曲度	平面夹层玻璃的弯曲度,弓形时应不超过 0.3%,波形时应不超过 0.2%。原片材料使用非无机玻璃时,弯曲度由供需双方商定
可见光透射比	由供需双方商定
可见光反射比	由供需双方商定
抗风压性能	应由供需双方商定是否有必要进行本项试验,以便合理选择给定风载条件下适宜的夹层玻璃材料、结构和规格尺寸等,或验证所选定夹层玻璃材料、结构和规格尺寸等能否满足设计风压值的要求
耐热性	试验后允许试样存在裂口,超出边部或裂口 13mm 部分不能产生气泡或其他缺陷
耐湿性	试验后试样超出原始边 15mm、切割面 25mm、裂口 10mm 部分不能产生气泡或其他缺陷
耐辐照性	玻璃试样试验后不应产生显著变色、气泡及浑浊现象,并且试验前后可见光透射比相对变化率 ΔT 应不大于 3%
下落球的冲击剥离性能	试验后中间层不得断裂,不得因碎片剥离而暴露
霰弹袋的冲击性能	在每一冲击高度试验后,试样均未破坏和/或安全破坏。破坏时试样同时符合下列要求为安全破坏: ①破坏时允许出现裂缝或开口,但是不允许出现使直径 75mm 的球在 25N 力作用下能通过裂缝或开口。 ②冲击后试样出现碎片剥离时,称量冲击后 3min 内从试样上剥落下的碎片。碎片总质量不得超过相当于 100cm² 试样的质量,最大剥离碎片质量应小于 44cm² 面积试样的质量。 Ⅱ-1 类夹层玻璃:3 组试样在冲击高度分别为 300mm、750mm 和 1200mm 时被冲击,试样未破坏和/或安全破坏;但另 1 组试样在冲击高度为 1200mm 时,任何试样非安全破坏。 Ⅱ-2 类夹层玻璃:2 组试样在冲击高度分别为 300mm、750mm 时被冲击后,试样未破坏和/或安全破坏;但另 1 组试样在冲击高度为 1200mm 时,任何试样非安全破坏。 Ⅲ 类夹层玻璃:2 组试样在冲击高度为 300mm 时被冲击后,试样未破坏和/或安全破坏;但另 1 组试样在冲击高度为 750mm 时,任何试样非安全破坏。 Ⅰ 类夹层玻璃:对霰弹袋的冲击性能不作要求。 分级后的夹层玻璃适用场所建议,见现行国家标准《建筑用安全玻璃 第 3 部分:夹层玻璃》(GB 15763.3—2009)中的附录 A

四、均质钢化玻璃

均质钢化玻璃是指玻璃在钢化工序完成后，进入均质炉内进行均质处理。钢化玻璃均质处理后可减少玻璃在用户使用过程中的自爆。均质钢化玻璃保留了钢化玻璃的特性，机械强度高，抗热冲击性和安全性能好。

根据现行国家标准《建筑用安全玻璃　第 4 部分：均质钢化玻璃》（GB 15763.4—2009）中的规定，本标准适用于建筑用均质钢化玻璃。对于建筑以外用的（如工业设备、家具等）均质钢化玻璃，如果没有相应的产品标准，可参照使用本标准。均质钢化玻璃主要应符合下列要求：

（1）均质钢化玻璃的尺寸及允许偏差、厚度及允许偏差、外观质量、抗冲击性、碎片状态、霰弹袋的冲击性能、表面应力、耐热冲击性和平面均质钢化玻璃的弯曲度，均应符合现行国家标准《建筑用安全玻璃　第 2 部分：钢化玻璃》（GB 15763.2—2005）中相应条款的规定。

（2）以 95% 的置信区间、5% 的破损概率，均质钢化玻璃的弯曲强度（四点弯法）应符合表 2-23 中的规定。

表 2-23　均质钢化玻璃的弯曲强度（四点弯法）

均质钢化玻璃类型	弯曲强度/MPa	均质钢化玻璃类型	弯曲强度/MPa
釉面均质钢化玻璃	75	压花均质钢化玻璃	90
以浮法玻璃为原片的均质钢化玻璃	120	镀膜均质钢化玻璃	120

五、半钢化玻璃

半钢化玻璃是指通过控制加热和冷却过程，在玻璃表面引入永久压应力层，使玻璃的机械强度和耐热冲击性能提高，并具有特定的碎片状态的玻璃制品。半钢化玻璃是介于普通平板玻璃和钢化玻璃之间的一个玻璃品种。半钢化玻璃兼有钢化玻璃的部分优点，同时又避免了钢化玻璃平整度差、易自爆的弱点。

根据现行国家标准《半钢化玻璃》（GB/T 17841—2008）中的规定，本标准适用于经热处理工艺制成的建筑用半钢化玻璃。对于建筑以外用的半钢化玻璃，可根据其产品特点参照使用本标准。

（一）半钢化玻璃的分类及尺寸偏差

1. 半钢化玻璃的分类方法

半钢化玻璃按生产工艺不同，可分为垂直法生产的半钢化玻璃、水平法生产的半钢化玻璃。生产半钢化玻璃所使用的原片，其质量应当符合相应产品标准的要求。

2. 半钢化玻璃的尺寸偏差

（1）厚度偏差　半钢化玻璃制品的厚度偏差应符合所使用的原片玻璃对应标准的规定。

（2）尺寸及允许偏差　半钢化玻璃矩形制品的边长允许偏差，应符合表 2-24 中的规定。

表 2-24　半钢化玻璃矩形制品的边长允许偏差　　　　　　　单位：mm

玻璃厚度	边长 L			
	L≤1000	1000<L≤2000	2000<L≤3000	L>3000
3,4,5,6	+1.0,−2.0	±3.0	±3.0	±4.0
8,10,12	+2.0,−3.0	—	—	—

（3）半钢化玻璃制品对角线差　半钢化玻璃矩形制品的对角线差应符合表 2-25 的规定。

表 2-25　半钢化玻璃矩形制品对角线差的允许值　　　　　　　单位：mm

玻璃厚度	边长 L			
	$L \leqslant 1000$	$1000 < L \leqslant 2000$	$2000 < L \leqslant 3000$	$L > 3000$
3,4,5,6	2.0	3.0	4.0	5.0
8,10,12	3.0	4.0	5.0	6.0

（4）半钢化玻璃的圆孔

① 本条款只适用于公称厚度不小于 4mm 的半钢化玻璃制品。圆孔的边部加工质量由供需双方商定。

② 孔的直径。孔径一般不小于玻璃的公称厚度，孔径的允许偏差应符合表 2-26 的规定。小于玻璃的公称厚度的孔的孔径允许偏差由供需双方商定。

表 2-26　半钢化玻璃孔径的允许偏差　　　　　　　　　单位：mm

公称孔径 D	允许偏差	公称孔径 D	允许偏差	公称孔径 D	允许偏差
$4 \leqslant D \leqslant 50$	±1.0	$50 < D \leqslant 100$	±2.0	$D > 100$	由供需双方商定

③ 孔的位置。孔的位置应符合下列要求：孔的边部距玻璃边部的距离，应不小于玻璃公称厚度的 2 倍；两孔孔边之间的距离，应不小于玻璃公称厚度的 2 倍；孔的边部距玻璃角部的距离，应不小于玻璃公称厚度的 6 倍。

（二）半钢化玻璃的技术要求

半钢化玻璃的各项技术要求，应符合表 2-27 中的规定。

表 2-27　半钢化玻璃的各项技术要求

项目	技术要求			
	缺陷名称	说明		允许缺陷数
外观质量	边部爆裂	每米边长上允许有长度不超 10mm、自玻璃边部向玻璃表面延伸深度不超过 2mm、从板面向玻璃厚度延伸深度不超过厚度 1/3 的边部爆裂的个数		1 个
	划伤	宽度≤0.1mm、长度≤100mm 每平方米面积内允许存在的条数		4 条
		0.1mm＜宽度≤0.5mm、长度≤100mm 每平方米面积内允许存在的条数		3 条
	夹钳印	夹钳印与玻璃边缘的距离≤20mm，边部变形量≤2mm		
	裂纹、缺角	不允许存在		
弯曲强度	原片玻璃种类	弯曲强度值/MPa	原片玻璃种类	弯曲强度值/MPa
	浮法玻璃、镀膜玻璃	≥70	压花玻璃	≥55
	本条款由供需双方商定采用			
弯曲度	水平法生产的平面玻璃制品的弯曲度应满足以下要求；垂直法生产的平面玻璃制品的弯曲度由供需双方商定			
	缺陷种类	弯曲度	缺陷种类	弯曲度
		浮法玻璃 ｜ 其他玻璃		浮法玻璃 ｜ 其他玻璃
	弓形/(mm/mm)	0.3% ｜ 0.4%	波形/(mm/300mm)	0.3 ｜ 0.5
表面应力值	原片玻璃种类	表面应力	原片玻璃种类	表面应力
	浮法玻璃、镀膜玻璃	24MPa≤表面应力值≤60MPa	压花玻璃	
碎片状态	厚度小于等于 8mm 的玻璃碎片状态，按 GB/T 17841—2008 第 7、8 条进行检验，每片试样的破碎状态应满足以下要求，厚度大于 8mm 的玻璃的碎片状态由供需双方商定。 （1）碎片状态要求：①碎片至少有一边延伸到非检查区域；②当有碎片的任何一边不能延伸到非检查区域时，此类碎片归类为"小岛"碎片和"颗粒"碎片。 上述碎片应满足如下要求：a. 不应有两个及两个以上的小岛碎片；b. 不应有面积大于 10cm² 的小岛碎片；c. 所有的颗粒碎片的面积之和不应超过 50cm²。 （2）碎片状态放行条款：①碎片至少有一边延伸到非检查区域；②当有碎片的任何一边不能延伸到非检查区域时，此类碎片归类为"小岛"碎片和"颗粒"碎片。 上述碎片应满足如下要求：a. 不应有 3 个及 3 个以上的"小岛"碎片；b. 所有"小岛"碎片和"颗粒"碎片总面积之和不应超过 500cm²			
耐热冲击	本条款应由供需双方商定采用。试样应耐 100℃温差不被破坏			
边部质量	边部加工形状及质量由供需双方商定			

六、化学钢化玻璃

根据现行的行业标准《化学钢化玻璃》（JC/T 977—2005）中的规定，化学钢化玻璃系指通过化学离子交换，玻璃表层碱金属离子被熔盐中的其他碱金属离子置换，从而使玻璃的机械强度提高，本标准适用于平面化学钢化玻璃。

（一）化学钢化玻璃的分类方法

（1）化学钢化玻璃按用途不同，可分为建筑用化学钢化玻璃和建筑以外用化学钢化玻璃。建筑用化学钢化玻璃是建筑物或室内作为隔断使用的玻璃（CSB）；建筑以外用化学钢化玻璃是用于仪表、光学仪器、复印机、家电面板等的玻璃（CSOB）。

（2）化学钢化玻璃按表面应力值不同，可分为Ⅰ类、Ⅱ类和Ⅲ类。

（3）化学钢化玻璃按压应力层厚度不同，可分为A类、B类和C类。

（二）化学钢化玻璃的尺寸偏差

化学钢化玻璃的尺寸偏差应符合表 2-28 中的规定。

表 2-28 化学钢化玻璃的尺寸偏差 单位：mm

项目	技术指标					
玻璃厚度允许偏差①	厚度	允许偏差	厚度	允许偏差	厚度	允许偏差
	2,3,4,5,6	±0.2	8,10	±0.3	12	±0.4
边的长度允许偏差②	厚度	边的长度 L				
		L≤1000	1000<L≤2000	2000<L≤3000	L>3000	
	<8	+1.0,−2.0	±3.0	±3.0	±4.0	
	≥8	+2.0,−3.0	±3.0	±3.0	±4.0	
矩形玻璃对角线差值③	玻璃公称厚度	边的长度 L				
		L≤2000	2000<L≤3000	L>3000		
	3,4,5,6	3.0	4.0	5.0		
	8,10,12	4.0	5.0	6.0		

① 厚度小于2mm及大于12mm的化学钢化玻璃的厚度及厚度偏差由供需双方商定。

② 对于建筑用矩形化学钢化玻璃，其长度和宽度尺寸的允许偏差应符合表中的规定。对于其他形状及建筑以外用化学钢化玻璃，其尺寸偏差由供需双方商定。

③ 厚度小于等于2mm及大于12mm的矩形化学钢化玻璃对角线差由供需双方商定。

（三）化学钢化玻璃的外观和加工质量

化学钢化玻璃的外观质量和加工质量，应符合表 2-29 中的规定。

表 2-29 化学钢化玻璃的外观质量和加工质量

化学钢化玻璃的外观质量		
缺陷名称	说明	允许缺陷数
边部爆裂	每片玻璃每米边长上允许有长度不超过10mm、自玻璃边部向玻璃表面延伸深度不超过2mm、从板的表面向玻璃厚度延伸深度不超过厚度1/3的爆裂边	1处
划伤	宽度在0.1mm以下的轻微划伤，每平方米面积内允许存在条数	长度≤100mm 时允许 4 条
裂纹、缺角	不允许存在	
污迹、污染雾	化学钢化玻璃表面不应有明显的污迹、污染雾	
化学钢化玻璃的加工质量		
局部加工质量	建筑用化学钢化玻璃的边部应进行倒角及细磨处理。建筑以外用化学钢化玻璃边部质量由供需双方商定	
圆孔边部加工质量	由供需双方商定	

化学钢化玻璃的加工质量				
孔径及其允许偏差 /mm	公称孔径(D)	允许偏差①	公称孔径(D)	允许偏差①
	$D<4$	由供需双方商定	$20<D\leqslant100$	±2.0
	$4\leqslant D\leqslant20$	±1.0	$D>100$	由供需双方商定
孔的位置②	建筑用化学钢化玻璃制品孔的边部距玻璃边部的距离	$\geqslant2d$ (d 为玻璃公称厚度)	圆孔圆心的位置③	同玻璃的边长允许偏差相同
	两孔孔边之间的距离	$\geqslant2d$	孔的边部距玻璃角部的距离	$\geqslant6d$

① 适用于公称厚度不小于4mm的建筑用化学钢化玻璃。建筑以外用化学钢化玻璃的允许偏差由供需双方商定。

② 适用于公称厚度不小于4mm且整板玻璃的孔不多于4个的建筑用化学钢化玻璃制品。建筑以外用化学钢化玻璃的允许偏差由供需双方商定。

③ 圆孔圆心位置的表达方法，一般用圆心的位置坐标（x,y）表达。

注：建筑用化学钢化玻璃外观质量应满足表中的规定，建筑以外用化学钢化玻璃外观质量由供需双方商定。

（四）化学钢化玻璃的物理力学性能

化学钢化玻璃的物理力学性能，应符合表 2-30 中的规定。

表 2-30　化学钢化玻璃的物理力学性能

项目	技术指标		项目	技术指标		
表面应力 P /MPa	Ⅰ类	$300<P\leqslant400$	压应力层厚度 d /μm	A类	$12<d\leqslant25$	
	Ⅱ类	$400<P\leqslant600$		B类	$25<d\leqslant50$	
	Ⅲ类	$P>600$		C类	$d>50$	
弯曲度	玻璃厚度/mm	弯曲度	抗冲击性	玻璃厚度/mm	冲击高度/m	冲击后状态
	$d\geqslant2$	0.3%		$d<2$	1.0	试样不破坏
	$d<2$	供需双方商定		$d\geqslant2$	2.0	
弯曲强度①（四点弯法）/MPa	$\geqslant150$（以 95% 的置信区间,5% 的破损概率）					

① 适用于厚度 2mm 以上的建筑用化学钢化玻璃。

第四节　其他建筑玻璃

玻璃作为建筑的采光材料已经有 4000 多年的历史，随着现代科学技术和玻璃技术的发展以及人民生活水平的提高，建筑玻璃的功能不再仅仅是满足采光要求，而是要具有能调节光线、保温隔热、建筑节能、安全环保、控制噪声、艺术装饰等特性，因此除以上玻璃外，建筑工程中所用的玻璃品种还有很多。

一、压花玻璃

压花玻璃是用压延法生产玻璃时，在压延机的下压辊面上刻以花纹，当熔融玻璃流经压辊面时即被压延而成型。根据现行的行业标准《压花玻璃》（JC/T 511—2002）中的规定，本标准适用于连续辊压工艺生产的单面花纹压花玻璃。双面花纹压花玻璃也可参照本标准执行。压花玻璃用于各种建筑物的采光门窗、装饰以及家居用品等方面。

（一）压花玻璃的分类方法和尺寸要求

1. 压花玻璃的分类方法

（1）压花玻璃按其外观质量不同，可分为一等品、合格品。

（2）压花玻璃按其厚度不同，可分为 3mm、4mm、5mm、6mm 和 8mm。

2. 压花玻璃的尺寸要求

压花玻璃的尺寸要求，应符合表 2-31 中的规定。

表 2-31　压花玻璃的尺寸要求

项目		质量指标				
厚度/mm	基本尺寸	3	4	5	6	8
	允许偏差	±0.3	±0.4	±0.4	±0.5	±0.6
长度和宽度/mm	玻璃厚度	3	4	5	6	8
	允许偏差	±2				±3
弯曲度/%		≤0.3				
对角线差		小于两对角线平均长度的 0.2%				

（二）压花玻璃的外观质量要求

压花玻璃的外观质量要求，应符合表 2-32 中的规定。

表 2-32　压花玻璃的外观质量要求

缺陷类型	说明	一等品			合格品		
图案不清	目测可见	不允许			不允许		
气泡	长度范围/mm	2≤L<5	5≤L<10	L≥10	2≤L<5	5≤L<15	L≥15
	允许个数	6.0S	3.0S	0	9.0S	4.0S	0
杂物	长度范围/mm	2≤L<3		L≥3	2≤L<3		L≥3
	允许个数	1.0S		0	2.0S		0
线条	长宽范围/mm	不允许			长度 100≤L<200，宽度 W<0.5		
	允许个数				3.0S		
皱纹	目测可见	不允许			边部 50mm 以内轻微的允许存在		
压痕	长度范围/mm	允许			2≤L<5		L≥5
	允许个数				2.0S		0
划伤	长宽范围/mm	不允许			长度 L≥60，宽度 W<0.5		
	允许个数				3.0S		
裂纹	目测可见	不允许					
断面缺陷	爆边、凹凸、缺角等	不应超过玻璃板的厚度					

注：1. 表中 L 表示相应缺陷的长度，W 表示其宽度，S 是以平方米为单位的玻璃板的面积，气泡、杂物、压痕和划伤的数量允许上限值，是以 S 乘以相应系数所得的数值，此数值应按 GB/T 8170—2008 修约到整数。

2. 对于 2mm 以下的气泡，在直径为 100mm 的圆内不允许超过 8 个。

3. 破坏性的杂物不允许存在。

镶嵌玻璃是指利用各种金属嵌条、中空玻璃密封胶等材料将钢化玻璃、浮法玻璃和彩色玻璃，经过雕刻、磨削、碾磨、焊接、清洗、干燥密封等工艺，制造而成的高档艺术玻璃。镶嵌玻璃可以将彩色图案的玻璃、雾面朦胧的玻璃、清晰剔透的玻璃任意组合，再用金属丝条加以分隔，合理地搭配和创意，呈现不同美感，更加令人陶醉。镶嵌玻璃广泛应用于家庭、宾馆、饭店和娱乐场所的装修、装潢。

根据现行的行业标准《镶嵌玻璃》（JC/T 979—2005）中的规定，本标准适用于建筑、装饰等用途的中空镶嵌玻璃，其他类型的镶嵌玻璃也可参照本标准执行。中空镶嵌玻璃是将嵌条、玻璃片组成图案置于两片玻璃内，周边用密封材料粘接密封，形成内部是干燥气体、具有保温隔热性能的装饰玻璃制品。镶嵌玻璃按性能不同可分为：安全中空镶嵌玻璃和普通中空镶嵌玻璃。镶嵌玻璃的技术要求，应符合表 2-33 中的规定。

表 2-33　镶嵌玻璃的技术要求

项目		技术要求
材料要求	玻璃	安全中空镶嵌玻璃两侧应采用夹层玻璃、钢化玻璃。夹层玻璃应符合 GB 9962—1999 的规定，钢化玻璃应符合 GB 9963—1998 的规定。普通中空镶嵌玻璃两侧可采用浮法玻璃、着色玻璃、镀膜玻璃、压花玻璃等。浮法玻璃应符合 GB 11614—2009 的规定，着色玻璃应符合 GB/T 18701—2002 的规定，镀膜玻璃应符合 GB/T 18915.1—2013、GB/T 18915.2—2013 的规定，压花玻璃应符合 JC/T 511—2002 的规定，其他品种的玻璃应符合相应标准或由供需双方商定

项目		技术要求
材料要求	嵌条	可以是金属条等各种材料,其质量应符合相应标准、技术条件或订货文件的要求
	密封胶	可以采用弹性密封材料或塑性密封材料作周边密封,其质量应符合相应标准、技术条件或订货文件的要求
外观质量		镶嵌玻璃的外观质量应符合下列要求: (1)嵌条应光滑、均匀,无明显的色差,不得有焊液、氧化斑、污点及手印; (2)焊点或接头平滑,厚度不超过 1.5mm,不得有漏焊现象; (3)焊点的涂色应符合双方规定的颜色要求,涂色表面不得有起皮脱落; (4)玻璃拼块与嵌条或边条之间不得有透光的裂缝; (5)玻璃拼块的结石、裂纹、缺角、边爆裂不允许存在,中空镶嵌玻璃外侧玻璃的裂纹、缺角、边爆裂不得超过玻璃厚度,玻璃拼块的磨边应平滑、均匀; (6)宽度≤0.1mm、长度≤30mm 的划伤在每平方米内允许存在 2 条,宽度>0.1mm 或长度>30mm 的划伤不允许存在; (7)中空镶嵌玻璃内不得有污迹、夹杂物的存在; (8)有贴膜的中空镶嵌玻璃不得有大于 0.5mm 的明显气泡存在

		长(宽)度 L	允许偏差	长(宽)度 L	允许偏差
尺寸允许偏差/mm	矩形长(宽)度允许偏差	$L<1000$	±2.0	$1000 \leqslant L<2000$	+2,−3
		$2000 \leqslant L<3000$	±3.0	其他形状或 $L \geqslant 3000$	由供需双方商定
	厚度允许偏差	公称厚度 t	允许偏差	公称厚度 t	允许偏差
		$t \leqslant 22$	±1.5	$t>22$	±2.0
	最大允许叠差	长(宽)度 L	允许偏差	长(宽)度 L	允许偏差
		$L<1000$	2.0	$1000 \leqslant L<2000$	3.0
		$2000 \leqslant L<3000$	4.0	其他形状或 $L \geqslant 3000$	由供需双方商定

项目	技术要求
耐紫外线辐照性能	两块中空镶嵌玻璃试样经紫外线照射试验,试样内表面无结雾或污染痕迹,玻璃无明显错位、无胶条蠕变、嵌条无明显变色为合格
露点	三块中空镶嵌玻璃试样的露点均小于等于−30℃为合格
高温高湿耐久性能	三块中空镶嵌玻璃试样经高温高湿循环耐久性试验,试验后进行露点试验,露点均小于等于−30℃为合格
气候循环耐久性能	两块中空镶嵌玻璃试样经气候循环耐久性试验,试验后进行露点试验,露点均小于等于−30℃为合格。是否进行该性能试验,可由供需双方根据使用条件加以商定

注:中空玻璃的公称厚度为玻璃原片的公称厚度与间隔层厚度之和。

二、热弯玻璃

热弯玻璃是为了满足现代建筑的高品质需求,由优质玻璃加热软化,在模具中成型,再经退火制成的曲面玻璃。这种玻璃样式美观,线条流畅,突破了平板玻璃的单一性,使用上更加灵活多样。根据现行的行业标准《热弯玻璃》(JC/T 915—2003)中的规定,本标准适用于建筑用热弯玻璃和建筑以外用热弯玻璃,但不适用于热弯钢化玻璃和热弯半钢化玻璃。热弯玻璃按其形状不同,可分为单弯热弯玻璃、折弯热弯玻璃、多曲面弯热弯玻璃等。热弯玻璃的规格尺寸,应符合表 2-34 中的规定;热弯玻璃的外观要求,应符合表 2-35 中的规定。

表 2-34　热弯玻璃的规格尺寸

规格尺寸/mm			
厚度范围	3～19	最大尺寸	(弧长+高度)/2<4000,拱高<600
其他厚度和规格	其他厚度和规格的玻璃制品,由供需双方商定		

尺寸偏差/mm			
高度偏差	高度 C	高度允许偏差	
		玻璃厚度≤12	玻璃厚度>12
	$C \leqslant 2000$	±3.0	±5.0
	$C>2000$	±5.0	±5.0

尺寸偏差/mm			

弧长偏差	弧长 D	弧长允许偏差	
		玻璃厚度≤12	玻璃厚度＞12
	D≤1520	±3.0	±5.0
	D＞1520	±5.0	±6.0

吻合度	弧长 D	弧长≤1/3 圆周吻合度的允许偏差	
		玻璃厚度≤12	玻璃厚度＞12
	D≤2440	±3.0	±3.0
	2440＜D≤3350	±5.0	±5.0
	D＞3350	±5.0	±6.0
	弧长＞1/3 圆周的吻合度的允许偏差,由供需双方商定		

弧面弯曲偏差	高度 C	弧面允许弯曲偏差			
		玻璃厚度＜6	玻璃厚度 6~8	玻璃厚度 8~12	玻璃厚度＞12
	C≤1220	2.0	3.0	3.0	3.0
	1220＜C≤2440	3.0	3.0	5.0	5.0
	2440＜C≤3350	5.0	5.0	5.0	5.0
	C＞3350	5.0	5.0	5.0	6.0

扭曲	高度 C	曲率半径＞460mm,厚度为 3~12mm 的矩形玻璃的允许扭曲值			
		弧长＜2440	弧长 2440~3050	弧长 3050~3660	弧长＞3660
	C≤1830	3.0	5.0	5.0	6.0
	1830＜C≤2440	5.0	5.0	5.0	8.0
	2440＜C≤3050	5.0	5.0	6.0	8.0
	C＞3050	5.0	6.0	6.0	9.0
	其他厚度和曲率半径的玻璃的扭曲,由供需双方商定				

表 2-35　热弯玻璃的外观要求

缺陷名称	技术要求
气泡、夹杂物、表面裂纹	应符合现行国家标准《平板玻璃》(GB 11614—2009)中建筑级的要求
麻点	麻点在玻璃的中央区,不能大于 1.6mm,在周边区不能大于 2.4mm
边部爆裂、缺角、划伤	应符合现行国家标准《建筑用安全玻璃　第 2 部分:钢化玻璃》(GB 15763.2—2005)中合格品的规定
光学变形	垂直于玻璃表面观察时,通过玻璃观察到的物体无明显变形

注:中央区是指位于试样中央的,其他轴线坐标或直径不大于整体尺寸 80%的圆形或椭圆形区域,余下的部分为周边区。

三、镀膜抗菌玻璃

抗菌玻璃是一种新型建筑材料,抗菌玻璃技术发展至今,按其抗菌机理和技术划分,大致可分为两大类。一类是以金属离子为抗菌添加剂型的溶出,接触性抗菌的抗菌玻璃,如可溶性抗菌玻璃、离子扩散抗菌玻璃、多孔抗菌玻璃等。另一种是采用胶体化学中溶胶-凝胶法(sol-gel)镀膜技术,将抗菌离子均匀分散在膜中的镀膜抗菌玻璃,又称为"全天候"抗菌的抗菌玻璃。这种玻璃是目前主流的、应用最广泛的抗菌玻璃。

根据现行行业标准《镀膜抗菌玻璃》(JC/T 1054—2007)中的规定,镀膜抗菌玻璃是指在常态下具有持续抑制或杀灭表面细菌功能的玻璃产品。本标准适用于玻璃表面镀有抗菌功能膜,对接触玻璃表面的微生物具有杀灭作用或抑制其生长繁殖的玻璃制品。

镀膜抗菌玻璃产品按外观质量、抗菌率可分为优等品和合格品。镀膜抗菌玻璃的技术要求,应符合表 2-36 中的规定。

表 2-36 镀膜抗菌玻璃的技术要求

项目				技术要求	
	缺陷名称	说明		优等品	合格品
外观质量	斑点	1.0mm≤直径≤2.5mm		中部:不允许; 75mm 边部:≤2.0S 个	中部:≤5.0S 个; 75mm 边部:≤6.0S 个
		2.5mm<直径≤5.0mm		不允许	中部:≤1.0S 个; 75mm 边部:≤4.0S 个
		直径>5.0mm		不允许	不允许
	斑纹	目视可见		不允许	不允许
	膜面划伤	0.1mm≤宽度≤0.3mm, 长度≤60mm		不允许	不限,划伤间距不得小于 100mm
		宽度>0.3mm 或长度>60mm		不允许	不允许
	玻璃面划伤	宽度≤0.5mm,长度≤60mm		≤3.0S 条	—
		宽度>0.5mm 或长度>60mm		不允许	不允许
	允许偏差	尺寸允许偏差、厚度允许偏差、对角线差,应符合《平板玻璃》(GB 11614—2009)的要求			
	可见光透射比	由供需双方商定,偏差值≤3%			
	膜层耐久性	镀膜抗菌玻璃膜层耐久性试验前后可见光透射比差值的平均值应符合以下要求,同时试验前后膜层不应有明显变化			

		试验名称	试验前后可见光 透射比差值的允许值	试验名称	试验前后可见光 透射比差值的允许值
		耐磨性	≤3%	耐溶剂性	≤2%
		耐酸性	≤4%	耐沸腾水性	≤3%
		耐碱性	≤4%	耐湿热性	≤4%
		耐消毒液性	≤2%	耐紫外线辐照性	≤2%

抗菌率	优等品应≥95%,合格品应≥90%
抗菌耐久性	经膜层耐久性试验后,优等品的抗菌率≥95%,合格品的抗菌率≥90%
其他要求	由供需双方商定

注:1. S 是指以平方米为单位的玻璃板面积,保留小数点后两位。

2. 允许个数与允许条数为各系数与 S 的积,按 GB/T 8170—2008 修约到整数。

3. 玻璃板中部是指距玻璃板边缘 75mm 以内的区域,其他部分为边部。

4. 玻璃原片的外观质量应符合《平板玻璃》(GB 11614—2009)的要求。

四、建筑装饰用微晶玻璃

建筑装饰用微晶玻璃是由玻璃控制晶体化而得到的多晶固体材料,该制品结构致密,纹理清晰,外观平滑光亮,色泽柔和典雅、不褪色;具有良好的耐磨性能,耐酸、耐碱的优良抗蚀性能,独特的耐污染性能,绿色、环保、无放射性污染。根据现行行业标准《建筑装饰用微晶玻璃》(JC/T 872—2000)中的规定,本标准适用于建筑装饰用微晶玻璃。

(一)建筑装饰用微晶玻璃的分类与等级

(1)建筑装饰用微晶玻璃按其颜色基调不同,可分为白色、米色、灰色、蓝色、绿色、红色和黑色等微晶玻璃。

(2)建筑装饰用微晶玻璃按其形状不同,可分为普通板(P)和异型板(Y)。普通型板为正方形或长方形的板材;异型板为其他形状的板材。

(3)建筑装饰用微晶玻璃按其表面加工程度不同,可分为镜面板(JM)和亚光面板

（YG）。镜面板为表面平整呈镜面光泽的板材，亚光面板为表面具有均匀细腻光漫反射能力的板材。

按板材的规格尺寸允许偏差、平面度公差、角度公差、外观质量、光泽度，建筑装饰用微晶玻璃可分为优等品（A）和合格品（B）两个等级。

（二）建筑装饰用微晶玻璃的技术要求

建筑装饰用微晶玻璃的技术要求，应符合表 2-37 中的规定。

表 2-37　建筑装饰用微晶玻璃的技术要求

项目	技术要求					
规格尺寸允许偏差 /mm	普通型板	等级	优等品	合格品	等级	优等品	合格品
		长度、宽度	0，−1.0	0，−1.5	厚度	±2.0	±2.5
		注：以干挂的方式安装时参照 JC 830.1—2005、JC 830.2—2005，可将长、宽度数值调整为优等（+0.5，−1.0），合格（+0.5，−1.5）					
	异型板	由供需双方商定					
平面度公差 /mm	长、宽度范围		优等品	合格品	长、宽度范围	优等品	合格品
	≤600×900		1.0	1.5	>900×1200	由供需双方商定	
	600×900～900×1200		1.2	2.0			
角度公差	平面板材的角度公差：优等品≤0.6mm，合格品≤1.0mm						
	板材拼缝正面与侧面夹角不得大于90°						
外观质量	缺陷名称	规定内容				优等品	合格品
	缺棱	长度、宽度不超过 10mm×1mm（长度小于 5mm 不计），周边允许个数				不允许	2 个
	缺角	面积不超过 5mm×2mm（面积小于 2mm×2mm 不计）					
	气孔直径 d/mm	d>2.5				不允许	不允许
		d≤2.5				5 个/米²	≤10 个/米²
	杂质	在距离板面 2m 处，目视观察≥3mm				≤3 个/米²	≤5 个/米²
物理力学性能	项目	技术要求					
	板材硬度	莫氏硬度 5～6 级					
	光泽度	镜面板材的镜面光泽度，优等品不低于 85 光泽单位，合格品不低于 71 光泽单位					
	弯曲强度	≥30MPa					
	抗急冷急热性	无裂隙（此指标仅对外墙装饰用的微晶玻璃）					
	色差	同一颜色、同一批号板材花纹颜色应基本一致。仲裁时色差不大于 2.0 CIELAB 色差单位					
化学稳定性	项目	条件	质量损失率/%	项目	条件	质量损失率/%	
	耐酸性	1%硫酸溶液室温浸泡 660h	K≤0.2 且外观无变化	耐碱性	1%氢氧化钠室温浸泡 660h	K≤0.2 且外观无变化	

五、空心玻璃砖

空心玻璃砖是国内近些年才开始流行的非承重类装饰材料。玻璃制品空心玻璃砖由两块半坯在高温下熔接而成，由于中间是密闭的腔体并且存在一定的微负压，具有透光、不透明、隔声、热导率低、强度高、耐腐蚀、保温、隔潮等特点。

根据现行的行业标准《空心玻璃砖》（JC/T 1007—2006）中的规定，空心玻璃砖是指周边密封、内部中空的模制玻璃制品，本标准适用于模制、非承重的建筑及装饰用空心玻璃砖。空心玻璃砖按其外形不同，可分为正方形、长方形和异形；空心玻璃砖按其颜色不同，可分为无色和本体着色两类。

(一) 空心玻璃砖的规格尺寸及公称质量

空心玻璃砖的规格尺寸及公称质量,应符合表 2-38 中的规定。

表 2-38 空心玻璃砖的规格尺寸及公称质量

规格/mm	长度 L/mm	宽度 b/mm	厚度 h/mm	公称质量/mm	规格/mm	长度 L/mm	宽度 b/mm	厚度 h/mm	公称质量/mm
190×190×90	190	190	90	2.5	190×90×90	190	90	90	1.6
145×145×80	145	145	80	1.4	190×95×80	190	95	80	1.3
145×145×95	145	145	95	1.6	190×95×100	190	95	100	1.3
190×190×50	190	190	50	2.1	197×197×79	197	197	79	2.2
190×190×95	190	190	95	2.6	197×197×98	197	197	98	2.7
240×240×80	240	240	80	3.9	197×95×79	197	95	79	1.4
240×115×80	240	115	80	2.1	197×95×98	197	95	98	1.6
115×115×80	115	115	80	1.2	197×146×79	197	146	79	1.9
190×90×80	190	90	80	1.4	197×146×98	197	146	98	2.0
300×300×80	300	300	80	6.8	298×298×98	298	298	98	7.0
300×300×100	300	300	100	7.0	197×197×51	197	197	2.1	

(二) 空心玻璃砖的主要技术要求

空心玻璃砖的主要技术要求,应符合表 2-39 中的规定。

表 2-39 空心玻璃砖的主要技术要求

项目		技术要求
外形尺寸		长(L)、宽(b)、厚(h)的允许偏差值不大于 1.5mm
外形上凸与凹进		正外表面最大上凸不大于 2.0mm,最大凹进不大于 1.0mm
两个半坯间隙		两个半坯间隙允许有相对移动或转动,按《空心玻璃砖》(JC/T 1007—2006)中第 6.1.2 的规定检测时,其间隙不大于 1.5mm
外观质量	裂纹和缺口	不允许有贯穿裂纹,不允许有缺口
	线道和熔接缝	线道应距离 1m 观察不可见,熔接缝不允许高出砖的外边缘
	气泡	直径不大于 1mm 的气泡可忽略不计,但不允许密集存在;直径 1~2mm 的气泡允许有 2 个;直径 2~3mm 的气泡允许有 1 个;直径大于 3mm 的气泡不允许有;宽度小于 0.8mm,长度小于 10mm 的拉长气泡允许有 2 个;宽度小于 0.8mm,长度小于 15mm 的拉长气泡允许有 1 个,超过该范围的不允许有
	结石或异物	直径小于 1mm 的结石或异物允许有 2 个
	玻璃屑	直径小于 1mm 的忽略不计,直径 1~3mm 的允许有 2 个,大于 3mm 的不允许有
	划伤	不允许有长度大于 30mm 的划伤
	麻点	连续的麻点痕长度不超过 20mm
	剪刀痕	正表面边部 10mm 范围内每面允许有 1 条,其他部位不允许有
	料滴印、模底印	距 1m 观察不可见
	冲头印、油污	距 1m 观察不可见
	颜色均匀性	正面应无明显偏离主色调的色带或色道;同一批次的产品之间,其正面颜色应无明显色差
	单块质量	单块质量的允许偏差小于或等于公称质量的 10%
	抗压强度	平均抗压强度不小于 7.0MPa,单块抗压强度最小值不小于 6.0MPa
	抗冲击性	以规定质量的钢球自由落体方式进行抗冲击试验,试样不允许破裂
	抗热振性	冷热水温差保持 30℃,试验后试样不允许出现裂纹或其他破损现象

注:密集是指 100mm 直径的圆面积内缺陷多于 10 个。

第三章 ▶▶▶

新型建筑节能玻璃

随着现代建材工业技术的迅猛发展，建筑玻璃的新品种不断涌现，它们不仅具有装饰性，而且具有功能性，为现代建筑设计和装饰设计提供了广阔的选择范围，已成为建筑装饰工程中一种重要的装饰材料。例如，中空玻璃、镜面玻璃、热反射玻璃等品种，既能调节室内的温度，节约能源，又能起到良好的装饰效果，给人以美的感受。这些新型多功能玻璃以其特有的优良装饰性能和物理性能，在改善建筑物的使用功能及美化环境方面起到越来越重要的作用。

第一节　建筑节能玻璃概述

传统的玻璃应用在建筑物上主要是采光，随着建筑物门窗尺寸的加大，人们对门窗的保温隔热要求也相应提高，节能装饰型玻璃就是能够满足这种要求，集节能性和装饰性于一体的玻璃。节能装饰型玻璃通常不仅具有令人赏心悦目的外观色彩，而且还具有特殊的对光和热的吸收、透射和反射能力，用作建筑物的外墙窗玻璃幕墙，可以起到显著的节能效果，现已被广泛地应用于各种高级建筑物之上。

从以上所述可知，节能玻璃一般应具备两个节能特性，即保温性和隔热性。虽然节能玻璃对于节能具有很大优势，但是节能玻璃在我国的市场普及率非常低，仅仅为发达国家的 10% 左右，这样一个数据确实让我们触目惊心。大力推广和科学利用节能玻璃，已成为建筑节能的重要内容。

一、节能玻璃的定义与分类

（一）节能玻璃的定义

目前，对于节能玻璃尚无一个准确的定义，也没有对节能玻璃具体的衡量指标。大多数国家认为：节能玻璃要具备两个节能特性，即保温性和隔热性。玻璃的保温性（K 值）要达到与当地墙体相匹配的水平。对于我国大部分地区，按照现行的规定，建筑物墙体的保温性 K 值应小于 1。因此，玻璃门窗的 K 值也要小于 1，这样才能"堵住"建筑物"开口部"的能耗漏洞。在玻璃门窗的节能上，玻璃的保温性 K 值起主要作用。

对于玻璃的隔热性（遮阳系数 S）要与建筑物所在地阳光辐照特点相适应。不同用途的建筑物对玻璃隔热的要求是不同的。对于人们居住和工作的住宅及公共建筑物，理想的玻璃应该使可见光大部分透过，如在北京地区，最好冬天红外线多透入室内，而夏天则少透入室内，这样就可以达到节能的目的。

由此可见，所谓节能玻璃通常是指具有保温性和隔热性的玻璃。

（二）节能玻璃的分类

节能玻璃的分类方法很多，主要有按生产工艺分类、按性能不同分类和按产品结构分类三种。

（1）**按生产工艺分类**　按生产工艺分类可分为一次制品和二次制品两种，也就是分为在线产品和离线加工产品。一次制品的节能玻璃主要有：基体着色吸热玻璃、在线 Low-E 玻璃（又称"低辐射玻璃"）、在线热反射镀膜玻璃等；二次制品的节能玻璃主要有：镀膜着色吸热玻璃、离线 Low-E 玻璃、离线热反射镀膜玻璃、中空玻璃、夹层玻璃和真空玻璃等。

（2）**按性能不同分类**　按性能不同分类可分为隔热性能型节能玻璃、遮阳性能型节能玻璃和吸热性能型节能玻璃等。其中隔热性能型节能玻璃有真空玻璃、中空玻璃等；遮阳性能型节能玻璃有 Low-E 玻璃、在线热反射镀膜玻璃等；吸热性能型节能玻璃有吸热玻璃等。

（3）**按产品结构分类**　按产品结构分类可分为玻璃原片、表面覆膜结构、夹层结构和空腔结构四种。其中玻璃原片的节能玻璃有基体着色吸热玻璃、变色玻璃等；表面覆膜结构的节能玻璃有阳光控制镀膜玻璃、Low-E 玻璃、自洁净玻璃、镀膜吸热玻璃、镀膜电磁屏蔽玻璃等；夹层结构的节能玻璃有普通夹层玻璃、夹丝玻璃、电磁屏蔽玻璃等；空腔结构的节能玻璃有中空玻璃、真空玻璃等。

二、采用节能玻璃势在必行

据有关资料表明，我国现有 400 亿平方米的建筑中，95％以上用的不是节能玻璃，而每年新增加的 20 亿平方米的建筑中，绝大多数也是如此。有关测试结果表明，建筑门窗面积占建筑面积的比例超过 20％，而透过门窗的能耗约占整个建筑的 50％。通过玻璃的能量损失约占门窗能耗的 75％，占窗户面积 80％左右的玻璃能耗占第一位。建筑专家预言，根据我国城镇化和新农村发展速度，建筑业将成为社会最大的能耗大户。

最近几年，在世界各国大力提倡节能减排的形势下，我国的《中华人民共和国节约能源法》已从 2008 年 4 月 1 日起全面开始实施。建筑节能作为该法的重要推广对象，深受关注。作为建筑节能的重要材料，玻璃也受到社会的重视。

中国建筑玻璃与工业玻璃协会的专家表示，我国建筑能耗约占总能耗的 1/4 以上，而建筑门窗的能耗又占建筑能耗的 1/2 左右。另外，数十亿平方米的公共建筑和数以千万平方米计的玻璃幕墙，绝大多数用的也是非节能玻璃。

建筑节能对于门窗来说，采用节能玻璃无疑将成为未来社会节能工作中的重点。在建筑节能的大气候影响下，过去几年，由于政府部门对环境保护、节能、改善居民居住条件等问题越来越重视，相应地确定了一批技术法规和标准规范，在很大程度上提高了人们的建筑节能意识，促进了我国节能玻璃行业的发展。

国家提出的建筑节能目标是到 2010 年，全国新增建筑的 1/3 达到节能 50％。目前，这一目标已经实现。到 2020 年，全国新增建筑全部达到节能 65％的目标正在奋斗中。按 2010 年的目标计算，今后 5 年将新增节能建筑面积约 30 亿平方米，涉及节能玻璃面积约 6 亿平方米，平均每年新增节能玻璃约 1.2 亿平方米。根据有关专家预测，今后 10 年，我国城镇建成并投入使用的民用建筑每年至少有 8 亿平方米。另外，目前我国约有 370 亿平方米的既有建筑。对这些既有建筑的更新改造，也在一定程度上扩大了对节能玻璃的需求，我国节能玻璃行业的发展空间很大。

但是，目前与许多发达国家相比，我国节能玻璃产业的现实状况不容乐观，产能瓶颈还有待突破。专家认为，尽管近几年节能玻璃市场发展迅速，但在国内玻璃行业，引进国外生产技术与设备的现象仍有愈演愈烈的迹象。由于害怕承担风险，一些企业宁愿引进国外技术，也不愿出资自主研发，致使缺乏自主知识产权的国内玻璃产业，对国外技术的依存度较高。据了解，目前我国拥有自主知识产权的节能真空玻璃年产量不及10万平方米。

由于设备引进费用昂贵，节能玻璃成本相对较高，导致行业发展缓慢。业内人士表示，目前节能玻璃的价格是普通平板玻璃的5～20倍，这使得节能玻璃大多被应用于国内一些公共建筑中，在民用住宅中，则极少采用。

另外，我国至今没有完整的关于节能玻璃具体的应用法规。虽然2008年不少省市区开始实施地方性的节能法规，如北京地区将落实新的《居住建筑节能设计标准》，但是节能玻璃全社会的推广、应用形成气候还需等待，尤其是在它的认证、监督、质量管理等方面，国内尚没有形成完整的规范体系。

随着社会经济发达程度的快速提高，建筑能耗在社会总能耗中所占比例越来越大。目前西方发达国家为30%～45%，尽管我国经济发展水平和生活水平都还不是很高，但这一比例也已达到20%～25%，正逐步上升到30%。特别是在一些大城市，夏季空调已成为电力高峰负荷的主要组成部分。

不论是西方发达国家，还是发展中国家，建筑能耗状况都是牵动社会经济发展全局的大问题。按照我国建筑节能分三步走的计划，当前政府各级节能管理部门正在积极为实现第三步节能65%的目标而努力工作。建筑工程检测结果表明，在影响建筑能耗的门窗、墙体、屋面、地面四大围护部件中，以门窗（玻璃幕墙）的绝热性能为最差，是影响室内热环境质量和建筑节能的主要因素之一。

就我国目前典型的围护部件而言，门窗能耗占建筑围护部件总能耗的40%～50%。据统计，在采暖或空调的条件下，冬季单玻璃窗所损失的热量占供热负荷的30%～50%，夏季因太阳辐射热透过单玻璃窗射入室内而消耗的冷量占空调负荷的20%～30%，建筑幕墙所占的比例更高。因此，采用节能玻璃增强门窗的保温隔热性能，减少门窗（玻璃幕墙）的能耗，是改善室内热环境质量和提高建筑节能水平的重要环节。

三、节能玻璃的评价与参数

建筑玻璃的节能效果如何，一般可用传热系数 K 值、太阳能参数、遮蔽系数 S_c 和相对热增益来进行评价。

（一）传热系数 K 值

能量传递的方式主要有辐射传递、对流传递和传导传递三种。节能玻璃之所以节能，是因为它比普通玻璃具有更好的隔热性能或遮阳性能，能有效地阻止热的传递，一般用传热系数 K 值表示。

传热系数 K 值表示在一定条件下热量通过玻璃，在单位面积（通常是 $1m^2$）、单位温度（通常指室内温度与室外温度之差，一般 $1℃$ 或 $1K$）、单位时间内所传递的热量（J）。 K 值是玻璃的传导热、对流热和辐射热的函数，是这三种热传递方式的综合体现。不同厚度和不同环境下的 K 值是不一样的，普通平板玻璃的传热系数 K 值见表3-1。

表 3-1 普通平板玻璃的传热系数 K 值   单位：kcal/(m^2·h·℃)

玻璃厚度/mm		3	5	6	8	10	12	15	19
窗帘设置	有	4.34	4.29	4.25	4.20	4.14	4.09	4.01	3.91
	无	5.55	5.45	5.40	5.30	5.22	5.14	5.10	4.86

注：1cal=4.1840J。

　　玻璃的传热系数 K 值越大,则隔热能力就越差,通过玻璃的能量损失就越多。如吸热玻璃的节能是通过太阳光透过玻璃时,将 30%～40% 的光能转化为热能而被玻璃吸收,热能以对流和辐射的形式散发出去,从而减少太阳能进入室内,使吸热玻璃具有较好的隔热性能。真空玻璃是一种基于保温瓶原理的玻璃,外表上与普通玻璃并无大的差别,但其传热系数 K 值是普通玻璃的 1/6,是普通中空玻璃的 1/3,节能性能大大优于普通玻璃和中空玻璃。

(二) 太阳能参数

　　玻璃既有能透过光线的能力,又有反射光线和吸收光线的能力,所以厚玻璃和重叠多层的玻璃透射率较低。玻璃表面反射光强度与入射光强度之比称为反射率,玻璃吸收的光强度与入射光强度之比称为吸收率,透过玻璃的光强度与入射光强度之比称为透过率,三者之和为 100%。

　　材料试验证明:普通 3mm 厚的窗玻璃在太阳光垂直照射下,反射率为 8%,吸收率为 3%,透过率为 89%。普通玻璃的光学性能见表 3-2。

表 3-2　普通玻璃的光学性能

厚度 /mm	可见光		太阳能			遮蔽系数 S_c 值	太阳能透过率/%			
	反射率 /%	透过率 /%	反射率 /%	透过率 /%	吸收率 /%		遮阳			
							无	透明	中间色	暗色
3	7.9	90.3	7.6	85.1	7.3	1.00	0.88	0.47	0.57	0.70
5	7.9	89.9	7.4	80.9	11.7	0.97	0.85	0.47	0.56	0.65
6	7.8	88.8	7.3	79.0	13.7	0.96	0.84	0.47	0.55	0.64
8	7.7	87.8	7.1	75.3	17.6	0.93	0.82	0.46	0.54	0.62
10	7.7	86.9	6.9	71.9	21.2	0.91	0.79	0.45	0.53	0.61
12	7.6	85.9	6.8	68.8	24.4	0.88	0.78	0.44	0.52	0.59
15	7.5	84.6	6.6	64.5	28.9	0.85	0.75	0.43	0.50	0.57
19	7.4	82.8	6.3	59.4	34.3	0.82	0.72	0.41	0.47	0.54

　　从表 3-2 中可以看出,透过玻璃传递的太阳能由两部分组成:一是太阳光直接透过玻璃而通过的能量;二是太阳光在通过玻璃时一部分能量被玻璃吸收转化为热能,这部分热能中的一部分又进入室内。

　　太阳能参数主要包括阳光透射率、太阳能总透过率和太阳能反射率。

　　(1) 阳光透射率　阳光透射率是指太阳光以正常入射角透过玻璃的能量占整个太阳光入射能的比例。

　　(2) 太阳能总透过率　太阳能总透过率是指太阳光直接透过玻璃进入室内的能量与太阳光被玻璃吸收转化为热能后二次进入室内的能量之和占整个太阳光入射能的比例。

　　(3) 太阳能反射率　太阳能反射率是指太阳光所有表面(单层玻璃有 2 个表面,中空玻璃有 4 个表面)反射后的能量占入射能的比例。

　　热反射节能玻璃由于在玻璃表面上镀一层金属、非金属及其氧化物薄膜,使玻璃具有一定的反射效果,能将部分太阳能反射回大气中,从而达到阻挡太阳能进入室内、使太阳能不在室内转化为热能的目的。

　　用热反射镀膜玻璃制成的中空玻璃,可以极大地降低玻璃表面的辐射率,提高玻璃的光谱选择性。如 Low-E 玻璃加工制成的中空玻璃,与普通单片玻璃相比,夏季节能可达 60% 以上,冬季节能可达 70% 以上。

(三) 遮蔽系数 S_c

　　遮蔽系数 S_c 是相对于 3mm 无色透明玻璃而定义的,它是以 3mm 厚的无色透明玻璃的总太阳能透过率视为 1 时（3mm 无色透明玻璃的总太阳能透过率是 0.87），其他玻璃与其形成的相对值，即玻璃的总太阳能透过率除以 0.87。玻璃遮蔽系数 S_c 越小，表明这种玻璃的节能效果越好。

（四）相对热增益

相对热增益是用于反映玻璃综合节能的指标，它是指在一定的条件下（室内外温差为 15℃时、玻璃在地球纬度 30°处海平面），直接从太阳接收的热辐射与通过玻璃传入室内的热量之和；也就是室内外温差在 15℃时透过玻璃的传热加上地球纬度为 30°时太阳的辐射热 630W/m 与遮蔽系数的乘积。

玻璃的相对热增益越大，说明在夏季外界进入室内的热量越多，玻璃的节能效果则越差。因为该指标是在室外温度高于室内温度时，室外热流流向室内且太阳能也同时进入室内的情况下确定的，所以相对热增益特别适合于衡量低纬度且日照时间较长地区阳面玻璃的使用情况。

四、节能玻璃的选择

随着玻璃加工新技术的快速发展，建筑节能玻璃的品种越来越多，其可供选择的范围也越来越大。不管选用哪种建筑节能玻璃，都应把玻璃是否能有效地控制太阳能和隔热保温，即节省能源放在重要位置来考虑。要使玻璃在使用下尽量减少能量损失，必须依据工程实际需要选择合适的玻璃。

在选择使用建筑节能玻璃时，应根据玻璃的所在位置和设计要求确定玻璃品种。日照时间较长且处于向阳面的玻璃，应当尽量控制太阳能进入室内，以减少空调的负荷，最好选择热反射玻璃或吸热玻璃及由热反射玻璃或吸热玻璃组成的中空玻璃。

现代建筑多数趋于大面积采光。如果使用普通玻璃，其传热系数偏高，且对于太阳辐射和远红外热辐射不能有效控制，因此其采光面积越大，夏季进入室内的热量越多，冬季室内散失的热量也越多。据统计，普通单层玻璃的能量损失约占建筑冬季保温或夏季降温能耗的 50% 以上。

针对玻璃能耗较大的实际情况，必须按实际要求正确选择玻璃的类型。不同玻璃具有不同性能，一种玻璃不能适用于所有气候区域和建筑朝向，因此要根据工程的具体情况合理进行选择。

目前生产的镀膜玻璃，可使太阳可见光部分透射室内，使太阳辐射热部分反射，以减少进入室内的太阳热。如阳光控制膜玻璃 SS-8 可见光透射率为 8%，太阳能反射率为 33%；阳光控制膜玻璃 SS-20 可见光透射率为 20%，太阳能反射率为 18%；阳光控制膜玻璃 CG-8 可见光透射率为 8%，太阳能反射率为 49%；阳光控制膜玻璃 CG-20 可见光透射率为 20%，太阳能反射率为 39%；低辐射 Low-E 玻璃，对红外线和远红外线有较强的反射功能，一般在 50% 左右。

在严寒和寒冷地区，白天太阳辐射热通过窗玻璃进入室内，被室内的物体吸收或储存。当太阳落山后，室内的温度高于室外，则会以远红外通过窗玻璃向室外辐射。如果采用低辐射膜玻璃，白天将太阳辐射热吸收到室内，晚上又能将远红外辐射部分反射回室内。因此，对不同热工设计分区的窗户，应选用不同种类的膜玻璃，即冬季以采暖为主的地区，宜选用 Low-E 玻璃，夏季以防热为主的地区，宜选用阳光控制膜玻璃。

夏热冬暖地区太阳辐射比较强烈，太阳高度角较大，必须充分考虑夏季防热，可以不考虑冬季防寒和保温。建筑能耗主要为室内外温差传热能耗和太阳辐射能耗，其中太阳辐射能耗占建筑能耗的大部分，是夏季得热的最主要因素，直接影响到室内温度的变化。因此，该地区应最大限度地控制进入室内的太阳能。选择窗玻璃时，主要应考虑玻璃的折射系数，尽量选择

S_c 较小的玻璃。

通过以上所述可知，在选择使用节能玻璃时，应根据建筑物所在的地理位置和气候情况确定玻璃的品种。严寒和寒冷地区所用的玻璃，应当以控制热传导为主，尽量选择中空节能玻璃或 Low-E 低辐射中空节能玻璃；夏热冬冷地区和夏热冬暖地区所用的玻璃，尽量控制太阳能进入室内，以减少空调的负荷，最好选择热反射节能玻璃、吸热节能玻璃或者由热反射玻璃或吸热玻璃组成的中空节能玻璃和遮阳型 Low-E 中空节能玻璃。

第二节　镀膜建筑节能玻璃

根据玻璃的成分和厚度不同，普通透明玻璃的可见光透过率为 80%～85%，太阳辐射能的反射率一般为 13%，透过率为 87% 左右。在实际生活中，夏天射入室内的阳光让人感到刺眼、灼热和不适，也会造成空调设备的能量消耗增大；在寒冷地区的冬天，又会有大量热能通过门窗散失，实测表明，采暖热能的 40%～60% 都是由门窗处散发出去的。

如何采取有效措施减弱射入室内的阳光强度，使射入的光线比较柔和舒适？如何降低玻璃太阳能的透过率，以便降低空调设备的能量消耗？如何减少冬天室内热能从门窗的散失，以提高采暖的效能？为解决以上各种问题，通过反复试验，人们发现在普通玻璃的表面镀上一层具有特殊性能的薄膜，可以赋予玻璃各种新的性能，如提高太阳能及辐射能的反射率和远红外辐射的反射率等，从而达到建筑节能的目的。

一、镀膜节能玻璃的定义与分类

20 世纪是镀膜玻璃快速发展的时代，相继发明了各种物理、化学或物理化学的镀膜方法，使玻璃产生可以控制光学、电学、化学和力学性质的特殊变化。

目前，我国拥有各类镀膜玻璃生产线近 600 条，全国年生产能力达到 14000 万平方米，并能够生产阳光控制镀膜玻璃、Low-E 玻璃、导电镀膜玻璃、自洁净镀膜玻璃、电磁屏蔽镀膜玻璃、吸热镀膜玻璃和减反射镀膜玻璃等多种产品。

（一）镀膜节能玻璃的定义

镀膜节能玻璃也称反射玻璃。镀膜节能玻璃是在玻璃表面涂镀一层或多层金属、金属化合物或其他物质，或者把金属离子迁移到玻璃表面层的产品。玻璃的镀膜改变了玻璃的光学性能，使玻璃对光线、电磁波的反射率、折射率、吸收率及其他表面性质发生变化，满足了玻璃表面的某种特定要求。

（二）镀膜节能玻璃的分类

随着镀膜生产技术的日臻成熟，镀膜节能玻璃可以按生产环境不同、生产方法不同和使用功能不同进行分类。按生产环境可分为在线镀膜节能玻璃和离线镀膜节能玻璃；按生产方法可分为化学涂镀法镀膜节能玻璃、凝胶浸镀法镀膜节能玻璃、CVD（化学气相沉积）法镀膜节能玻璃和 PVD（物理气相沉积）法镀膜节能玻璃等；按使用功能可分为阳光控制镀膜节能玻璃、Low-E 玻璃、导电镀膜玻璃、自洁净镀膜玻璃、电磁屏蔽镀膜玻璃、吸热镀膜玻璃等。

二、镀膜节能玻璃的生产方法

目前，在玻璃表面上镀膜的基本方法主要有化学镀膜、凝胶浸镀、CVD（化学气相沉积）法镀膜和 PVD（物理气相沉积）法镀膜 4 大类。其中，最常用的是 PVD（物理气相沉积）法镀膜，它又包括磁控溅射法、真空蒸镀法和离子镀膜法等。

三、阳光控制镀膜玻璃

(一) 阳光控制镀膜玻璃的定义和原理

阳光控制镀膜玻璃又称热反射镀膜玻璃，也就是通常所说的镀膜玻璃，一般是指具有反射太阳能作用的镀膜玻璃。阳光控制镀膜玻璃是通过在玻璃表面镀覆金属或金属氧化物薄膜，以达到大量反射太阳辐射热和光的目的，因此热反射镀膜玻璃具有良好的遮光性能和隔热性能。

阳光控制镀膜玻璃的种类按颜色不同划分，有金黄色、珊瑚黄色、茶色、古铜色、灰色、褐色、天蓝色、银色、银灰色、蓝灰色等。按生产工艺不同划分，有在线镀膜和离线镀膜两种，在线镀膜以硅质膜玻璃为主。按膜材不同划分，有金属膜、金属氧化膜、合金膜和复合膜等。

阳光控制镀膜玻璃之所以能够节能，是因为它能把太阳的辐射热反射和吸收，从而可以调节室内的温度，减轻制冷和采暖装置的负荷；与此同时，由于它的镜面效果而赋予建筑以美感，起到节能、装饰的作用。

阳光控制镀膜玻璃的节能原理，就是向玻璃表面涂覆一层或多层铜、铬、钛、钴、银、铂等金属单体或金属化合物薄膜，或者把金属离子渗入玻璃的表面层，使之成为着色的反射玻璃。阳光控制镀膜玻璃和无色浮法玻璃在使用功能上差别很大，它们各自对太阳能传播的特性见表 3-3。

表 3-3　阳光控制镀膜玻璃和无色浮法玻璃对太阳能传播的特性

玻璃的性能	6mm 无色浮法玻璃	6mm 阳光控制镀膜玻璃（遮蔽系数 0.38）
入射太阳能/%	100	100
外表面反射/%	7	22
外表面再辐射和对流/%	11	45
透射进入室内/%	78	17
内表面再辐射和对流/%	4	16

从表 3-3 中可知，阳光控制镀膜玻璃可挡住 67% 的太阳能，只有 33% 的太阳能能进入室内；而普通的无色浮法玻璃只能挡住 18% 的太阳能，有 82% 的太阳能能进入室内。

(二) 阳光控制镀膜玻璃的性能与标准

阳光控制镀膜玻璃的检测，一般应采用国家标准《镀膜玻璃　第 1 部分：阳光控制镀膜玻璃》(GB/T 18915.1—2013) 和美国标准 AST-MC 1376—03。根据国家标准《镀膜玻璃　第 1 部分：阳光控制镀膜玻璃》(GB/T 18915.1—2013) 中的规定，阳光控制镀膜玻璃的性能指标主要有：化学性能、物理性能和光学性能。

化学性能包括耐酸性和耐碱性，物理性能包括外观质量、颜色均匀性和耐磨性等，光学性能包括可见光透射比、可见光反射比、太阳光直接透射比、太阳光反射比、太阳能总透射比、紫外线透射比等。

阳光控制镀膜玻璃的质量要求，应符合国家标准《镀膜玻璃　第 1 部分：阳光控制镀膜玻璃》(GB/T 18915.1—2013) 中的规定，主要包括以下方面：

(1) 阳光控制镀膜玻璃的光学性能、色差和耐磨性要求，应符合表 3-4 中的规定。

(2) 非钢化阳光控制镀膜玻璃的尺寸允许偏差、厚度允许偏差、弯曲度、对角线差，应当符合《平板玻璃》(GB 11614—2009) 中的规定。

(3) 阳光控制镀膜玻璃和半钢化阳光控制镀膜玻璃的尺寸允许偏差、厚度允许偏差、弯曲度、对角线差等技术指标，应当符合《半钢化玻璃》(GB/T 17841—2008) 中的规定。

(4) 外观质量要求。阳光控制镀膜玻璃原片的外观质量，应符合《平板玻璃》(GB

11614—2009）中汽车级的技术要求；作为幕墙用钢化玻璃与半钢化阳光控制镀膜玻璃，其原片要进行边部精磨边处理。阳光控制镀膜玻璃的外观质量应符合表 3-5 中的规定。

表 3-4　阳光控制镀膜玻璃的光学性能、色差和耐磨性要求

| 种类 | 品种 | | | 可见光（380~780nm） | | 太阳光（380~780nm） | | | 遮蔽系数 | 色差 | 耐磨性 |
	系列	颜色	型号	透射比/%	反射比/%	透射比/%	反射比/%	总透射比/%		ΔE	ΔT/%
真空阴极溅射	St	银	MStSi-14	14±2	26±3	14±3	26±3	27±5	0.30±0.06	≤4.0	≤8.0
		灰	MStGr-8	8±2	36±3	8±3	35±3	20±5	0.20±0.05		
			MStGr-32	32±4	16±8	20±4	14±3	44±6	0.50±0.08		
		金	MStGo-10	10±2	23±3	10±3	26±3	22±5	0.25±0.05		
	Ti	蓝	MTiBl-30	30±4	15±3	24±3	18±3	38±6	0.42±0.05		
		土	MTiEa-10	10±2	22±3	8±3	28±3	20±5	0.23±0.05		
	Cr	银	MCrSi-20	20±3	30±3	18±3	24±3	32±5	0.38±0.05		
		蓝	MCrBl-20	20±3	19±3	19±3	18±3	34±5	0.38±0.06		
		茶	MCrBr-14	14±3	15±3	13±3	15±3	28±5	0.32±0.05		
			MCrBr-10	10±2	10±3	13±3	9±3	30±5	0.35±0.05		
电浮法	Bi	茶	EBiBr	30~45	10~30	50~65	12~25	50~70	0.50~0.80	≤4.0	≤8.0
离子镀膜	Cr	灰	ICrGr	4~20	20~40	6~24	20~38	18~38	0.20~0.45	≤4.0	≤8.0
		茶	ICrBr	10~20	20~40	10~24	20~38	18~38	0.20~0.45		

表 3-5　阳光控制镀膜玻璃的外观质量

缺陷名称	说明	优等品	合格品
针孔	直径 0.8mm	不允许集中	—
	0.8mm≤直径<1.2mm	中部：3.0S 个且任意两针孔之间的距离大于 300mm；75mm 边部：不允许集中	不允许集中
	1.2mm≤直径<1.5mm	中部：不允许；75mm 边部：3.0S 个	中部：3.0S 个；75mm 边部：8.0S 个
	1.5mm≤直径<2.5mm	不允许	中部：2.0S 个；75mm 边部：5.0S 个
	直径≥2.5mm	不允许	不允许
斑点	1.0mm≤直径<2.5mm	中部：不允许；75mm 边部：2.0S 个	中部：5.0S 个；75mm 边部：6.0S 个
	2.5mm≤直径<5.0mm	不允许	中部：1.0S 个；75mm 边部：4.0S 个
	直径≥5.0mm	不允许	不允许
斑纹	目视可见	不允许	不允许
暗道	目视可见	不允许	不允许
膜面划伤	0.1mm≤宽度<0.3mm 长度≤60mm	不允许	不限，划伤间距不得小于 100mm
	宽度≥0.3mm 或 长度>60mm	不允许	不允许
	宽度≤0.5mm 长度≤60mm	3.0S 条	—
	宽度>0.5mm 或 长度>60mm	不允许	不允许

注：1. 针孔集中是指在 100mm² 面积内超过 20 个。

2. S 是以平方米为单位的玻璃板面积，保留小数点后两位。

3. 允许个数及允许条数为各数与 S 相乘所得的数值，按《数值修约规则与极限数值的表示和判定》（GB/T 8170—2008）中的规定计算。

4. 玻璃板的中部是指距玻璃板边缘 76mm 以内的区域，其他部分为边部。

（5）化学性能。阳光控制镀膜玻璃的化学性能应符合表 3-6 中的要求。

（6）颜色均匀性。阳光控制镀膜玻璃的颜色均匀性以 CIELAB 均匀色空间的色差 ΔE_{ab} 来表示，单位为 CIELAB。阳光控制镀膜玻璃的反射色色差优等品不得大于 2.5CIELAB，合格

品不得大于 3.0CIELAB。

表 3-6　阳光控制镀膜玻璃的化学性能

项目	允许偏差最大值(明示标称值)		允许最大值(未明示标称值)	
可见光透射比＞30%	优等品	合格品	优等品	合格品
	±1.5%	±2.5%	≤3.0%	≤5.0%
可见光透射比≤30%	优等品	合格品	优等品	合格品
	±1.0%	±2.0%	≤2.0%	≤4.0%

　　注：对于明示标称值（系列值）的产品，以标称值作为偏差的基准，偏差的最大值应符合表中规定；对于未明示标称值（系列值）的产品，则取 3 块试样进行测试，3 块试样之间的差值应符合表中规定。

　　(7) 耐磨性。阳光控制镀膜玻璃的耐磨性，应按照现行规定进行试验，试验前后可见光透射比平均值差值的绝对值不应大于 4%。

　　(8) 耐酸性。阳光控制镀膜玻璃的耐酸性，应按照现行规定进行试验，试验前后可见光透射比平均值差值的绝对值不应大于 4%，并且膜层不能有明显变化。

　　(9) 耐碱性。阳光控制镀膜玻璃的耐碱性，应按照现行规定进行试验，试验前后可见光透射比平均值差值的绝对值不应大于 4%，并且膜层不能有明显的变化。

(三) 阳光控制镀膜玻璃的特点与用途

　　阳光控制镀膜玻璃与其他玻璃相比，具有以下特性和用途：

　　(1) 太阳光反射比较高、遮蔽系数小、隔热性较高。阳光控制镀膜玻璃的太阳光反射比为 10%～40%（普通玻璃仅 7%），太阳光总透射比为 20%～40%（电浮法为 50%～70%），遮蔽系数为 0.20～0.45（电浮法为 0.50～0.80）。因此，阳光控制镀膜玻璃具有良好的隔绝太阳辐射能的性能，可保证炎热夏季室内温度的稳定，并可以大大降低制冷空调费用。

　　(2) 镜面效应与单向透视性。阳光控制镀膜玻璃的可见光反射比为 10%～40%，透射比为 8%～30%（电浮法为 30%～45%），从而使阳光控制镀膜玻璃具有良好的镜面效应与单向透视性。阳光控制镀膜玻璃较低的可见光透射比避免了强烈日光，使光线变得比较柔和，能起到防止眩目的作用。

　　(3) 化学稳定性比较高。材料试验结果表明，阳光控制镀膜玻璃具有较高的化学稳定性，在浓度 5% 的盐酸中或 5% 的氢氧化钠中浸泡 24h 后，膜层的性能不会发生明显变化。

　　(4) 耐洗刷性能比较高。材料试验结果表明，阳光控制镀膜玻璃具有较高的耐洗刷性能，可以用软纤维或动物毛刷任意进行洗刷，洗刷时可使用中性或低碱性洗衣粉水。

　　由于阳光控制镀膜玻璃具有良好的隔热性能，所以在建筑工程中获得广泛应用。阳光控制镀膜玻璃多用来制成中空玻璃或夹层玻璃，如用阳光控制镀膜玻璃与透明玻璃组成带空气层的隔热玻璃幕墙，其遮蔽系数仅 0.1 左右。这种玻璃幕墙的热导率约为 1.74W/(m·K)，比一砖厚两面抹灰的砖墙保暖性能还好。

四、贴膜玻璃

　　贴膜玻璃是指贴有有机薄膜的玻璃制品，在足够强的冲击下将其破碎，玻璃碎片能够黏附在有机膜上不飞散。贴膜玻璃是一种新型的节能安全玻璃，这种玻璃能改善玻璃的性能和强度，使玻璃具有节能、隔热、保温、防爆、防紫外线、美化外观、遮蔽私密、安全等多种功能。玻璃贴膜按其功能主要分为：私密膜、装饰膜、隔热节能膜、防爆膜、防弹膜，其中防爆膜和防弹膜属于典型安全膜行列。

　　根据现行的行业标准《贴膜玻璃》（JC 846—2007）中的规定，本标准适用于建筑用贴膜玻璃，其他场所用贴膜玻璃可参照使用。

(一) 贴膜玻璃的分类方法

　　(1) 贴膜玻璃按功能不同，可分为 A 类、B 类、C 类和 D 类。A 类具有阳光控制或低辐射及抵御破碎飞散功能；B 类具有抵御破碎飞散功能；C 类具有阳光控制或低辐射功能；D 类仅具有装饰功能。

（2）贴膜玻璃按双轮胎冲击功能不同，可分为Ⅰ级和Ⅱ级。Ⅰ级贴膜玻璃以 450mm 及 1200mm 的冲击高度冲击后，结果应满足表 3-7 中的有关规定；Ⅱ级贴膜玻璃以 450mm 的冲击高度冲击后，结果应满足表 3-7 中的有关规定。

（二）贴膜玻璃的技术要求

贴膜玻璃的技术要求，应符合表 3-7 中的规定。

表 3-7　贴膜玻璃的技术要求

项　目	技术指标						
玻璃基片及贴膜材料	贴膜玻璃所用玻璃基片应符合相应玻璃产品标准或技术条件的要求。贴膜玻璃所用的贴膜材料，应符合相应技术条件或订货文件的要求						
厚度及尺寸偏差	贴膜玻璃的厚度、长度及宽度的偏差，必须符合与所使用玻璃基片相应的产品标准或技术条件中的有关厚度、长度及宽度的允许偏差要求						
外观质量	贴膜层杂质(含气泡)应满足以下规定，不允许存在边部脱膜，磨伤、划伤及薄膜接缝等，要求由供需双方协商确定						
	杂质直径 D/mm	$D \leqslant 0.5$	$0.5 < D \leqslant 1.0$	$1.0 < D \leqslant 3.0$			$D > 3.0$
	板面面积 A/m²	任何面积	任何面积	$A \leqslant 1$	$1 < A \leqslant 2$	$2 < A \leqslant 8$	$A > 8$	任何面积
	缺陷数量/个	不作要求	不得密集存在	1	2	1.0 m⁻²	1.2 m⁻²	不允许存在
光学性能	可见光透射比、紫外线透射比、太阳能总透射比、太阳光直接透射比、可见光反射比和太阳光直接反射比应符合以下规定，遮蔽系数应不高于标称值						
	允许偏差最大值(明示标称值)			允许最大差值(未明示标称值)			
	±2.0%			$\leqslant 3.0\%$			
传热系数	由供需双方协商确定						
双轮胎冲击试验	试验后试样应符合下列要求：试样不破坏；若试样破坏，产生的裂口不可使直径 76mm 的球在 25N 的最大推力下通过。冲击后 3min 内剥落的碎片总质量不得大于相当于试样 100cm² 面积的质量，最大剥落的碎片总质量不得大于相当于试样 44cm² 面积的质量						
抗冲击性	试验后试样应符合下列要求：试样不破坏；若试样破坏，不得穿透试样。5 块或 5 块试样符合时为合格，3 块或 3 块以下试样符合时为不合格。当 4 块试样符合时，应再追加 6 块试样，6 块试样全部符合要求时为合格						
耐辐照性	试验后试样应同时满足下列要求：试样不可产生气泡，不可产生显著变色，膜层经擦拭不可脱色；贴膜层不得产生显著尺寸变化；试样的可见光透射比相对变化率不应大于 3%。3 块试样全部符合时为合格，1 块试样符合时为不合格。当 2 块试样符合时，应再追加 3 块新试样，3 块试样全部符合要求时为合格						
耐磨性	试样试验前后的雾度(透明或半透明材料的内部或表面由于光漫射造成的云雾状或混浊的外观)差值均应不大于 5%						
耐酸性	试验后试样应同时满足下列要求：试样不可产生显著变色，膜层经擦拭不可脱色；不得出现脱膜现象；试验前后的可见光透射比差值不应大于 4%。3 块试样全部符合时为合格，1 块试样符合时为不合格。当 2 块试样符合时，应再追加 3 块新试样，3 块试样全部符合要求时为合格						
耐碱性	同耐酸性						
耐温度变化性	试验后试样不得出现变色、脱膜、气泡或其他显著缺陷						
耐燃烧性	试验后试样应符合下列 a、b 或 c 中任意一条的要求：a. 不燃烧；b. 燃烧，但燃烧速度不大于 100mm/min；c. 如果从试验计时开始，火焰在 60s 内自行熄灭，且燃烧距离不大于 50mm，也被认为满足 b 条燃烧速度的要求						
黏结强度耐久性	试验后试样的黏结强度应不低于试验前的 90%						

注：密集存在是指在任意部位直径 200mm 的圆内，存在 4 个或 4 个以上的缺陷。

第三节　中空建筑节能玻璃

中空建筑节能玻璃简称中空玻璃，其最大优点是节能与环保。现代建筑能耗主要是空调和照明，前者占 55%，后者占 23%。玻璃是建筑外墙中最薄、最易传热的材料。中空玻璃由于铝框内的干燥剂通过框上面缝隙使玻璃空腔内空气长期保持干燥，所以隔温性能极好。由于这种玻璃由多层玻璃和空腔结构组成，所以它还具有高度隔声的功能。此外，在室内外温差过大的情况下，传统单层玻璃会结霜，中空玻璃则由于与室内空气接触的内层玻璃受空气隔层影响，即使外层接触温度很低，也不会因温差在玻璃表面结霜。中空玻璃的抗风压强度是传统单片玻璃的 15 倍。

根据预测，今后 10 年我国城镇建成并投入使用的民用建筑每年至少为 8 亿平方米。另外，目前我国约有 370 亿平方米的既有建筑更新改造，也在一定程度上扩大了对中空玻璃的需求，中空玻璃产品的市场应用已经进入了飞速发展的时期。

一、中空玻璃的定义和分类

（一）中空玻璃的定义

国家现行标准《中空玻璃》（GB/T 11944—2012）中对中空玻璃定义为：两片或多片玻璃以有效支撑均匀隔开并周边粘接密封，使玻璃层间形成有干燥气体空间的玻璃制品。这个定义包括 4 个方面的含义：一是中空玻璃由两片或多片玻璃构成；二是中空玻璃的结构是密封结构；三是中空玻璃空腹中的气体必须是干燥的；四是中空玻璃内必须含有干燥剂。合格的中空玻璃使用寿命至少应为 15 年。

（二）中空玻璃的作用

工程实践证明，中空玻璃具有以下 3 个明显的作用：

（1）由于玻璃之间空气层的热传导率很低，仅为单片玻璃热交换量的 2/3，因此具有明显的保温节能作用，是一种节能性能优良的建筑材料。

（2）由于中空玻璃的保温性能好，内外两层玻璃的温差尽管比较大，干燥的空气层不会使外层玻璃表面结露，因此具有良好的防结露作用。

（3）材料试验证明，一般的中空玻璃可以降低噪声 30～40dB，能为人们创造安静的生活和工作环境，中空玻璃的这种隔声作用受到越来越多用户的青睐。

（三）中空玻璃的分类

中空玻璃按中空腔不同可以分为双层中空玻璃和多层中空玻璃。双层中空玻璃是由两片平板玻璃和一个空腔构成的，多层中空玻璃是由多片玻璃和两个以上中空腔构成的。中空腔越多，隔热和隔声的效果越好，但制造成本增加。按生产方法不同，可以分为熔接中空玻璃、焊接中空玻璃和胶接中空玻璃三种。

在建筑工程中，中空玻璃常按照制作方法和功能不同进行分类，一般可分为普通中空玻璃、功能复合中空玻璃和点式多功能复合中空玻璃。

普通中空玻璃由两片普通浮法玻璃原片组合而成，玻璃之间又充填了有干燥剂的铝合金隔框，铝合金隔框与玻璃间用丁基胶黏结密封后再用聚硫胶或结构胶密封，使玻璃之间空气高度干燥。对于中空玻璃内的密封空气，在铝框内灌充的高效分子筛吸附剂作用下，成为热导率很低的干燥空气，从而构成一道隔热、隔声屏障。若在该空间中充入惰性气体，还可进一步提高中空玻璃产品的隔热、隔声性能。

功能复合中空玻璃用二层或多层钢化、夹层、双钢化夹层及其他加工玻璃组合而成，在强调保温、隔热、节能的基础上，增加安全性能和使用期限，可广泛用于大型建筑的外墙、门窗、天顶，降低建筑能耗，起到安全、环保、节能的目的。功能复合中空玻璃特别适合高档场所或特殊区域（寒冷、噪声大、不安全区域）使用。

根据钢化玻璃、钢化夹层玻璃特点，将不同种类安全玻璃基片，按照点式玻璃幕墙的作业标准，运用特殊工艺、特殊材料，制作成点式多功能复合中空玻璃。

二、中空玻璃的隔热原理

能量的辐射传递是通过射线以辐射的形式进行传递的，这种射线包括可见光、红外线和紫外线等的辐射。如果合理配置玻璃原片和合理的中空玻璃间隔层厚度，可以最大限度地降低能量通过辐射形式传递，从而降低能量的损失。

普通玻璃的热导率是 $0.75W/(m \cdot K)$ 左右，而空气的热导率是 $0.028W/(m \cdot K)$，热导率很低，空气夹在玻璃之间并加以密封，这是中空玻璃隔热节能的最主要原因。

三、中空玻璃在建筑工程中的应用

在建筑工程中使用中空玻璃首先应注重它的使用功能：第一是保温隔热效果；第二是隔声效果；第三是防结露效果。所以，中空玻璃适用于有恒温要求的建筑物，如住宅、办公楼、医院、旅馆、商店等。在建筑工程中，中空玻璃主要用于需要采暖、需要空调、防止噪声、防止结露及需要无直射阳光等的建筑物。按节能要求使用中空玻璃时，主要注意以下 4 个方面：

（1）使用间隔层中充入隔热气体的中空玻璃。在中空玻璃内部充入隔热气体，可以大大提高节能效率，通常是充入氩气。在间隔层中充入氩气，不仅可以减少热传导损失，而且可以减少对流损失。

（2）使用低传导率的间隔框中空玻璃。中空玻璃的间隔框是造成热量流失的关键环节，应用低传导率的间隔框中空玻璃，其好处是可以提高中空玻璃内玻璃底部表面的温度，以便更有效地减少在玻璃表面的结露。

（3）使用节能玻璃为基片的中空玻璃。根据不同地区、不同朝向，选择不同的节能玻璃作为中空玻璃制作基片，如 Low-E 玻璃、阳光控制镀膜玻璃、夹层玻璃等。

（4）使用隔热性能好的门窗框材料。中空玻璃最终要装入门窗框才能使用，但门窗框材料是整个门窗能量流失的薄弱环节，所以中空玻璃能否达到节能目的，关键是与之配套的门窗框材料，应当选择最低传导热损失的材料。

四、中空玻璃的性能、标准和质量要求

（一）中空玻璃的性能

对中空玻璃性能要求，主要包括节能性能、降低冷辐射性能、隔声性能、防结露性能、安全性能和其他性能等方面。各种性能的具体要求如下：

（1）中空玻璃的节能性能。中空玻璃有许多优越的性能，其中最主要的是节能性能。在严寒的冬季和炎热的夏季，玻璃幕墙和门窗是建筑物耗能的主要部位，由于中空玻璃的传热系数低，可减少建筑物采暖和制冷的能源消耗。

（2）中空玻璃的降低冷辐射性能。由于中空玻璃的隔热性能较好，中空玻璃两侧可以形成较大温差，因而可以使冷辐射降低。如当室外温度为 -10℃时，单层玻璃的室内窗前温度为 -2℃，而中空玻璃室内窗前温度可达 13℃。

（3）中空玻璃的隔声性能。据有关资料表明：使用单片玻璃可降低噪声 $20 \sim 22dB$，而使用双层中空玻璃可降低噪声 $30dB$ 左右。如果采用厚度不对称的玻璃原片、在间隔层中充入特殊惰性气体，中空玻璃可降低噪声达 $45dB$。

（4）中空玻璃的防结露性能。由于中空玻璃内部存在着吸附水分子的干燥剂，气体是干燥的，在温度降低时，中空玻璃内部应不会产生凝露现象，并使其外表面的结露点升高。

（5）中空玻璃的安全性能。在使用相同厚度玻璃的情况下，中空玻璃的抗风压强度是普通单片玻璃的 1.5 倍；夏天单片玻璃受太阳直射，玻璃内外有温差，当温差过大时，单片玻璃就会受热爆裂，中空玻璃不存在这种现象。

（6）中空玻璃的其他性能。用中空玻璃代替部分砖墙或混凝土墙，不仅可以增加建筑的采光面积，减少室内照明的费用，增加室内的舒适感，而且可以减轻建筑物的重量，简化建筑物结构。

（二）中空玻璃的标准

我国于 1986 年颁布了《中空玻璃测试方法》（GB/T 7020—1986），于 1989 年颁布了《中空玻璃》（GB/T 11944—1989）的标准。为了适应我国中空玻璃迅速发展的形势，于 2002 年对原中空玻璃的标准进行修订，并将原来的两个标准《中空玻璃测试方法》和《中空玻璃》合并为《中空玻璃》（GB/T 11944—2002）。

在新的国家标准《中空玻璃》（GB/T 11944—2012）中，增加了充气中空玻璃的初始气体含量和气体密封耐久性能要求；提高了对露点的要求，修改了露点试验的样品数量和试验方法；修改了耐紫外线辐照性能的判定要求、试验样品数量、设备结构要求等；增加了平面中空玻璃的最大允许叠差要求；修改了外道密封胶宽度要求，增加了内道丁基胶层宽度要求；提高了外观质量要求等。

（三）中空玻璃的质量要求

对于中空玻璃的质量要求，主要包括材料要求、尺寸偏差、外观质量、密封性能、露点性能、耐紫外线照射性能、气候循环耐久性能和高温高湿耐久性能等。

（1）材料要求　玻璃可采用浮法玻璃、夹层玻璃、钢化玻璃、幕墙用钢化玻璃和半钢化玻璃、着色玻璃、镀膜玻璃和压花玻璃等。浮法玻璃应符合《平板玻璃》（GB 11614—2009）中的规定，夹层玻璃应符合《建筑用安全玻璃　第 3 部分：夹层玻璃》（GB 15763.3—2009）中的规定，幕墙用钢化玻璃和半钢化玻璃应符合《建筑用安全玻璃　第 2 部分：钢化玻璃》（GB 15763.2—2005）中的规定，其他品种的玻璃应符合相应标准的规定。

对于所用的密封胶，应满足以下要求：中空玻璃用弹性密封胶应符合《中空玻璃用弹性密封胶》（GB/T 29755—2013）的规定；中空玻璃用塑性密封胶应符合相关的规定。中空玻璃所用的胶条，应采用塑性密封胶制成的含有干燥剂和波浪形铝带的胶条，其性能应符合相应标准。中空玻璃使用金属间隔框时，应去污或进行化学处理。中空玻璃所用的干燥剂，其质量、性能应符合相应标准。

（2）尺寸偏差　中空玻璃的长度和宽度的允许偏差见表 3-8，中空玻璃的厚度允许偏差见表 3-9。

表 3-8　中空玻璃的长度和宽度的允许偏差

长（宽）度 L/mm	允许偏差/mm	长（宽）度 L/mm	允许偏差/mm
$L<1000$	±2	$L\geqslant2000$	±3
$1000\leqslant L<2000$	+2，−3		

表 3-9　中空玻璃的厚度允许偏差

公称厚度/mm	允许偏差/mm	公称厚度/mm	允许偏差/mm
$t<17$	±1.0	$t\geqslant22$	±2.0
$17\leqslant t<22$	±1.5		

注：中空玻璃的公称厚度为玻璃原片的公称厚度与间隔层厚度之和。

正方形和矩形中空玻璃对角线之差，应不大于对角线平均长度的 0.2%。中空玻璃的胶层厚度：单道密封胶层厚度为 10mm±2mm，双道密封外层胶层厚度为 5～7mm。其他规格和类型的尺寸偏差由供需双方协商决定。

（3）外观质量　中空玻璃不得有妨碍透视的污迹、夹杂物及密封胶飞溅现象。

（4）密封性能　20 块 4mm＋12mm＋4mm 试样全部满足以下两条规定为合格：①在试验

压力低于环境气压 10kPa±0.5kPa 下，初始偏差必须≥0.8mm；②在该气压下保持 2.5h 后，厚度偏差的减少应不超过初始偏差的 15％。

20 块 5mm＋9mm＋5mm 试样全部满足以下两条规定为合格：①在试验压力低于环境气压 10kPa±0.5kPa 下，初始偏差必须≥0.5mm；②在该气压下保持 2.5h 后，厚度偏差的减少应不超过初始偏差的 15％。其他厚度的样品由供需双方商定。

（5）露点性能　20 块中空玻璃的试样露点均≤－40℃为合格。

（6）耐紫外线照射性能　2 块试样紫外线照射 168h，试样内表面上均无结雾或污染的痕迹、玻璃原片无明显错位和产生胶条蠕变为合格。如果有 1 块或 2 块试样不合格，可另取 2 块备用试样重新试验，2 块试样均满足要求为合格。

（7）气候循环耐久性能　试样经循环后进行露点测试，4 块中空玻璃的试样露点均≤－40℃为合格。

（8）高温高湿耐久性能　试样经循环后进行露点测试，8 块中空玻璃的试样露点均≤－40℃为合格。

第四节　吸热建筑节能玻璃

吸热建筑节能玻璃是指能吸收大量红外线辐射能并保持较高可见光透过率的平板玻璃。生产吸热玻璃的方法有两种：一种是在普通钠钙硅酸盐玻璃的原料中加入一定量的有吸热性能的着色剂；另一种是在平板玻璃表面喷镀一层或多层金属或金属氧化物薄膜。

材料试验证明，吸热建筑节能玻璃不仅具有令人赏心悦目的外观色彩，而且还具有特殊的对光和热的吸收、透射和反射能力；用于建筑物的外墙窗玻璃幕墙，可以起到显著的节能效果，现已被广泛地应用于各种高级建筑物之上。

一、吸热节能玻璃的定义和分类

吸热玻璃是指能吸收大量红外线辐射，而又能保持良好的可见光透过率的玻璃。吸热玻璃可产生冷房效应，大大节约冷气的能耗。吸热玻璃的生产是在普通钠-钙硅酸盐玻璃中加入适量的着色氧化剂，如氧化铁、氧化镍、氧化钴等，使玻璃带色并具有较高的吸热性能；也可在玻璃的表面喷涂氧化锡、氧化镁、氧化钴等有色氧化物薄膜制成。

吸热玻璃按颜色不同，可分为茶色、灰色、蓝色、绿色，另外还有古铜色、青铜色、粉红色、金色和棕色等；按组成成分不同，可分为硅酸盐吸热玻璃、磷酸盐吸热玻璃、光致变色吸热玻璃；按生产方法不同，可分为基体着色吸热玻璃、镀膜吸热玻璃。

二、吸热节能玻璃的特点和原理

（一）吸热节能玻璃的主要特点

（1）吸收太阳的辐射热　吸热玻璃能够吸收太阳辐射热的性能，具有明显的隔热效果，但玻璃的颜色和厚度不同，对太阳的辐射热吸收程度也不同。如 6mm 厚的蓝色吸热节能玻璃，可以挡住 50％左右的太阳辐射热。

（2）吸收太阳的可见光　吸热节能玻璃比普通玻璃吸收可见光的能力要强。如 6mm 厚的普通玻璃能透过太阳光的 78％，而同样厚的古铜色吸热节能玻璃仅能透过太阳光的 26％。这样不仅使光线变得柔和，而且能有效地改善室内色泽，使人感到凉爽舒适。

（3）吸收太阳的紫外线　材料试验证明：吸热节能玻璃不仅能吸收太阳的红外线，而且还能吸收太阳的紫外线，可显著减少紫外线透射对人体的伤害。

（4）具有良好的透明度　吸热节能玻璃不仅能吸收红外线和紫外线，而且还具有良好的透明度,对观察物体颜色的清晰度没有明显影响。

(5) **玻璃色泽经久不变** 吸热节能玻璃中引入无机矿物颜料作为着色剂,这种颜料性能比较稳定,可达到经久不褪色的要求。

虽然吸热节能玻璃的热阻性优于镀膜玻璃和普通透明玻璃,但由于其二次辐射过程中向室内放出的热量较多,吸热和透光经常是矛盾的,所以吸热玻璃的隔热功能受到一定限制,况且吸热玻璃吸收的一部分热量,仍然有相当一部分会传到室内,其节能的综合效果不理想。

(二)吸热节能玻璃的节能原理

玻璃节能与3个方面有关:①由外面大气和室内空气温度的温差引起的通过外墙和窗户玻璃等传热的热量;②通过外墙和窗户等日照的热量;③室内产生的热量。吸热玻璃的节能就是能使采光所需的可见光透过,而限制携带热量的红外线通过,从而降低进入室内的日照热量。日照热量取决于日照透射率 η,吸热玻璃的日照透射率 η 见表 3-10。

表 3-10 吸热玻璃的日照透射率 η

玻璃品种	厚度/mm	日照透射率		玻璃品种	厚度/mm	日照透射率	
		无遮阳设施	有遮阳设施			无遮阳设施	有遮阳设施
透明玻璃	6	0.84	0.47	单面镀膜玻璃	6	0.68	0.43
	8	0.82	0.46		8	0.65	0.42
基体着色蓝色吸热玻璃	6	0.68	0.39	双面镀膜玻璃	6	0.68	0.43
	8	0.65	0.39		8	0.66	0.42
基体着色灰色吸热玻璃	6	0.73	0.42	双面镀膜蓝色吸热玻璃	6	0.53	0.35
	8	0.58	0.39		8	0.51	0.34
基体着色青铜色吸热玻璃	6	0.73	0.42	双面镀膜灰色吸热玻璃	6	0.53	0.35
	8	0.68	0.39		8	0.51	0.34
双面镀膜青铜色吸热玻璃	6	0.53	0.34	双面镀膜青铜色吸热玻璃	8	0.51	0.34

由于吸热节能玻璃对热光线的吸收率高,因此接收日照热量之后玻璃本身的温度升高,这个热量从玻璃的两侧散发出来,受到风吹的室外一侧热量很容易散失,可以减轻冷气的负载。另外,在使用吸热玻璃后,可减少室内的照度差,呈现出调和的气氛,向外观望可避免眩光,避免眼睛疲劳。吸热玻璃与普通浮法玻璃的热量吸收与透射,如图3-1 所示。

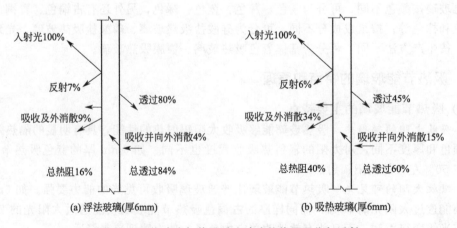

图 3-1 吸热玻璃与普通浮法玻璃的热量吸收与透射

从图 3-1 中可以看出,当太阳光透过吸热玻璃时,吸热玻璃将光能吸收转化为热能,热能又以导热、对流和辐射的形式散发出去,从而减少太阳能进入室内。在进入室内的太阳能方面，吸热玻璃比普通浮法玻璃可以减少 20％～30％，因此吸热玻璃具有节能的功能。

三、镀膜吸热节能玻璃

(一) 镀膜吸热玻璃的定义

镀膜吸热玻璃是指在平板玻璃表面涂镀一层或多层吸热薄膜制成的玻璃制品。吸热镀层大多数由金属、合金或金属氧化物制成，其透射率与镀膜的厚度成反比。从严格意义上讲，镀膜吸热玻璃就是阳光控制镀膜玻璃。

镀膜吸热玻璃从生产使用的镀膜基片上看，其生产方法有两种：一种是在普通透明玻璃上镀上吸热薄膜，另一种是在吸热玻璃上镀膜。

(二) 镀膜吸热玻璃和热反射玻璃的区别

镀膜吸热玻璃和热反射玻璃都是镀膜玻璃。但镀膜吸热玻璃的膜层主要用来将热能（太阳的红外线）吸收，热量从玻璃两侧散发出来，受到风吹的室外一侧，热量很容易散失，以阻隔热能进入室内。而热反射玻璃的膜层主要是用来把太阳的辐射热反射掉，以阻隔热能进入室内。

由以上两者的区别可知，判定镀膜玻璃是镀膜吸热玻璃还是热反射镀膜玻璃的方法，就是看是以热（光）吸收为主，还是以热反射为主。镀膜吸热玻璃与热反射镀膜玻璃的区别可用反射系数 S 表示，$S = A/B$（其中 A 为玻璃对全部光通量的吸热系数，B 为玻璃对全部光通量的反射系数）：当 $S > 1$ 时为镀膜吸热玻璃，当 $S < 1$ 时为热反射镀膜玻璃。图 3-2 表示镀膜吸热玻璃与热反射玻璃的吸收与透射。

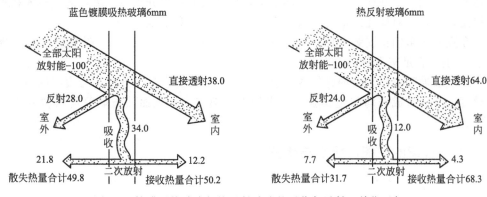

图 3-2　镀膜吸热玻璃与热反射玻璃的吸收与透射（单位:％）

四、吸热节能玻璃的应用

(一) 应用吸热节能玻璃的注意事项

由于吸热玻璃具有吸收红外线的性能，能够衰减 20％～30％ 的太阳能入射，从而降低进入室内的热能，在夏季可以降低空调的负荷，在冬季由于吸收红外线而使玻璃自身温度升高，从而达到节能的效果。

为合理使用吸热玻璃，在设计、安装和使用吸热玻璃时，应注意以下事项：

(1) 吸热玻璃越厚，颜色就越深，吸热能力就越强。在进行吸热玻璃设计时，应注意不能使玻璃的颜色暗到影响室内外颜色的分辨，否则会对人的眼睛造成不适，甚至会影响人体的健康。

(2) 使用吸热玻璃时一定要按规范进行防炸裂设计，按设计要求选择玻璃。吸热玻璃容易发生炸裂，且玻璃越厚吸热能力就越强，发生炸裂的可能性就越大。吸热玻璃的安装结构应当是防炸裂结构。

（3）吸热玻璃的边部最好进行细磨，尽量减少缺陷，因为缺陷是造成热炸裂的主要原因。在没有条件做到这一点时，玻璃如果在现场切割后，一定要进行边部修整。

（4）在使用过程中，注意不要让空调的冷风直接冲击吸热玻璃，不要在吸热玻璃上涂刷涂料或标语。另外，不要在靠近吸热玻璃的表面处安装窗帘或摆放家具。

（二）吸热节能玻璃的选择和应用

实际上对吸热玻璃的色彩选择，也就是对玻璃工程装饰效果的选择，这是建筑美学涉及的问题，一般由建筑美学设计者根据建筑物的功能、造型、外墙材料、周围环境及所在地等综合考虑确定。

对于吸热镀膜玻璃，吸收率取决于薄膜及玻璃本身的色泽。常见的基体着色玻璃品种一般不超过 10 个，而在吸热玻璃上镀膜品种很多。但是，通过多项工程长时间观察，基体着色玻璃具有很好的抗变色性，价格也比镀膜吸热玻璃低，因此，只要基体着色玻璃的装饰色彩能满足设计要求，就应当优先选用。

吸热玻璃既能起到隔热和防眩的作用，又可营造一种优美的凉爽气氛，在南方炎热地区非常适合使用吸热玻璃，但在北方大部分地区不适合选用吸热玻璃。吸热玻璃慎用的主要原因有以下几个方面：

（1）吸热玻璃的透光性比较差，通常能阻挡 50％左右的阳光辐射，本应起到杀菌、消毒、除味作用的阳光，由于吸热玻璃对阳光的阻挡，不能起到以上作用。

（2）阳光通过普通玻璃时，人们接受的是全色光，但通过吸热玻璃时则不然，会被吸收掉一部分色光。长期生活在波长较短的光环境中，会使人的视觉分辨力下降，甚至造成精神异变和性格扭曲；特别是对幼儿的危害更大，容易造成视力发育不全。

（3）在夏季很多门窗安装纱网，其透光率大约为 70％；如果再配上吸热玻璃，其透光率仅为 35％，很难满足室内采光的要求。

（4）吸热玻璃吸取阳光中的红外线辐射，其自身的温度会急剧升高，与边部的冷端之间形成温度梯度，从而造成非均匀性膨胀，形成较大的热应力，进而使玻璃薄弱部位发生裂纹而"热炸裂"。

五、吸热玻璃的性能、标准与检测

（一）吸热玻璃的性能

1. 基体着色吸热玻璃的性能

（1）光学性能　根据现行国家标准《建筑玻璃　可见光透射比、太阳光直接透射比、太阳能总透射比、紫外线透射比及有关窗玻璃参数的测定》（GB/T 2680—1994）的规定，吸热玻璃的光学性能，可用可见光透射比和太阳光直接透射比来表达，二者的数值换算成 5mm 标准厚度的值后，应当符合表 3-11 中的要求。

表 3-11　吸热玻璃的光学性能　　　　　　　　　　　　　　　单位：%

颜色	太阳投射比不小于	太阳透射比不小于	颜色	太阳投射比不小于	太阳透射比不小于
茶色	42	60	灰色	30	60
蓝色	45	70			

（2）颜色均匀性　1976 年，国际照明协会（CIE）推荐了新的颜色空间及其有关色差公式，即 CIE1976LAB 系统，现在已被世界各国正式采纳，作为国际通用的测色标准，适用于一切光源色或物体色的表示。

玻璃的颜色均匀性实际上是指色差的大小。色差是指用数值的方法表示两种颜色给人色彩感觉上的差别，其又包括单片色差和批量色差。色差应采用符合《物体色的测量方法》（GB/T 3979—2008）标准要求的光谱测色仪和测量方法进行测量。

2. 镀膜吸热玻璃的主要性能

吸热镀膜玻璃有茶色、灰色、银灰色、浅灰色、蓝色、蓝灰色、青铜色、古铜色、金色、粉红色和绿色等，建筑工程中常用的有茶色、蓝色、灰色和绿色。吸热镀膜玻璃的主要性能有热学和光学两个方面。

（1）吸热玻璃能吸收太阳的辐射热　随着吸热镀膜玻璃的颜色和厚度不同，其吸热率也不同，与同厚度的平板玻璃对比见表 3-12。

表 3-12　吸热玻璃与同厚度平板玻璃热学性能的对比

玻璃品种	透过热值/（W/m²）	透过率/%	玻璃品种	透过热值/（W/m²）	透过率/%
空气（暴露空间）	879.2	100.00	蓝色 3mm 吸热玻璃	551.3	62.70
普通 3mm 平板玻璃	725.7	82.55	蓝色 6mm 吸热玻璃	432.5	49.21
普通 6mm 平板玻璃	662.9	75.53			

材料试验结果表明，3mm 厚的蓝色吸热玻璃可以挡住 37.3% 的太阳辐射热，6mm 厚的蓝色吸热玻璃可以挡住 50.79% 的太阳辐射热，因此，这样就可以降低室内空调的能耗和费用。

（2）可以吸收部分太阳可见光　测试结果表明，吸热玻璃可以使刺眼的太阳光变得比较柔和，起到防眩的作用。我国对 5mm 不同颜色吸热玻璃的可见光透光率和太阳光直接透过率要求见表 3-13。

表 3-13　5mm 不同颜色吸热玻璃要求的光学性质

颜色	可见光透过率/%	太阳光直接透过率/%
茶色	≥45	≤60
灰色	≥30	≤60
蓝色	≥50	≤70

（二）吸热玻璃的标准

基体吸热玻璃的质量技术应符合国家现行标准的要求，着色玻璃按生产工艺分为着色浮法玻璃和着色普通玻璃，按用途分为制镜级吸热玻璃、汽车级吸热玻璃、建筑级吸热玻璃。其中着色普通平板玻璃应按《平板玻璃》（GB 11614—2009）划分等级，着色浮法玻璃按色调分为不同的颜色系列，包括茶色系列、金色系列、绿色系列、蓝色系列、紫色系列、灰色系列、红色系列等。

吸热玻璃按照厚度不同可分为 2mm、3mm、4mm、5mm、6mm、8mm、10mm、12mm、15mm 和 19mm，其中着色普通平板玻璃按厚度分为 2mm、3mm、4mm、5mm。基本着色吸热玻璃的质量要求如下：

（1）尺寸允许偏差、厚度允许偏差、对角线偏差、弯曲度的要求　着色浮法玻璃应符合《平板玻璃》（GB 11614—2009）相应级别的规定。

（2）外观质量要求　着色普通平板玻璃应符合普通平板玻璃相应级别的规定。着色浮法玻璃外观质量中，光学变形的入射角各级别降低 5°，其余各项指标均应符合《平板玻璃》（GB 11614—2009）相应级别的规定。

（3）光学性能要求　2mm、3mm、4mm、5mm、6mm 厚度的着色浮法玻璃及着色普通平板玻璃的可见光透射比均不低于 25%；8mm、10mm、12mm、15mm、19mm 厚度的着色浮法玻璃的可见光透射比均不低于 18%。

着色浮法玻璃和着色普通平板玻璃的可见光透射比、太阳光直接透射比、太阳能总透射比允许偏差值应符合表 3-14 中的规定。

表 3-14　着色玻璃的光学性能要求

玻璃类别	允许偏差		
	可见光透射比 （380～780nm）/％	太阳光直接透射比 （340～1800nm）/％	太阳能总透射比 （340～1800nm）/％
着色浮法玻璃	±2.0	±3.0	±4.0
着色普通平板玻璃	±2.5	±3.5	±4.5

（4）颜色的均匀性　着色玻璃的颜色均匀性，采用 CIELAB 均匀空间的色差来表示。同一片和同一批产品的色差应符合表 3-15 中的规定。

表 3-15　着色玻璃的颜色均匀性要求

玻璃类别	CIELAB	玻璃类别	CIELAB
着色浮法玻璃	≤2.5	着色普通平板玻璃	≤3.0

（三）吸热玻璃的检测

（1）尺寸允许偏差、厚度允许偏差、对角线偏差、弯曲度、外观质量的要求　着色浮法玻璃应按《平板玻璃》（GB 11614—2009）中的规定进行检验。

（2）光学性能　着色玻璃的光学性能应按《建筑玻璃 可见光透射比、太阳光直接透射比、太阳能总透射比、紫外线透射比及有关窗玻璃参数的测定》（GB/T 2680—1994）中的规定进行测定。

（3）颜色均匀性　着色玻璃的颜色均匀性应按《彩色建筑材料色度测量方法》（GB/T 11942—1989）中的规定进行测定。

第五节　真空建筑节能玻璃

真空节能玻璃是两片平板玻璃中间由微小支撑物将其隔开，玻璃四周用钎焊材料加以封边，通过抽气口将中间的气体抽至真空，然后封闭抽气口保持真空层的特种玻璃。

真空节能玻璃是受到保温瓶的启示而研制的。1913 年世界上第一个平板真空玻璃专利发布，科学家们相继进行了大量探索，使真空玻璃技术得到较快发展。20 世纪 80 年代，全世界都开始对真空玻璃的研制重视起来，其中美国、英国、希腊和日本等国的技术比较先进。

1998 年我国建立真空玻璃研究所，随后研究的实用成果获得国家专利；2004 年拥有自主知识产权的真空玻璃，通过了中国建材工业协会的科技成果鉴定，并开始在国内推广应用，同时得到欧美同行的认可。

一、真空节能玻璃的特点和原理

（一）真空节能玻璃的特点

（1）真空节能玻璃具有比中空玻璃更好的隔热、保温性能，其保温性能是中空玻璃的 2 倍，是单片普通玻璃的 4 倍。

（2）由于真空玻璃热阻高，具有更好的防结露结霜性能，在相同湿度条件下，真空玻璃结露温度更低，这对严寒地区的冬天采光极为有利。

（3）真空玻璃具有良好的隔声性能，在大多数声波频段，特别是中低频段，真空玻璃的防噪声性能优于中空玻璃。

（4）真空玻璃具有更好的抗风压性能，在同样面积、同样厚度条件下，真空玻璃抗风压性能等级明显高于中空玻璃。

（5）真空玻璃还具有持久、稳定、可靠的特性，在参照中空玻璃拟定的环境和寿命试验中进行的紫外线照射试验、气候循环试验、高温高湿试验，真空玻璃内的支撑材料的寿命可达50年以上，高于其使用的建筑寿命。

（6）真空玻璃最薄只有6mm，现有住宅窗框原封不动即可安装，并可减少窗框材料，减轻窗户和建筑物的重量。

（7）真空玻璃属于玻璃深加工产品，其加工过程对水质和空气不产生任何污染，并且不产生噪声，对环境没有任何有害影响。

（二）真空节能玻璃的隔热原理

真空节能玻璃是一种新型玻璃深加工产品，它的隔热原理比较简单，从原理上看可将其比喻为平板形的保温瓶。真空节能玻璃与保温瓶的相同点是，夹层均为气压低于 10^{-1} Pa 的真空和内壁涂有 Low-E 膜。因此，真空节能玻璃之所以能够节能，一是玻璃周边密封材料的作用和保温瓶瓶塞的作用相同，都是阻止空气的对流，因此真空双层玻璃的构造，可以最大限度地隔绝热传导，两层玻璃夹层间为气压低于 10^{-1} Pa 的真空，使气体传热可忽略不计；二是内壁镀有 Low-E 膜，使辐射热大大降低。

材料试验表明，用两层 3mm 厚的玻璃制成的真空玻璃，与普通的双层中空玻璃相比，在一侧为 50℃ 的高温条件下，真空玻璃的另一侧表面与室温基本相同，而普通双层中空玻璃的另一侧就非常烫手。这充分说明了真空节能玻璃具有良好的隔热节能性能，其节能效果非常显著。

二、真空节能玻璃的结构

真空节能玻璃是一种新型玻璃深加工产品，是将两片玻璃板洗净，在一片玻璃板上放置线状或格子状支撑物，然后再放上另一片玻璃板，将两片玻璃板的四周涂上玻璃钎焊料；在适当位置开孔，用真空泵抽真空，使两片玻璃间腔的真空压力达到 0.001mmHg（1mmHg＝133.322Pa），即形成真空节能玻璃。真空节能玻璃的基本结构如图 3-3 所示。

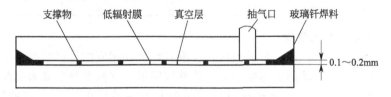

图 3-3　真空节能玻璃的基本结构

由于真空玻璃的结构与中空玻璃不同，所以真空玻璃与中空玻璃的传热机理也有所不同。真空玻璃中心部位传热由辐射传热和支撑物传热及残余气体传热三部分构成，而中空玻璃则由气体传热（包括传导和对流）和辐射传热构成。

三、真空节能玻璃的性能和应用

真空节能玻璃的性能有隔热性能、防结露性能、隔声性能、耐久性能、抗风压性能等。

1. 真空节能玻璃的隔热性能

真空节能玻璃的真空层消除了热传导，若再配合采用 Low-E 玻璃，还可以减少辐射传热，因此和中空玻璃相比，真空玻璃的隔热保温性能更好。表 3-16 为真空玻璃与中空玻璃隔热性能比较。

2. 真空节能玻璃的防结露性能

由于真空玻璃的隔热性能好，室内一侧玻璃表面温度不容易下降，所以即使室外温度很低，也不容易出现结露。表 3-17 为单片玻璃、中空玻璃和真空玻璃防结露性能比较。

表 3-16　真空玻璃与中空玻璃隔热性能比较

玻璃样品类别		玻璃结构/mm	热阻/[(m²·K)/W]	表观热导率/[W/(m·K)]	K 值/[W/(m²·K)]
真空玻璃	普通型	3+0.1+3	0.1885	0.0315	2.921
	单面 Low-E 膜	4+0.1+4	0.4512	0.0155	1.653
	双面 Low-E 膜	4+0.1+4	0.6553	0.0122	1.230
中空玻璃	普通型	3+6+3	0.1071	0.1120	3.833
	普通型	3+1+3	0.1350	0.1350	3.483
	单面 Low-E 膜	6+12+6	0.3219	0.0746	2.102

表 3-17　单片玻璃、中空玻璃和真空玻璃防结露性能比较

室内湿度	玻璃种类	发生结露时室外温度/℃		室内湿度	玻璃种类	发生结露时室外温度/℃	
		室温 10℃	室温 20℃			室温 10℃	室温 20℃
60%	单片玻璃	0	8	70%	真空玻璃	−15	−8
	中空玻璃	−9	−1				
	真空玻璃	−26	−21	80%	单片玻璃	5	15
70%	单片玻璃	2	12		中空玻璃	2	11
	中空玻璃	−3	5		真空玻璃	−6	2

3. 真空节能玻璃的隔声性能

由于真空玻璃的特殊结构，对于声音的传播可大幅度地降低。材料试验证明，真空玻璃在大部分音域都比间隔 6mm 的中空玻璃隔声性能好，可使噪声降低 30dB 以上。

表 3-18 为真空玻璃与中空玻璃隔声性能比较。

表 3-18　真空玻璃与中空玻璃隔声性能比较

样品类别	玻璃结构/mm	不同频段的透过衰减分贝/dB					
		100~160Hz	200~315Hz	400~630Hz	800~1250Hz	1600~2500Hz	3150~5000Hz
真空玻璃	3+0.1+3	22	27	31	35	37	31
中空玻璃	3+6+3	20	22	20	29	38	23
中空玻璃	3+12+3	19	17	20	32	40	30

4. 真空节能玻璃的耐久性能

真空玻璃是一种全新的产品，目前国内外还没有耐久性相应的测试标准，也没有相应的测试方法。目前暂参照中空玻璃国家标准中关于紫外线照射、气候循环、高温高湿度的试验方法进行测试，同时参照国家标准《绝热材料稳态热阻及有关特性的测定　防护热板法》（GB 10294—2008）中的规定，以真空玻璃热阻的变化来考察其环境适应性。普通真空玻璃环境测试结果见表 3-19。

表 3-19　普通真空玻璃环境测试结果

类别	检测项目	试样处理	检测条件	检测结果	热阻变化
紫外线照射	热阻/[(m²·k)/W]	23℃±2℃、60%±5%（相对湿度）条件下放置 7d	平均温度 14℃	0.223	−1.3%
		浸水-紫外线照射 600h 后，23℃±2℃、60%±5%（相对湿度）条件下放置 7d		0.220	
气候循环试验	热阻/[(m²·k)/W]	23℃±2℃、60%±5%（相对湿度）条件下放置 7d	平均温度 13℃	0.210	+0.5%
		−23℃±2℃下 500h，23℃±2℃、60%±5%（相对湿度）条件下放置 7d		0.217	
高温高湿试行	热阻/[(m²·k)/W]	23℃±2℃、60%±5%（相对湿度）条件下放置 7d	平均温度 13℃	0.214	−2.0%
		250 次热冷循环，23℃±2℃、60%±5%（相对湿度）条件下放置 7d；循环条件：加热 52℃±2℃、RH（相对湿度）<95%，(140±1)min，冷却 25℃±2℃，(40±1)min		0.210	

5. 真空节能玻璃的抗风压性能

真空玻璃中的两片玻璃是通过支撑物牢固地压在一起的，具有与同等厚度的单片玻璃相近的刚度。在一般情况下，真空玻璃的抗风压能力是中空玻璃的 1.5 倍。

表 3-20 是某种真空玻璃、中空玻璃和单片玻璃允许载荷比较。

表 3-20　真空玻璃、中空玻璃和单片玻璃允许载荷比较

玻璃品种	玻璃总厚度/mm	允许载荷/Pa	玻璃品种	玻璃总厚度/mm	允许载荷/Pa
真空玻璃	6	3500	中空玻璃	12	2355
	8	5760	单片玻璃	3	1575
	10	8400			
	9.8（夹丝）	7100		5	3375

四、真空玻璃的质量标准

根据现行的行业标准《真空玻璃》（JC/T 1079—2008）中的规定，本标准适用于建筑、家电和其他保温隔热、隔声等用途的真空玻璃，包括用于夹层、中空等复合制品中的真空玻璃。

（一）真空玻璃的分类、材料和尺寸偏差

（1）真空玻璃的分类方法　真空玻璃按其保温性能（K 值）不同，可为 1 类、2 类和 3 类。

（2）真空玻璃的材料要求　构成真空玻璃的原片质量，应符合《平板玻璃》（GB 11614—2009）中一等品以上（含一等品）的要求，其他材料的质量应符合相应标准的技术要求。

（3）真空玻璃的尺寸偏差　真空玻璃的尺寸偏差，应符合表 3-21 中的规定。

表 3-21　真空玻璃的尺寸偏差

真空玻璃厚度偏差/mm			
公称厚度	允许偏差	公称厚度	允许偏差
≤12	±0.40	＞12	供需双方商定

尺寸及允许偏差/mm			
公称厚度	边的长度 L		
	$L \leqslant 1000$	$1000 < L \leqslant 2000$	$L > 2000$
≤12	±2.0	+2，−3	±3.0
＞12	±2.0	±3.0	±3.0

注：对角线差按照 JC 846—2007 中规定的方法进行检验，对于矩形真空玻璃，其对角线差不大于对角线平均长度的 0.2%。

（二）真空玻璃的技术要求

真空玻璃的技术要求，应符合表 3-22 中的规定。

五、真空节能玻璃的工程应用

真空节能玻璃具有优异的保温隔热性能，其性能指标明显优于中空玻璃。一般的单片玻璃传热系数为 $6.0W/(m^2 \cdot K)$，中空玻璃传热系数为 $3.4W/(m^2 \cdot K)$，真空玻璃的传热系数为 $1.2W/(m^2 \cdot K)$。一片只有 6mm 厚的真空玻璃隔热性能相当于 370mm 的实心黏土砖墙，隔声性能可达到五星级酒店的静音标准，可将室内噪声降至 45dB 以下，相当于四砖墙的水平。由于真空玻璃隔热性能优异，在建筑上应用可达到节能和环保的双重效果。

据有关部门统计，使用真空节能玻璃后，空调节能可以达 50%。与单层玻璃相比，每年每平方米幕墙、窗户可节约相当于一年节约 192kW·h 的电，是目前世界上节能效果最

好的玻璃。

表 3-22　真空玻璃的技术要求

项　　目	技术指标		项　　目	技术指标	
边部加工质量	磨边倒角,不允许有裂纹等缺陷		保护帽	高度及形状由供需双方商定	
支撑物	缺陷种类	质量要求	弯曲度	玻璃厚度/mm	弓形弯曲度
	缺位　连续	不允许		≤12	0.3%
	缺位　非连续	≤3 个/米²		>12	供需双方商定
	重叠	不允许	保温性能(K 值)	类别	K 值/[W/(m²·K)]
	多余	≤3 个/米²		1	K≤1.0
外观质量	划伤	宽度<0.1mm 的轻微划伤,长度≤100mm 时,允许 4 条/米²;宽度 0.1～1mm 的轻微划伤,长度≤100mm 时,允许 4 条/米²		2	1.0<K≤2.0
				3	2.0<K≤2.8
			耐辐照性	样品试验前后 K 值的变化率应不超过 3%	
	爆裂边	每片玻璃每米边长上允许有长度不超过 10mm、自玻璃边部向玻璃表面延伸深度不超过 2mm、自玻璃边部向玻璃厚度延伸深度不超过 1.5mm 的爆裂边 1 个	封闭边质量	封闭边部后的熔融封接缝应保持饱满、平整,有效封闭边宽度应≥5mm	
			气候循环耐久性	试验后,样品不允许出现炸裂,试验前后 K 值的变化率应不超过 3%	
	内面污迹和裂纹	不允许	高温高湿耐久性	试验后,样品不允许出现炸裂,试验前后 K 值的变化率应不超过 3%	
			隔声性能	≥30dB	

　　日本的应用成果表明,真空玻璃内的支撑材料在涉及金属疲劳度方面的寿命可达 50 年以上,高于其使用的建筑寿命。真空玻璃最薄只有 6mm,现有住宅窗框原封不动即可安装,并可减少窗框材料,减轻窗户和建筑物的重量。真空玻璃属于玻璃深加工产品,其加工过程对水质和空气不产生任何污染,并且不产生噪声,因此对环境不会造成有害影响。

　　真空玻璃的工业化、产业化对玻璃工业调整产品结构,提升生产设备技术水平,增加玻璃行业产品的科技含量,具有重大促进作用。真空玻璃与其他各种节能玻璃组成的"超级节能玻璃",既能满足建筑师追求通透、大面积使用透明幕墙的艺术创意,又能使墙体的传热系数符合《公共建筑节能设计标准》(GB 50189—2015)的规定。

第六节　其他新型节能玻璃

　　随着玻璃工业的快速发展,玻璃的生产新工艺不断出现,特别是新型节能玻璃产品种类日益增加。目前,在建筑工程已开始推广应用的新型节能玻璃有:夹层节能玻璃、Low-E 节能玻璃、变色节能玻璃和"聪明玻璃"等。

一、夹层节能玻璃

(一)夹层节能玻璃的定义和分类

1. 夹层节能玻璃的定义

　　夹层节能玻璃是由两片或两片以上的平板玻璃采用透明的黏结材料牢固黏合而成的制品。夹层玻璃具有很高的抗冲击和抗贯穿性能,在受到冲击破碎时,使得无论垂直安装还是倾斜安装,均能抵挡意外撞击的穿透。在一般情况下,夹层玻璃不仅具有良好的节能功能,而且还能保持一定的可见度,从而起到节能和安全的双重作用,因此,又称为夹层节能安全玻璃。

　　制作夹层玻璃的原片,既可以是普通平板玻璃,也可以是钢化玻璃、半钢化玻璃、吸热玻璃、镀膜玻璃、热弯玻璃等。中间层有机材料最常用的是 PVB（聚乙烯醇缩丁醛树脂），也可以采用甲基丙烯酸甲酯、有机硅、聚氨酯等材料。

2. 夹层节能玻璃的分类

夹层玻璃的种类很多，按照生产方法不同可分为干法夹层玻璃和湿法夹层玻璃；按产品用途不同可分为建筑、汽车、航空、保安防范、防火及窥视夹层玻璃等；按产品的外形不同可分为平板夹层玻璃和弯曲夹层玻璃（包括单曲面和双曲面）。

建筑工程中常用的夹层玻璃见表 3-23。

表 3-23　建筑工程中常用的夹层玻璃

玻璃品种	结构特点	应用场合	玻璃品种	结构特点	应用场合
普通夹层	两片玻璃一层胶片	有安全性要求、隔声	彩色夹层	使用彩色胶片	有装饰要求的场合
防火夹层	使用防火胶片	用作防火玻璃	高强夹层	使用钢化玻璃	有强度要求的场合
多层复合	三片以上玻璃	防盗、防弹、防爆	屏蔽夹层	夹入金属丝网或膜	有电磁屏蔽要求的场合
防紫外线	使用防紫外线胶片	展览馆、博物馆等	节能夹层	用热反射或吸热玻璃	外窗及玻璃幕墙

（二）夹层节能玻璃的主要性能

夹层节能玻璃是一种多功能玻璃，不仅具有透明、机械强度高、耐热、耐湿、耐寒等特点，而且具有安全性好、隔声、防辐射和节能等优良性能。与普通玻璃相比，尤其是在安全性能、保安性能、防紫外线性能、隔热性能和隔声性能方面更加突出。

1. 夹层节能玻璃的安全性能

夹层玻璃具有良好的破碎安全性，一旦玻璃遭到破坏，其碎片仍与中间层粘接在一起，这样就可以避免因玻璃掉落造成的人身伤害或财产损失。

材料试验证明，在同样厚度的情况下，夹层玻璃的抗穿透性优于钢化玻璃。夹层玻璃具有结构完整性，在正常负载情况下，夹层玻璃性能基本与单片玻璃性能接近，但在玻璃破碎时，夹层玻璃则有明显的完整性，很少有碎片掉落。

2. 夹层节能玻璃的保安性能

由于夹层玻璃具有优异的抗冲击性和抗穿透性，因此在一定时间内可以承受砖块等的攻击，通过增加 PVB 胶片的厚度，还能大大提高防穿透的能力。试验表明，仅从一面无法将夹层玻璃切割开来，这样也可防止用玻璃刀破坏玻璃。

PVB 夹层玻璃非常坚韧，即使盗贼将玻璃敲裂，由于中间层同玻璃牢牢地黏附在一起，仍能保持整体性，使盗贼无法进入室内。安装夹层玻璃后可省去护栏，既省钱又美观还可摆脱牢笼之感。

3. 夹层节能玻璃的防紫外线性能

夹层玻璃中间层为聚乙烯醇缩丁醛树脂（PVB）薄膜，能吸收掉 99％以上的紫外线，从而保护了室内家具、塑料制品、纺织品、地毯、艺术品、古代文物或商品由于受紫外线辐射而发生的褪色和老化。

4. 夹层节能玻璃的隔热性能

最近几年，我国对建筑节能方面非常重视，现在建筑节能已进入强制性实施阶段。因此，在进行建筑设计时，不仅必须考虑采光的需要，同时也要考虑建筑节能问题。夹层玻璃通过改进隔热中间膜，可以制成夹层节能玻璃。

经过试验证明，PVB 薄膜制成的建筑夹层玻璃能有效减少太阳光透过。在同样厚度情况下，采用深色低透光率 PVB 薄膜制成的夹层玻璃，阻隔热量的能力更强，从而可达到节能的目的。

表 3-24 中列出了使用隔热节能胶片制作的夹层玻璃性能。

表 3-24　使用隔热节能胶片制作的夹层玻璃性能

性能 ＼ 颜色	无色	绿色	蓝色	灰色
可见光透过率/%	82.1	71.0	48.2	48.8
可见光反射率/%	8.1	7.1	6.4	5.8
太阳能透过率/%	60.4	49.9	34.6	32.6
太阳能反射率/%	7.0	5.7	5.8	5.3
太阳热获得系数 SHGC	0.69	0.61	0.50	0.49
遮阳系数 S	0.80	0.71	0.58	0.57

5. 夹层节能玻璃的隔声性能

隔声性能是夹层玻璃的一个重要性能。控制噪声的方法有两种：一种是通过反射的方法隔离噪声，即改变声的传播方向；另一种是通过吸收的方法衰减能量，即吸收声音的能量。夹层玻璃就是采用吸收能量的方法控制噪声，特别是位于机场、车站、闹市及道路两侧的建筑物在安装夹层玻璃后，其隔声效果十分明显。

评价噪声降低一般采用计权隔声量表示，表 3-25 是不同结构夹层玻璃的计权隔声量。从表中可以看出，玻璃原片相同、PVB 胶片厚度不同时，夹层玻璃的隔声量不同，PVB 胶片厚度越大，隔声效果越好。

表 3-25　不同结构夹层玻璃的计权隔声量

玻璃组合/mm	3＋0.38＋3	3＋0.76＋3	3＋1.14＋3	5＋0.38＋5	5＋0.76＋5
计权隔声量/dB	34	35	35	36	36
玻璃组合/mm	6＋0.38＋6	6＋0.76＋6	6＋1.14＋6	6＋1.52＋6	12＋1.52＋12
计权隔声量/dB	36	38	38	39	41

（三）夹层节能玻璃的质量要求与检测

对夹层玻璃的质量要求主要包括：外观质量、尺寸允许偏差、弯曲度、可见光透射比、可见光反射比、耐热性、耐湿性、耐辐照性、落球冲击剥离性能、霰弹袋冲击性能、抗风压性等，这些性能的要求及检测方法分别如下。

1. 外观质量要求与检测

对夹层玻璃的外观质量要求是：不允许有裂纹；表面存在的划伤和蹭伤不能影响使用；存在爆边的长度或宽度不得超过玻璃的厚度；不允许存在脱胶现象；气泡、中间层杂质及其他可观察到的不透明的缺陷允许存在个数见表 3-26。

表 3-26　夹层玻璃表面对缺陷个数的要求

缺陷尺寸 λ/mm			0.5＜λ≤1.0	1.0＜λ≤3.0			
板面面积 S/m²			S 不限	S≤1	1＜S≤2	2＜S≤8	S＞8
允许的缺陷数 /个	玻璃层数	2 层	不得密集存在	1	2	1.0m⁻²	1.2m⁻²
		3 层		2	3	1.5m⁻²	1.8m⁻²
		4 层		3	4	2.0m⁻²	2.4m⁻²
		≥5 层		4	5	2.5m⁻²	3.0m⁻²

注：1. 小于 0.5mm 的缺陷可不予以考虑，不允许出现大于 3mm 的缺陷。

2. 当出现下列情况之一时，视为密集存在：

(1) 2 层玻璃时，出现 4 个或 4 个以上的缺陷，且彼此相距不到 200mm；

(2) 3 层玻璃时，出现 4 个或 4 个以上的缺陷，且彼此相距不到 180mm；

(3) 4 层玻璃时，出现 4 个或 4 个以上的缺陷，且彼此相距不到 150mm；

(4) 5 层以上玻璃时，出现 4 个或 4 个以上的缺陷，且彼此相距不到 100mm。

2. 尺寸允许偏差要求与检测

夹层玻璃的尺寸允许偏差包括：边长的允许偏差、最大允许叠差、厚度允许偏差、中间层允许偏差和对角线允许偏差。

平面夹层玻璃边长的允许偏差应符合表 3-27 的规定，夹层玻璃的最大允许叠差应符合表 3-28 的规定。

表 3-27　平面夹层玻璃边长的允许偏差

总厚度 D /mm	长度或宽度 L/mm		总厚度 D /mm	长度或宽度 L/mm	
	$L \geq 1200$	$1200 < L < 2400$		$L \geq 1200$	$1200 < L < 2400$
$4 < D < 6$	+2 −1	—	$11 \leq D < 17$	+3 −2	+4 −2
$6 \leq D < 11$	+2 −1	+3 −1	$17 \leq D < 24$	+4 −3	+5 −3

表 3-28　夹层玻璃的最大允许叠差

长度或宽度 L/mm	最大允许叠差/mm	长度或宽度 L/mm	最大允许叠差/mm
$L < 1000$	2.0	$2000 \leq L < 4000$	4.0
$1000 \leq L < 2000$	3.0	$L \geq 4000$	6.0

干法夹层玻璃的厚度偏差不能超过构成夹层玻璃的原片允许偏差和中间层允许偏差之和。中间层总厚度小于 2mm 时，其允许偏差不予考虑。中间层总厚度大于 2mm 时，其允许偏差为±0.2mm。

湿法夹层玻璃的厚度偏差不能超过构成夹层玻璃的原片允许偏差和中间层允许偏差之和。湿法夹层玻璃中间层允许偏差见表 3-29。

表 3-29　湿法夹层玻璃中间层允许偏差

中间层厚度 d/mm	允许偏差/mm	中间层厚度 d/mm	允许偏差/mm
$d < 1$	±0.4	$2 \leq d < 3$	±0.6
$1 \leq d < 2$	±0.5	$d \geq 3$	±0.7

对于矩形夹层玻璃制品，当一边长度小于 2400mm 时，其对角线偏差不得大于 4mm；一边长度大于 2400mm 时，其对角线偏差可由供需双方商定。

3. 弯曲度要求与检测

平面夹层玻璃的弯曲度不得超过 0.3%，使用夹丝玻璃或钢化玻璃制作的夹层玻璃由供需双方商定。

4. 可见光透射比要求与检测

夹层玻璃的可见光透射比由供需双方商定。取 3 块试样进行试验，3 块试样均符合要求时为合格。

5. 可见光反射比要求与检测

夹层玻璃的可见光反射比由供需双方商定。取 3 块试样进行试验，3 块试样均符合要求时为合格。

6. 耐热性要求与检测

夹层玻璃在耐热性试验后允许试样存在裂口，但超出边部或裂口 13mm 部分不能产生气泡或其他缺陷。取 3 块试样进行试验，3 块试样均符合要求时为合格，1 块试样符合要求时为不合格。当 2 块试样符合要求时，再追加试验 3 块新试样，3 块全部符合要求时则为合格。

7. 耐湿性要求与检测

试验后超过原始边 15mm、新切边 25mm、裂口 10mm 部分不能产生气泡或其他缺陷。取 3 块试样进行试验，3 块试样均符合要求时为合格，1 块试样符合要求时为不合格。当 2 块试样符合要求时，再追加试验 3 块新试样，3 块全部符合要求时则为合格。

8. 耐辐照性要求与检测

夹层玻璃试验后要求试样不可产生显著变色、气泡及浑浊现象。可见光透射比相对减少率应不大于10%。当使用压花玻璃作原片的夹层玻璃时，对可见光透射比不作要求。取3块试样进行试验，3块试样均符合要求时为合格，1块试样符合要求时为不合格。当2块试样符合要求时，再追加试验3块新试样，3块全部符合要求时则为合格。

9. 落球冲击剥离性要求与检测

试验后中间层不得断裂或不得因碎片的剥落而暴露。钢化夹层玻璃、弯夹层玻璃、总厚度超过16mm的夹层玻璃、原片在3片或3片以上的夹层玻璃，可由供需双方商定。取6块试样进行试验，当5块或5块以上符合要求时为合格，3块或3块以上符合要求时为不合格。当4块试样符合要求时，再追加6块新试样，6块全部符合要求时为合格。

10. 霰弹袋冲击性要求与检测

取4块试样进行霰弹袋冲击性试验，4块试样均应符合表3-30中的规定（不适用评价比试样尺寸或面积大得多的夹层玻璃制品）。

表 3-30　霰弹袋冲击性试验

种类	冲击高度/mm	结果判定
Ⅱ-1 类	1200	试样不被破坏；如试样被破坏，破坏部分不应存在断裂或使直径75mm球自由通过的孔
Ⅱ-2 类	750	
Ⅲ 类	300→450→600→750→900→1200	需要同时满足以下要求： (1)破坏时，允许出现裂缝和碎裂物，但不允许出现断裂或使直径75mm球自由通过的孔； (2)在不同高度冲击后发生崩裂而产生碎片时，称量试验后5min内掉下来的10块最大碎片，其质量不得超过65cm² 面积内原始试样质量； (3)1200mm冲击后，试样不一定保留在试验框内，但应保持完整

11. 抗风压性要求与检测

玻璃的抗风压性应由供需双方商定是否有必要进行，以便合理选择给定风载条件下适宜的夹层玻璃厚度，或验证所选定玻璃厚度及面积是否满足设计抗风压值的要求。

二、Low-E 节能玻璃

(一) Low-E 节能玻璃的定义及分类

1. Low-E 节能玻璃的定义

Low-E玻璃又称低辐射玻璃，是英文 low emissivity coating glass 的简称。它是在平板玻璃表面镀覆特殊的金属及金属氧化物薄膜，使照射于玻璃的远红外线被膜层反射，从而达到隔热、保温的目的。

2. Low-E 节能玻璃的分类

按膜层的遮阳性能分类，可分为高透型 Low-E 玻璃和遮阳型 Low-E 玻璃两种。高透型 Low-E 玻璃适用于我国北方地区，冬季太阳能波段的辐射可透过这种玻璃进入室内，从而节省暖气费用。遮阳型 Low-E 玻璃适用于我国南方地区，这种玻璃对透过的太阳能衰减较多，可阻挡来自室外的远红外线热辐射，从而节省空调的使用费用。

按膜层的生产工艺分类，可分为离线真空磁控溅射法 Low-E 玻璃和在线化学气相沉积法 Low-E 玻璃两种。

(二) 对 Low-E 节能玻璃的要求

我国幅员辽阔，涉及不同的气候带，对建筑用玻璃的性能要求也不同。Low-E 玻璃可以根据不同气候带的应用要求，通过降低或提高太阳热获得系数等性能，以达到最佳的使用效果。对于寒冷地区，应防止室内的热能向室外泄漏，同时提高可见光和远红外的获得量；对于炎热地区，应将室外的远红外辐射和中红外辐射阻挡在室外，而让可见光透过。

根据以上分析，对于 Low-E 玻璃的应用有以下要求：

（1）炎热气候条件下，由于阳光充足，气候炎热，应选用低遮阳系数（$S_c<0.5$）、低传热系数的遮阳型 Low-E 玻璃，以减少太阳辐射通过玻璃进入室内的热量，从而降低空调制冷的费用。

（2）中部过渡气候，应选用适合的高透型 Low-E 玻璃或遮阳型 Low-E 玻璃，在寒冷时减少室内热辐射的外泄，降低取暖消耗；在炎热时控制室外热辐射的传入，这样可节省空调制冷的费用。

（3）对于比较寒冷的气候，采暖期较长，既要考虑提高太阳热获得量，增强采光能力，又要减少室内热辐射的外泄。应选用可见光透过率高、传热系数低的高透型低辐射玻璃，降低取暖能源的消耗。

（三）Low-E 节能玻璃在建筑上的应用

在建筑门窗中使用 Low-E 玻璃，对于降低建筑物能耗有重要作用，尤其是在墙体保温性能进一步改善的情况下，解决好门窗的节能问题是实现建筑节能的关键。门窗的传热系数（K）和遮阳系数（S_c）是建筑节能设计中的两个重要指标。计算表明，Low-E 玻璃门窗在降低传热系数（K）的同时，其遮阳系数（S_c）也随之降低，这与冬季要求尽量利用太阳辐射能是有矛盾的。因此，在使用 Low-E 玻璃门窗时，应根据各自地区气候、建筑类型等因素综合考虑。对于气候寒冷、全年以供暖为主的地区，应以降低传热系数 K 值为主；对于气候炎热、太阳辐射强、全年以供冷为主的地区，应选用遮阳系数较低的 Low-E 玻璃。

玻璃幕墙作为建筑维护结构，其节能效果的好坏，将直接影响整体建筑物的节能。随着建材行业的发展和进步，玻璃幕墙所用玻璃品种越来越多，如普通透明玻璃、吸热玻璃、热反射镀膜玻璃、中空玻璃、夹层玻璃等。Low-E 玻璃由于具有较低的辐射率，能有效阻止室内外热辐射，它极好的光谱选择性，可以在保证大量可见光通过的基础上，阻挡大部分红外线进入室内，已成为现代玻璃幕墙的首选材料之一。

（四）Low-E 节能玻璃性能及质量要求

1. Low-E 节能玻璃的性能

由于 Low-E 玻璃分为高透型 Low-E 玻璃和遮阳型 Low-E 玻璃，所以不同类型的 Low-E 玻璃具有不同的性能。高透型 Low-E 玻璃在可见光谱波段具有高透过率、低反射率、低吸收率的性能，允许可见光透过玻璃传入室内，增强采光效果；在红外波段具有高反射率、低吸收性。遮阳型 Low-E 玻璃可整体降低太阳辐射热量进入室内，选择性透过可见光，并同样具有对远红外波段的高反射特性。

2. Low-E 节能玻璃的质量要求

Low-E 玻璃的质量要求主要包括：厚度偏差、尺寸偏差、外观质量、弯曲度、对角线差、光学性能、颜色均匀性、辐射率、耐磨性、耐酸性、耐碱性等。

（1）**厚度偏差** Low-E 玻璃的厚度偏差，应符合现行国家标准《平板玻璃》（GB 11614—2009）中的有关规定。

（2）**尺寸偏差** Low-E 玻璃的尺寸偏差，应当符合现行国家标准《平板玻璃》（GB 11614—2009）中的有关规定，不规则形状的尺寸偏差由供需双方商定。钢化、半钢化 Low-E 玻璃的尺寸偏差，应当符合现行国家标准《半钢化玻璃》（GB/T 17841—2008）中的有关规定。

（3）外观质量　Low-E 玻璃的外观质量应符合表 3-31 中的规定。

表 3-31　Low-E 玻璃的外观质量

缺陷名称	说明	优等品	合格品
针孔	直径＜0.8mm	不允许集中	—
	0.8mm≤直径＜1.2mm	中部：3.0S 个且任意两针孔之间的距离大于 300mm；75mm 边部：不允许集中	不允许集中
	1.2mm≤直径＜1.5mm	中部：不允许；75mm 边部：3.0S 个	中部：3.0S 个；75mm 边部：8.0S 个
	1.5mm≤直径＜2.5mm	不允许	中部：2.0S 个；75mm 边部：5.0S 个
	直径≥2.5mm	不允许	不允许
斑点	1.0mm≤直径＜2.5mm	中部：不允许；75mm 边部：2.0S 个	中部：5.0S 个；75mm 边部：6.0S 个
	2.5mm≤直径＜5.0mm	不允许	中部：1.0S 个；75mm 边部：4.0S 个
	直径≥5.0mm	不允许	不允许
膜面划伤	0.1mm≤宽度＜0.3mm 长度≤60mm	不允许	不限，划伤间距不得小于 100mm
	宽度≥0.3mm 或 长度＞60mm	不允许	不允许
玻璃面划伤	宽度≤0.5mm 长度≤60mm	3.0S 条	—
	宽度＞0.5mm 或 长度＞60mm	不允许	不允许

注：1. 针孔集中是指在 100mm² 面积内超过 20 个。

2. S 是以平方米为单位的玻璃板面积，保留小数点后两位。

3. 允许个数及允许条数为各数与 S 相乘所得的数值，按《数值修约规则与极限数值的表示和判定》（GB/T 8170—2008）中的规定计算。

4. 玻璃板的中部是指距玻璃板边缘 76mm 以内的区域，其他部分为边部。

（4）弯曲度　Low-E 玻璃的弯曲度不应超过 0.2%；钢化、半钢化 Low-E 玻璃的弓形弯曲度不得超过 0.3%，波形弯曲度（mm/300mm）不得超过 0.2%。

（5）对角线差　Low-E 玻璃的对角线差应符合《平板玻璃》（GB 11614—2009）中的有关规定。钢化、半钢化 Low-E 玻璃的对角线差应符合《半钢化玻璃》（GB/T 17841—2008）中的有关规定。

（6）光学性能　Low-E 玻璃的光学性能包括紫外线透射比、可见光透射比、可见光反射比、太阳光直接透射比和太阳能总透射比，这些性能的差值应符合表 3-32 的规定。

表 3-32　Low-E 玻璃的光学性能要求　　　　　　　　　　　　单位：mm

项目	允许偏差最大值(明示标称值)	允许偏差最大值(未明示标称值)
指标	±1.5	≤3.0

注：对于明示标称值（系列值）的产品，以标称值作为偏差的基准，偏差的最大值应符合本表的规定；对于未明示标称值的产品，则取 3 块试样进行测试，3 块试样之间差值的最大值应符合本表的规定。

（7）颜色均匀性　Low-E 玻璃的颜色均匀性，以 CIELAB 均匀空间的色差 ΔE 来表示，单位为 CIELAB。测量 Low-E 玻璃在使用时朝向室外的表面，该表面的反射色差 ΔE 不应大于 2.5CIELAB 色差单位。

（8）辐射率　离线 Low-E 玻璃的辐射率应低于 0.15，在线 Low-E 玻璃的辐射率应低于 0.25。

（9）耐磨性　试验前后试样的可见光透射比差值的绝对值不应大于 4%。

（10）耐酸性　试验前后试样的可见光透射比差值的绝对值不应大于 4%。

（11）耐碱性　试验前后试样的可见光透射比差值的绝对值不应大于 4%。

三、变色节能玻璃

（一）变色节能玻璃的定义和分类

1. 变色节能玻璃的定义

变色节能玻璃是指在光照、通过低压电流或表面施压等一定条件下改变颜色，且随着条件的变化而变化，当施加条件消失后又可逆地自动恢复到初始状态的玻璃，这种玻璃也称为调光玻璃、透过率可调玻璃。这种玻璃随着环境改变自身的透过特性，可以实现对太阳辐射能量的有效控制，从而满足人们的需求和达到节能的目的。

2. 变色节能玻璃的分类

根据玻璃特性改变的机理不同，变色玻璃可分为热致变色玻璃、光致变色玻璃、电致变色玻璃和力致变色玻璃等。所谓热致变色玻璃就是玻璃随着温度升高而透过率降低；光致变色玻璃就是玻璃随着光强度增大而透过率降低；电致变色玻璃就是当有电流通过的时候玻璃透过率降低；力致变色玻璃就是随着玻璃表面施压而透过率降低。

对于以上四种变色节能玻璃，光致变色玻璃和电致变色玻璃受到了设计人员的青睐，尤其是电致变色玻璃，由于可以人为控制其改变过程和程度，已经在幕墙工程中得到应用。在电致变色玻璃应用中，目前应用较广泛的是液晶类调光玻璃。

（二）几种常用的变色玻璃

1. 光致变色玻璃

物质在一定波长光的照射下，其化学结构发生变化，使可见部分的吸收光谱发生改变，从而发生颜色变化；然后又会在另一波长光的照射或热的作用下，恢复或不恢复原来的颜色。这种可逆的或不可逆的呈色、消色现象，称之为光致变色。

光致变色玻璃是指在玻璃中加入卤化银，或在玻璃与有机夹层中加入铝和钨的感光化合物，就能获得光致变色性的玻璃。光致变色玻璃在受到太阳或其他光线照射时，颜色随着光线的增强而逐渐变暗；照射停止时又恢复原来的颜色。

2. 电致变色玻璃

电致变色是指在电流或电场的作用下，材料对光的投射率能够发生可逆变化的现象，具有电致变色效应的材料通常称为电致变色材料。根据变色原理，电致变色材料可分为三类：在不同价态下具有不同颜色的多变色电致变色材料；氧化态下无色、还原态下着色的阴极变色材料；还原态下无色、氧化态下着色的阳极变色材料。

电致变色玻璃是指通过改变电流的大小可以调节透光率，实现从透明到不透明的调光作用的智能型高档变色节能玻璃。电致变色玻璃可分为液晶类、可悬浮粒子类和电解电镀类等。

3. 热致变色玻璃

热致变色玻璃通常是由普通玻璃上镀一层可逆热致变色材料而制成的玻璃制品。热致变色材料是受热后颜色可变化的新型功能材料，根据工艺配方的不同，可得到各种变色温度和各种不同的颜色，可以可逆变色或不可逆变色。

经过几十年的研究和发展，已开发出无机、有机、聚合物及生物大分子等各种可逆热致变色材料，但是对于变色玻璃来说，变色温度要处于低温区才具有实用价值。

4. 液晶变色玻璃

液晶变色玻璃是一种由电流的通电与否来控制液晶分子的排列，从而达到以控制玻璃透明与不透明状态为最终目的的变色玻璃。中间层的液晶膜作为调光玻璃的功能材料，其应用原理是：液晶分子在通电状态下呈直线排列，此时液晶玻璃透光透明；断电状态时，液晶分子呈散射状态，此时液晶玻璃透光不透明。

液晶变色玻璃是一种新型的电致变色玻璃，是在两层玻璃之间或一层玻璃和一层塑料薄膜之间灌注液晶材料，或者采用层合工艺层液晶胶片制成的变色玻璃。

（三）变色玻璃的发展趋势

美国 SERI 研究所的一项研究结果表明，变色玻璃可以使建筑物室内的空调能耗降低 25％左右，同时还可以起到装饰美化的作用，并可减少室内外的遮光设施，从而降低遮光设施的费用。正因为具有以上优点，美国、日本、欧洲等国家相继制订发展计划，投入大量人力和财力，对变色玻璃进行研究。我国在变色玻璃研究方面起步较晚，但近些年来发展较快，并也取得了一定成果。

玻璃的应用正经历着迅速的变化，传统的玻璃材料已经不能满足今天的要求。由于各种需求和挑战正变得日益复杂，因此玻璃的性能、质量和产量都有待提高，同时还要减少能源消耗。变色玻璃的研究虽取得了一定进步，但我国尚处于研究开发阶段，还需进一步加强在如稳定性研究、商品化课题、新的变色材料的深入开发等方面的研究。今后的研究应该主要侧重于以下几个方面：

（1）热致变色玻璃主要应用于建筑上，由于技术、成本等方面的原因，其在建筑应用方面一直受到限制。因此，研制出变色温度处于低温区的变色玻璃才具有更大的实用价值。

（2）在电致变色玻璃材料中，非晶氧化钨的研究最实用。如何找到阴极变色材料非晶氧化钨的互补材料且比 NiO 更加易得和廉价的材料，是电致变色玻璃研究中亟待解决的问题。

（3）光致变色玻璃主要用于眼镜行业，由于技术、成本等原因，其在建筑应用方面受到局限。所以，未来的研究应着重开发大规格的光致变色玻璃，不断拓展其应用领域。

（4）力致变色玻璃中的变色器件虽然系统结构简单，但是在实际应用中成本相对较高，从工业化开发方面考虑，需要研究的应该是如何研制出低成本、高性能、寿命长、响应速度快的变色器件。

四、聪明玻璃

根据英国《新科学家》在线报道，如果室内温度在 29℃ 以下，无论是可见光还是红外线都可以透过这种玻璃。但当室内温度超过 29℃ 时，覆盖在玻璃表面的一层物质就会发生化学反应，将红外线挡在外面。这样，即使屋外的温度猛涨，屋内温度仍然宜人，而且光线充足。利用一片薄薄的玻璃，可把炎热阻隔在室外，又能将寒冷阻挡在门外。实践证明，使用这种玻璃，可使空调比现在节能 1/2 以上。这种新型节能玻璃是目前节能效果最好的建筑节能材料，被称为"聪明玻璃"。

这种神奇的玻璃，外表看起来毫无奇特之处，但在玻璃的另一面涂有一层膜。根据不同的功能要求，涂以不同的镀膜，这就产生了两大类神奇的玻璃：一类是阳光控制镀膜玻璃；另一类是低辐射镀膜玻璃。

阳光控制镀膜玻璃，其镀膜层以硅或金属钛为主。这种神奇玻璃有很好的反射作用，对可见光有一定的吸收能力，此特性使得这种玻璃产生了神奇的阻挡夏天酷热的本领。使用这种玻璃，室内空调至少能节能 50％以上，我国杭州的世贸大楼和杭州黄龙附近的公元大厦的幕墙玻璃均成功地使用了这种玻璃，并获得巨大的节能效益。

在天寒地冻的季节里，更让人感兴趣的还是低辐射镀膜玻璃。不少人有这种体验，开了一夜的空调，电费耗费不少，可房间里还是觉得较冷。据有关试验表明，原因就在于建筑物 1/3 以上的能耗由门窗玻璃散失掉了。低辐射镀膜玻璃的神奇之处就在于其表层涂了以二氧化锡为主的涂层，这种涂层能隔热，也就是能使室内的热量不散发出去。

而更让人叫绝的是，把隔热和防冷的镀膜通过一定技术一起涂上玻璃，普通玻璃马上脱胎换骨，在夏天能抗热，在冬天能抗冷，成了地地道道的"聪明玻璃"。

据介绍，天气较冷的欧美国家 90％以上的建筑物都使用了这种神奇玻璃。这种技术曾被国外垄断，为此，我国开始自主研发，浙江省绅仕镭集团走在了前列。绅仕镭集团研发了一种"聪明玻璃"，在酷热的夏日，这种玻璃不仅通透而且能将太阳光中大部分热量阻隔在室外，可以降低空调能耗，保持室内凉爽；在寒冷的冬天，可以降低室内热量的损失，保持室内的温暖，同时还能有效阻隔室外噪声。

"聪明玻璃"的表面涂有一层二氧化矾，无论是可见光还是红外线都可以穿过这种物质。二氧化矾在70℃时发生变化，如果温度超过这个"转换温度"，它就从半导体变成金属，从而挡住红外线。研制者通过给二氧化矾掺杂金属钨，成功地使二氧化矾的转换温度降低到29℃。

但是，现在"聪明玻璃"仍有一些问题需要被解决。首先，这种特殊的涂料不能永久附着在玻璃上，而且涂料本身带有很强的黄色。另一位研制者 Troy Manning 认为，克服这些难题是有可能的。他说："我们可以掺入别的物质，比如二氧化钛，来使其稳定在玻璃表面；也可以使用另一种染料来消除黄色。""聪明玻璃"的研制者充满信心地表示，三年之内就会出现价格低廉的、可以大规模生产的、商业化的"聪明玻璃"。

新型的节能玻璃就是这样的"聪明"，"聪明玻璃"已投入生产，但是由于其价格高（现在的价格是 300 元/米^2 左右），比普通玻璃贵将近 10 倍，所以在推广中还有一定难度，但它的节能效果是普通玻璃所不能比拟的。

五、智能变色玻璃

1992 年，美国加利福尼亚大学的研究人员研制出一种被称为"智能变色玻璃"的高技术型着色玻璃，它能在某些化合物中改变颜色。电致变色玻璃是一种新型的功能玻璃。这种由基础玻璃和电致变色系统组成的装置，利用电致变色材料在电场作用下而引起的透光（或吸收）性能的可调性，可实现由人的意愿调节光照度的目的；同时，电致变色系统通过选择性地吸收或反射外界热辐射和阻止内部热扩散，可减少建筑物在夏季保持凉爽、冬季保持温暖而必须耗费的大量能源。

"智能变色玻璃"是利用电致变色原理制成的，它在美国和德国一些城市的建筑装潢中非常受欢迎。智能玻璃的特点是：在有太阳的中午，朝南方向的窗户，随着阳光辐射量的增加，会自动变暗，与此同时，处在阴影下的其他朝向的窗户开始明亮。安装上智能窗户后，人们不必为遮挡骄阳配上暗色或装上机械遮光罩了。在严寒的冬天，这种朝南方向的智能窗户能为建筑物提供 70% 的太阳辐射量，获得漫射阳光所给予的温暖；与此同时，还可使装上"智能变色玻璃"的建筑物减少供暖和制冷所需能量的 25%、照明所需能量的 60%、峰期电力所需量的 30%。

目前，我国在建筑工程上广泛应用的是智能调光玻璃，它是采用国际发明专利技术原理，将新型液晶材料及高分子材料附着于玻璃、薄膜等基础材料上，运用电路和控制技术制成智能玻璃产品。该产品可通过控制电流变化来控制玻璃颜色深浅程度及调节阳光照入室内的强度，使室内光线柔和，舒适怡人，又不失透光的作用。智能调光玻璃的特点是在断电时模糊，通电时清晰，由模糊到彻底清晰的响应速度根据需要可以达到千分之一秒级。

智能调光玻璃在建筑物门窗上使用，不仅有透光率变换自如的功能，而且在建筑物门窗上占用空间极小，省去了设置窗帘的机构和空间，制成的窗玻璃相当于有电控装置的窗帘一样的自如方便。除此之外，该产品在建筑装饰行业中还可以用于高档宾馆、别墅、写字楼、办公室、浴室门窗、喷淋房、厨房门窗、玻璃幕墙、温室等。

工程实践证明，智能变色玻璃既有良好的采光功能和视线遮蔽功能，又具有一定的节能性和色彩缤纷、绚丽的装饰效果，是普通透明玻璃或着色玻璃无法比拟的真正的高新技术产品，具有无限广阔的应用前景。

第四章 ▶▶▶

建筑幕墙概述

建筑是衡量一个国家技术经济发展水平高低的重要标志。我国正处于技术经济飞速发展的时期，可以说，世界各国的建筑大师都在为中国的建筑设计着现在和未来。工程实践充分证明，更能体现建筑现代化、建筑特色和建筑艺术性的就是建筑幕墙，因此有人将建筑幕墙称为建筑的"外衣"。

第一节　建筑幕墙行业的发展

我国建筑幕墙行业起步较晚，但起点较高，发展速度较快，建筑幕墙行业始终坚持走技术创新的发展道路。通过技术创新，引进国内外先进技术，不断开发新产品，形成了优化产业结构、可持续发展的技术创新机制。

进入 21 世纪，中国的建筑幕墙工程已经是全世界建筑行业的热点，我国已经能够独立开发出具有自己知识产权的产品，在重大建筑幕墙工程招标中，已显露出企业独特的设计思路，在施工组织设计中更加体现了企业管理和企业文化。近些年，国家大剧院、中央电视台、奥运场馆、广州亚运会场馆、上海世博会场馆等大批令世界建筑行业瞩目的大型建筑幕墙工程已展现在人们的面前，主要技术已达到国际先进水平。实践充分证明，开发、研制符合国家建筑节能技术政策的新型幕墙产品，符合国家建设产业化政策，为今后我国建筑幕墙工程的可持续发展奠定了基本条件。

据有关专家预测，近些年我国建筑幕墙产品还将继续保持稳步增长的态势，建筑幕墙仍将是城市公共建筑中外维护结构的主导，新型的建筑幕墙仍是城市公共建筑中的一大亮点。这些建筑幕墙工程是世界顶级幕墙公司展示自己实力和新技术的舞台，也是国内外建筑幕墙公司拼实力、拼经济的战场。我国的建筑幕墙工程技术将更加以体现建筑主体风格、节能环保、美观舒适为特点，幕墙的索结构设计、玻璃结构设计等关键前沿技术将有所突破，2020 年左右我国建筑幕墙工程的主要技术领域将达到国际先进水平。

第二节　幕墙行业发展新技术

近年来，幕墙行业一方面面临着市场高度竞争的压力，另一方面饱受经济发展放缓的影响，而传统的高能耗建筑方式的改变，对于幕墙行业的发展更可谓是"危与机"并存。幕墙工业化进程的加快，使得传统建筑幕墙企业构建新型建造体系成为新趋势。在建筑节能及绿色创新技术不断被推崇的今天，建筑幕墙作为实现零能耗建筑、产能建筑的关键一环，已远远不再是简单的部品制造、安装，如何通过创新思路和采用新技术更好地提升建筑价值，打造宜居环境，成为建筑幕墙企业取得更好发展的关键所在。

一、玻璃产品及结构

随着建筑功能性的更高要求被提出，各类满足现代技术要求的建筑玻璃应运而生，如具有节能要求的"Low-E玻璃"、满足防火性能要求的"防火玻璃"、具有自动清洁功能的"自洁玻璃"、使用在夏热冬暖地区的"反射型Low-E玻璃"等。玻璃原来仅仅是门窗和幕墙工程中产品的一部分，采光是其最主要的功能。随着建筑幕墙技术的发展，玻璃已经远远超过了原来的功能，成为建筑玻璃幕墙结构中的重要组成部分，使玻璃这种晶莹剔透的脆性材料的内在潜力在建筑幕墙工程中发挥得淋漓尽致。

近些年，点支式全玻璃幕墙结构的推广应用，带动了围护结构技术、轻钢空间结构技术及其设计、制造和安装技术的创新，提高了建筑玻璃幕墙工程技术的科技含量，推进了不锈钢结构体系和空间拉索结构体系等新技术在玻璃幕墙工程中的运用，把建筑的三维空间带入了新的发展领域。

工程实践充分证明，点支式全玻璃幕墙体现了建筑物内外空间的通透和融合，形成人、环境、空间和谐统一的美感，它突出点驳接结构新颖的韵律美和玻璃支撑结构体系造型的现代感，充分发挥玻璃、点驳接、支撑系统空间形体的工艺魅力，构成轻盈、秀美的景观效果，成为现代建筑艺术的标志之一。点支式全玻璃幕墙在大中城市公共建筑、空港、商务中心等标志性工程中得到广泛应用，空间玻璃结构已成为建筑领域的亮点。

在现代建筑中，屋顶和幕墙的结构已经有机地结合在一起，如国家大剧院、杭州大剧院等一大批新型建筑都采用了这种过渡结构设计。这种结构设计及其应用在我国已经逐步开始，但还很不完善，还有待于进一步开发并形成一整套理论体系。

二、夏热冬暖地区节能与遮阳

我国地域广阔，从北方严寒的东北三省到南方炎热的海南岛，从干燥的西北内陆到潮湿的东南沿海，气候环境差别巨大。工程实践证明，只有根据各地建筑气候的特点和设计要求，才能正确地进行建筑外围结构的选择和开展建筑节能工作。

广泛开展夏热冬暖地区建筑门窗和幕墙的节能是一项新技术改造工作，这些地区雨量充沛，是我国降水最多的地区，多热带风暴和台风袭击，易有大风暴雨天气；太阳角度大，太阳辐射强烈。建筑门窗和幕墙产品必须充分满足防风雨、隔热、遮阳的要求，同时还要考虑到传统的生活习惯，门窗和幕墙要有较好的通风。

为提高夏热冬暖地区门窗和幕墙的节能，应尽可能利用自然条件；在获得适宜的室内热环境前提下，为得到最大的节能降耗效果，应利用适宜的室内温度和自然空气调节，采用门窗的内外遮阳系统，推广采用隔热技术的节能玻璃，提高门窗和幕墙的气密性能，讲究门窗的科学设计，充分利用门窗的空气流动。

三、新型建筑材料的应用

近年来，我国门窗和建筑幕墙行业科技进步和技术创新，彻底改变了行业的面貌，提高了产业科技含量。新型建筑材料的应用开拓了市场空间，千丝板、埃特板、微晶玻璃、陶瓷挂板等一大批新型建筑材料在建筑幕墙上的应用加速了幕墙技术的发展，建立了新世纪可持续发展的技术基础。

新型建筑材料的研发和应用是幕墙工程发展过程中的重要部分。建筑企业只要掌握了新的科技和新的研发力量就具备了一个建筑企业最核心的企业竞争力，将会在竞争激烈的建筑市场中立于不败之地。随着生产力的发展和建筑材料生产新技术的研发，倡导节能减排的环保理念越来越重要，将来的建筑市场必将实现绿色化、多功能化、智能化，更加安全、舒适、美观、耐久，人类可持续发展的理念也应运而生。新型建筑材料的研发和应用还需要开拓新的路径，也面临来自各方面的挑战。

第三节　新时期幕墙行业的特点与问题

建筑幕墙一般由面板和后面的支撑结构组成，并且对主体建筑具有一定的位移能力或者其自身具有一定的变形能力。建筑幕墙是建筑物的外部围护，具有外形美观、节能环保和容易维护的特点。在我国新时期的建筑施工过程中，幕墙建筑被广泛地应用。但是，在新时期幕墙建筑施工中也存在很多问题。

一、铝合金门窗和建筑幕墙新技术特点

（1）随着我国城市化建设的快速推进，建筑幕墙行业得到快速发展。我国已经成为全世界最大的铝合金门窗和建筑幕墙生产国。据有关部门统计，2017年建筑幕墙的竣工面积已经达到8000万平方米。

（2）我国的点驳接幕墙施工新技术走在了世界前列。北京新保利大厦、中关村文化商厦建筑幕墙工程的网索点驳接，其幕墙的建筑面积、幕墙的最大跨度、幕墙的施工难度等在世界上都是居于领先地位。

（3）节能铝合金门窗产品经过几年开发，已经初步建立了具有中国特点的节能门窗技术体系，形成了一定的节能门窗设计、生产、施工能力，可以满足当前我国提出的建筑节能门窗的基本要求。

（4）单元式建筑幕墙技术已在我国开始普及，这种加工工艺精确、施工方便的幕墙板块设计施工技术，十年前仅仅用于少数国外设计的大型工程中，现在已经被我国多数大型幕墙企业所掌握，在北京、上海、广州等城市大型幕墙工程中已广泛应用。

（5）多种新型建筑幕墙饰面材料在幕墙工程中的应用，有力地促进了新型建筑幕墙的发展，增加了建筑幕墙产品的多样化，也极大地调动了建筑设计师对各种新型建筑幕墙饰面材料的兴趣。大理石幕墙、陶土板幕墙、瓷板幕墙、树脂木纤维板幕墙、纤维增强水泥板幕墙等新型幕墙材料技术的应用大大充实了建筑幕墙的内涵，使新型建筑幕墙饰面材料前景广大。

（6）双层幕墙设计技术理论正在逐步形成，许多大型幕墙工程已经成功设计了内循环、外循环系统。建筑企业和行业科技人员已经着手建立双层幕墙试验体系，逐步积累、收集各种技术数据。大型建筑幕墙遮阳系统也已经受到建筑师们的关注；大型翼板式幕墙遮阳系统的应用，随着夏热冬暖地区建筑节能的需要也越来越广泛。

（7）我国铝合金门窗、建筑幕墙的标准体系已经初步建立，在产品的设计、生产加工、施工安装、工程检验及验收等各个环节都有了国家标准和规范，从而保障了建筑门窗和幕墙的产品工程质量。

二、存在问题和今后行业工作展望

我国铝合金门窗与建筑幕墙产品经过三十多年的发展已经取得可喜的成绩，各种技术得到

很大发展,造就了一大批专业人才,形成了具有中国特色的产品结构体系。但是,行业的发展是不平衡的,东西部之间、企业之间、城乡之间、产品之间都存在着明显的差距。建筑幕墙的市场秩序和市场行为不够规范,压价竞争、无序竞争现象仍然存在,部分伪劣铝型材和伪劣产品的问题尚未得到根治;部分企业研制开发能力和创新能力仍然比较低,企业研发机制仍很脆弱,产品质量不够稳定,技术储备非常少,新型材料开发滞后,专用机电一体化的先进工艺设备仍是空白,距国际先进水平尚有一定差距。

加快建设节约型社会是经济发展的一项重要战略决策。近年来,我国政府要求认真落实国务院建设节约型社会的通知精神,在机关新建、扩建和维修改造的办公与业务用房及其他建筑中,要在节减经费的原则下,严格执行现行建筑节能设计标准。因此,建筑门窗和幕墙的节能已经是行业当前的主要工作。但是,我国建筑门窗大部分还不属于建筑节能产品,有些门窗产品距离国务院提出的要求还有很大差距,距离建筑幕墙的节能指标差距就更大,因此对于建筑幕墙来说,标准需要修订,监测需要加强,技术需要更新。

第四节 建筑幕墙的分类

城市中的现代化建筑,特别是现代化高层建筑与传统建筑相比有许多区别,其外围结构一般不再采用传统的砖墙和砌块墙,而是采用建筑幕墙。随着新型材料的问世和新技术的涌现,建筑幕墙的品种越来越多,在工程中常见的有玻璃幕墙、石材幕墙、铝板幕墙、陶瓷板幕墙、金属板幕墙、彩色混凝土挂板幕墙和其他板材幕墙等。建筑幕墙在其构造和功能方面有如下特点:

(1)具有完整的结构体系。建筑幕墙通常是由支承结构和面板组成的。支承结构可以是钢桁架、单索、平面网索、自平衡拉索(拉杆)体系、鱼腹式拉索(拉杆)体系、玻璃肋、立柱、横梁等;面板可以是玻璃板、石材板、铝板、陶瓷板、陶土板、金属板、彩色混凝土板等。整个建筑幕墙体系通过连接件(如预埋件或化学锚栓)挂在建筑主体结构上。

(2)建筑幕墙自身可以承受一定风荷载、地震荷载和温差作用,并将这些荷载和作用传递到主体结构上。

(3)建筑幕墙应能承受较大的自身平面外和平面内的变形,并具有相对于主体结构较大的变位能力。

(4)建筑幕墙是主体结构的独立外围结构,它虽然悬挂在主体结构上,但不分担主体结构所承受的荷载和作用。

(5)抵抗地震灾害的能力强。材料试验结果表明,砌体填充墙抵抗地震灾害的能力是很差的,在平面内产生 1/1000 位移时就开裂,产生 1/300 位移时就被破坏,一般在较小地震下就会产生破损,中震下会破坏严重。其主要原因是砌体填充墙是被填充在主体结构内,与主体结构不能有相对位移,在自身平面内变形能力很差,与主体结构一起震动,最终导致被破坏。建筑幕墙的支承结构一般采用铰连接,面板之间留有宽缝,使得建筑幕墙能够承受 1/100~1/60 的大位移、大变形。工程实践表明,尽管主体结构在地震波的作用下摇晃,但建筑幕墙却安然无恙。

(6)抵抗温差的作用能力强。当外界温度发生变化时,建筑结构将随着环境温度的变化发生热胀冷缩。如果不采取措施,在炎热的夏天,空气的温度将非常高,建筑物大量吸收环境热量,建筑结构会因此伸长,而建筑物的自重压迫建筑结构,使得建筑结构无法自由伸长,结果会把建筑结构挤弯、压碎;在寒冷的冬天,空气的温度非常低,建筑结构会发生收缩,由于建筑结构之间的束缚,使得建筑结构无法自由收缩,结果会把建筑结构拉裂、拉断。所以,长的建筑物要用膨胀缝把建筑物分成几段,以此来满足温度变化给建筑结构带来的热胀冷缩。长的建筑可以设立竖向膨胀缝，将建筑物分成数段；可是高的建筑物不可能用水平膨胀缝将建筑物分成几段，因为水平分缝后的楼层无法连接起来。

由于不能采用水平分段的方法解决高层建筑结构热胀冷缩的问题，只能采用建筑幕墙将整个建筑结构包围起来，使建筑结构不暴露于室外空气中，因此建筑结构由于一年四季的温差变化引起的热胀冷缩非常小，不会对建筑结构产生损害，保证建筑主体结构在温差作用下的安全。

(7) 可节省基础和主体结构的费用。材料试验证明，建筑幕墙是一种轻型结构，可以节省大量的建材和费用。玻璃幕墙的重量只相当于传统砖墙的 1/10，相当于混凝土墙板的 1/7；铝单板幕墙更轻。370mm 实心黏土砖墙为 $760kg/m^2$，200mm 空心黏土砖墙为 $250kg/m^2$，而玻璃幕墙只有 $35\sim40kg/m^2$，铝单板幕墙只有 $20\sim25kg/m^2$。这样不仅极大地减少了主体结构的材料用量，而且也大大减轻了基础荷载，降低了基础和主体结构的造价。

(8) 可用于旧建筑的更新改造。由于建筑幕墙是挂在主体结构的外侧，因此可用于旧建筑的更新改造，在不改动主体结构的前提下，通过在外侧挂建筑幕墙，内部进行重新装修，可比较简便地完成旧建筑的更新改造。经过精心改造后的建筑，如同新建筑一样，充满着现代化的气息，光彩照人，不留任何陈旧的痕迹。

(9) 安装速度快，施工周期短。建筑幕墙由钢型材、铝型材、钢拉索和各种面板材料构成，这些型材和板材都能进行工业化生产，安装方法非常简便，特别是工程中常见的单元式幕墙，其主要的制作安装工作都是在工厂完成的，现场施工安装工作的工序非常少，因此建筑幕墙安装速度快，施工周期短。

(10) 维修更换非常方便。建筑幕墙构造规格统一、面板材料单一、轻质，安装工艺简便，因此维修更换十分方便。特别是对于那些可独立更换单元板块和单元幕墙的构造，其维修更换更是简单易行。

(11) 建筑装饰效果好。建筑幕墙可依据不同的面板材料，产生实体墙无法达到的建筑装饰效果，如色彩艳丽、多变，充满动感；建筑造型轻巧、灵活；虚实结合，内外交融，具有现代化建筑的特征。

一、玻璃幕墙

玻璃幕墙是指支承结构体系相对主体结构有一定的位移能力、不分担主体结构所受作用的建筑外围护结构或装饰结构。玻璃幕墙又分为明框玻璃幕墙、全隐框玻璃幕墙、半隐框玻璃幕墙、全玻璃幕墙、点支式玻璃幕墙和真空玻璃幕墙。

(一) 明框玻璃幕墙

明框玻璃幕墙属于元件式幕墙，将玻璃镶嵌在铝框内，成为四边有铝框的幕墙元件，幕墙构件镶嵌在横梁上，形成横梁、立柱外露，铝框分格明显的立面。明框玻璃幕墙不仅应用量大而广、性能稳定可靠、应用最早，而且因为明框玻璃幕墙在形式上脱胎于玻璃窗，易于被人们接受，施工简单，形式传统，所以明框玻璃幕墙至今仍被人们所钟爱。

工程检测表明，明框玻璃幕墙不仅玻璃参与室内外传热，铝合金框也参与室内外传热，在一个建筑幕墙单元中，玻璃的面积远超过铝合金框的面积，因此玻璃的热工性能在明框玻璃幕墙中占主导地位。

(二) 全隐框玻璃幕墙

全隐框玻璃幕墙的玻璃是采用硅酮结构密封胶粘接在铝框上。在一般情况下，不需再加金属连接件。铝框全部被玻璃遮挡，从而形成大面积全玻璃墙面。在有些建筑幕墙工程上，为增加隐框玻璃幕墙的安全性，在垂直玻璃幕墙上采用金属连接件固定玻璃，如北京的希尔顿饭店。

工程实践证明，全隐框玻璃幕墙施工中的结构胶是连接玻璃与铝框的关键所在，两者全靠结构胶进行连接。结构胶必须满足相容性，即结构胶必须有效地粘接与之接触的所有材料，因此进行相容性试验是应用结构胶的前提。

工程检测表明，全隐框玻璃幕墙只有玻璃参与室内外传热，铝合金框位于玻璃板的后面，不参与室内外传热。因此，玻璃的热工性能决定全隐框玻璃幕墙的热工性能。

（三）半隐框玻璃幕墙

半隐框玻璃幕墙分为横隐竖不隐或竖隐横不隐两种。不论哪种半隐框玻璃幕墙，均为一对应边用结构胶粘接成玻璃装配组件，而另一对应边采用铝合金镶嵌槽进行玻璃装配。也就是说，相对于明框玻璃幕墙来说，幕墙元件的玻璃板两对边镶嵌在铝合金框内。另外，两对边采用结构胶直接粘接在铝合金框上，从而构成半隐框玻璃幕墙。

工程检测表明，半隐框玻璃幕墙介于明框玻璃幕墙和全隐框玻璃幕墙之间，不仅玻璃参与室内外传热，外露的铝合金框也参与室内外传热，在一个建筑幕墙单元中，玻璃面积远超过铝合金框的面积，因此玻璃的热工性能在半隐框玻璃幕墙中占主导地位。

（四）全玻璃幕墙

全玻璃幕墙是指由玻璃肋和玻璃面板构成的玻璃幕墙。全玻璃幕墙是随着玻璃生产技术的提高和产品的多样化而诞生的，它为建筑师创造奇特、透明、晶莹的建筑提供了条件，全玻璃幕墙已发展成一个多品种的建筑幕墙家族，它包括玻璃肋胶连接全玻璃幕墙和玻璃肋点连接全玻璃幕墙。

工程检测表明，由于全玻璃幕墙具有特殊的结构，所以只有玻璃幕墙参与室内外传热，玻璃的热工性能决定全玻璃幕墙的热工性能。

（五）点支式玻璃幕墙

点支式玻璃幕墙由装饰面玻璃、点支承装置和支承结构组成。按外立面装饰效果不同，可分为平头点支式玻璃幕墙和凸头点支式玻璃幕墙。按支承结构不同，可分为玻璃肋点支式玻璃幕墙、钢结构点支式玻璃幕墙、钢拉杆点支式玻璃幕墙和钢拉索点支式玻璃幕墙。

工程检测表明，不仅玻璃参与室内外传热，金属爪件也参与室内外传热，在一个幕墙单元中，玻璃面积远超过金属爪件的面积，因此玻璃的热工性能在点支式玻璃幕墙中占主导地位。

（六）真空玻璃幕墙

真空玻璃是将两片平板玻璃四周密闭起来，将其间隙抽成真空并密封排气孔，两片玻璃之间的间隙为 0.1～0.2mm，真空玻璃的两片一般至少有一片是低辐射玻璃，这样就将通过真空玻璃的传导、对流和辐射方式散失的热降到最低，其工作原理与玻璃保温瓶的保温隔热原理相同。真空玻璃是玻璃工艺与材料科学、真空技术、物理测量技术、工业自动化及建筑科学等多种学科、多种技术、多种工艺协作配合的成果。

由于真空玻璃在热工性能、隔声性能和抗风压性能方面具有特殊性，特别是真空玻璃幕墙具有极佳的保温性能，在强调建筑节能、绿色环保的今天，真空玻璃幕墙已越来越受到人们的瞩目，成为建筑幕墙今后发展的方向。

二、石材幕墙

石材幕墙通常由石材面板和支承结构（横梁立柱、钢结构、连接件等）组成，是不承担主体结构荷载与作用的建筑围护结构。

石材幕墙与石材贴面墙完全不同，石材贴面墙是将石材通过拌有黏结剂的水泥砂浆直接贴在墙面上，石材面板与实墙面形成一体，两者之间没有间隙和任何相对运动或位移。而石材幕墙是独立于实墙之外的围护结构体系，对于框架结构式的主体结构，应在主体结构上设计、安装专门的独立金属骨架结构体系。该金属骨架结构体系悬挂在主体结构上，然后采用金属挂件将石材面板挂在金属骨架结构体系上。

石材幕墙应能承受自身的重力荷载、风荷载、地震荷载和温差作用，不承受主体结构所受的荷载，与主体结构可产生适当的相对位移，以适应主体结构的变形。石材幕墙应具有保温、隔热、隔声、防水、防火和防腐蚀等作用。

根据石材幕墙面板的材料不同，可将石材幕墙分为天然石材幕墙和人造石材幕墙；按石材金属挂件形式不同，可分为背栓式、背槽式、L形挂件式、T形挂件式等；按石材幕墙板块之间是否打胶，可分为封闭式和开缝式两种，封闭式又分为浅打胶和深打胶两种。

三、金属幕墙

金属幕墙是一种新型的建筑幕墙形式，主要用于建筑主体结构的装修。它实际上是将玻璃幕墙中的玻璃更换为金属板材的一种幕墙形式，但由于面材的不同，两者之间又有很大区别。由于金属板材优良的加工性能，色彩的多样性及良好的安全性，能完全适应各种复杂造型的设计，可以任意增加凹进和凸出的线条，而且可以加工各种形式的曲线线条，给建筑师以巨大的发挥空间，深受建筑师的青睐，因而获得了突飞猛进的发展。

金属幕墙按面板材料的不同，可分为铝单板幕墙、铝塑板幕墙、铝瓦楞板幕墙、铜板幕墙、彩钢板幕墙、钛板幕墙、钛锌板幕墙等；按是否进行打胶，可分为封闭式金属幕墙和开放式金属幕墙。金属幕墙具有质量轻、强度高、板面平滑、富有金属光泽、质感丰富等特点，同时还具有加工工艺简单、加工质量好、生产周期短、可工厂化生产、装配精度高和防火性能优良等特点，因此被广泛地应用于各种建筑中。

四、新型幕墙

随着城市化的快速发展和对幕墙的多功能要求，建筑幕墙技术不断取得进步，建筑幕墙的种类大大增加。在高层建筑工程上常采用的新型幕墙有双层通道幕墙、光电幕墙、透明幕墙和非透明幕墙等。

（一）双层通道幕墙

双层通道幕墙是双层结构的新型幕墙，外层幕墙通常采用点支式玻璃幕墙、明框玻璃幕墙或隐框玻璃幕墙，内层幕墙通常采用明框玻璃幕墙、隐框玻璃幕墙或铝合金门窗，为增加幕墙的通透性，有的内外层幕墙采用点支式玻璃幕墙结构。

在内外层幕墙之间，有一个宽度通常为几百毫米的通道，在通道的上下部位分别有出气口和进气口，空气可以从下部的进气口进入通道，从上部的出气口排出通道，空气在通道内自下而上流动，同时将通道内的热量带出，所以双层通道幕墙也称为热通道幕墙。依据通道内气体的循环方式，可将双层通道幕墙分为内循环通道幕墙、外循环通道幕墙和开放式通道幕墙。

1. 内循环通道幕墙

内循环通道幕墙又称"封闭式通道幕墙"，一般在严寒地区和寒冷地区使用，其外层原则上是完全封闭的，主要由断热型材与中空玻璃等热工性能优良的型材和面板组成；其内层一般为单层玻璃组成的玻璃幕墙或可开启窗，以便对通道进行清洗和对内层幕墙进行换气；两层幕墙之间的通风换气层一般为100～500mm。通风换气层与吊顶部位设置的暖通系统抽风管相连，形成自下而上的强制性空气循环，室内空气通过内层玻璃下部的通风口进入换气层，使通道内的空气温度达到或接近室内温度，从而达到节能效果。在通道内设置可调控的百叶窗或垂帘，可有效调节日照，为室内创造更加舒适的环境。

2. 外循环通道幕墙

外循环通道幕墙与"封闭式通道幕墙"相反，其外层是单层玻璃与非断热型材组成的玻璃幕墙，内层是由中空玻璃与断热型材组成的幕墙。内外两层幕墙形成通风换气层，在通道的上下两端装有进风口和出风口，通道内也可设置百叶等遮阳装置。

在寒冷的冬季，关闭通道上下两端的进风口和出风口，通道中的空气在太阳光的照射下温度升高，形成一个温室，有效地提高了通道内空气的温度，减少了建筑物的采暖费用。在炎热的夏季，打开通道上下两端的进风口和出风口，在太阳光的照射下，通道内的空气温度升高，自然上浮，形成自下而上的空气流，即形成烟囱效应。由于烟囱效应可带走通道内的热量，降低通道内空气的温度，这样可减少制冷费用，达到建筑节能的目的。同时，通过对进风口和出风口位置的控制，以及对内层幕墙结构的设计，达到由通道自发向室内输送新鲜空气的目的，从而优化建筑通风质量。

3. 开放式通道幕墙

开放式通道幕墙一般是在夏热冬冷地区和夏热冬暖地区使用，在寒冷地区也可以使用。这种通道幕墙其外层原则上是不能封闭的，一般由单层玻璃和通风百叶组成，其内层一般由断热型材和中空玻璃等热工性能优良的型材和面板组成，或者由实体墙和可开启窗组成。两层幕墙之间的通风换气层一般为 100～500mm，其主要功能是改变建筑立面效果和室内换气的方式。工程实践证明，在通道内设置可调控的百叶窗或垂帘，可有效地调节日照，为室内创造更加舒适的环境。

（二）光电幕墙

太阳能是一种取之不尽、用之不竭的能源。为了把太阳能无污染地转换成可利用能源，光电幕墙技术应运而生。光电幕墙是将传统幕墙与光伏效应（光电原理）相结合的一种新型建筑幕墙。这种新兴的技术，可将光电技术与幕墙系统科学地结合在一起。

光电幕墙除了具有普通幕墙的性能外，最大特点是具有将光能转化为电能的功能。太阳能电池利用太阳光的光子能量，使得被照射的电解液或者半导体材料的电子移动，从而产生电压。光电幕墙除具有明显的发电功能外，还具有较好的隔热、隔声、安全、装饰等功能，特别是太阳能电池发电不会排放二氧化碳或产生有温室效应的气体，无噪声产生，是一种无公害的新能源，与环境具有很好的相容性。但是，由于光电幕墙的工程造价较高，现在在我国主要用于标志性建筑的屋顶和外墙。随着建筑节能和环保的需要，我国正在大力提倡和推广应用光电幕墙。

（三）透明幕墙

在我国的建筑幕墙行业中，透明幕墙是个全新的概念，第一次出现是在国家标准《公共建筑节能设计标准》（GB 50189—2015）中。很显然，透明幕墙一定是玻璃幕墙，但玻璃幕墙不一定透明。人们一直将玻璃幕墙做成透明和不透明两种，只是以前没有这样的称谓，如普通的玻璃幕墙即是透明玻璃幕墙，但在窗槛墙和楼板部位的玻璃幕墙即是不透明玻璃幕墙，因为为了遮盖窗槛墙和楼板，在这些部位的幕墙玻璃往往选择阳光控制镀膜玻璃，在其后面再贴上保温棉或保温板，因此这些部位不再透明。

在实际的建筑幕墙中，透明幕墙看起来不一定透明，如许多阳光控制镀膜玻璃幕墙，从室外向室内看就不透明，但从室内向室外看却是透明的，显然这是透明玻璃幕墙。在幕墙工程中一般从以下几个方面定义透明幕墙：①透明幕墙一定是玻璃幕墙；②在玻璃板后面没有贴保温棉或保温板；③与人的视觉效果无关；④可见光透射率大于零；⑤遮阳系数大于零。

（四）非透明幕墙

非透明幕墙是相对透明幕墙而言的。非透明幕墙和透明幕墙一样，第一次出现也是在国家标准《公共建筑节能设计标准》（GB 50189—2015）中。很显然，石材幕墙、金属幕墙和上述提到的位于窗槛墙和楼板处、后面贴有保温棉或保温板的玻璃幕墙都是属于非透明幕墙。还有一类玻璃幕墙，虽然并不位于窗槛墙和楼板处，但是其结构也是玻璃面板后边贴有保温棉或保温板，也是属于非透明幕墙，如北京的长城饭店和京广中心就是这样做的。

北京长城饭店玻璃幕墙的暗色部分是阳光控制镀膜中空玻璃，是可开启的幕墙窗，属于透明幕墙部分，其他发亮的部分是单片阳光控制镀膜玻璃，在玻璃的后面贴有保温棉，是不透明幕墙部分。根据以上所述，非透明幕墙可以这样定义：①可见光透射率大于零；②遮阳系数大于零。

第**五**章 ▶▶▶

对建筑幕墙要求与幕墙工程施工

随着科学技术的不断进步，外墙装饰材料和施工技术也正在突飞猛进地发展，不仅涌现了外墙涂料和装饰饰面，而且产生了玻璃幕墙、石材幕墙、金属幕墙和组合式幕墙等一大批新型外墙装饰形式，并越来越向着环保、节能、智能化方向发展，使建筑结构显示出亮丽风光和现代化气息。

幕墙技术的应用为建筑装饰提供了更多选择，其新颖耐久、美观时尚、装饰感强，与传统外装饰技术相比，具有施工速度快、工业化和装配化程度高、便于维修等特点，属于融建筑技术、建筑功能、建筑艺术、建筑结构为一体的建筑装饰构件。由于幕墙材料及技术要求高，相关构造具有特殊性，同时它又是建筑结构的一部分，所以工程造价要高于一般做法的外墙。幕墙的设计和施工除应遵循美学规律外，还应遵循建筑力学、物理、光学、结构等规律的要求，做到安全、适用、经济、美观。

第一节 建筑幕墙对材料的基本要求

建筑幕墙是由金属构架与面板组成的，不承担主体结构的荷载与作用，相对于主体结构有微小位移的建筑外围护结构，应当满足自身强度、防水、防风沙、防火、保温、隔热、隔声等要求。因此，幕墙工程所使用的材料有四大类，即骨架材料、板材、密封填缝材料、结构黏结材料。

一、幕墙对材料的一般要求

(1) 幕墙所选用的材料，应当符合国家产品标准，同时应有出厂合格证，其物理力学及耐候性能应符合设计要求。

(2) 由于幕墙处于建筑结构的外围，经常受到各种自然因素的不利影响，因此应选用耐候性和不燃烧性（或难燃烧性）材料。

(3) 幕墙所用的金属材料和零附件除不锈钢外，钢材均应进行表面热浸镀锌处理。铝合金材料应进行阳极氧化处理。

(4) 幕墙所用的硅酮结构密封胶和耐候密封胶，必须有与所接触材料的相容性试验报告，橡胶条应有成分化验报告和保质年限证书。

（5）当玻璃幕墙风荷载大于 $1.8kN/m^2$ 时，宜选用中等硬度的聚氨基甲酸乙酯低发泡间隔双面胶带；当玻璃幕墙风荷载小于或等于 $1.8kN/m^2$ 时，宜选用聚乙烯低发泡间隔双面胶带。幕墙所使用的低发泡间隔双面胶带，应符合行业标准的有关规定。

（6）当幕墙的石材含有放射性物质时，应符合现行国家标准《建筑材料放射性核素限量》（GB 6566—2010）中的规定，应当选用 A 类石材产品；而 B、C 类石材产品不能应用于家庭、办公室的室内装修。

二、对金属材料的质量要求

（1）幕墙采用的不锈钢宜采用奥氏体不锈钢，不锈钢材的技术要求应符合国家标准《不锈钢冷轧钢板和钢带》（GB/T 3280—2015）、《不锈钢棒》（GB/T 1220—2016）、《不锈钢冷加工钢棒》（GB/T 4226—2009）、《冷顶锻用不锈钢丝》（GB/T 4232—2009）和《形状和位置公差　未注公差值》（GB/T 1184—1996）中的有关规定。

（2）幕墙采用的碳素结构钢和低合金结构钢，其技术要求应当符合国家标准《优质碳素结构钢》（GB/T 699—2015）、《合金结构钢》（GB/T 3077—2015）、《低合金高强度结构钢》（GB/T 1591—2018）、《碳素结构钢和低合金结构钢热轧钢板和钢带》（GB/T 3274—2017）、《耐候结构钢》（GB/T 4171—2008）、《结构用冷弯空心型钢》（GB/T 6728—2017）和《冷拔异型钢管》（GB/T 3094—2012）中的有关规定。

（3）钢材（包括不锈钢）的性能试验方法，应符合现行国家标准《金属材料　拉伸试验　第 1 部分：室温试验方法》（GB/T 228.1—2010）、《金属材料　拉伸试验　第 2 部分：高温试验方法》（GB/T 228.2—2015）等中的有关规定。

（4）幕墙采用的非标准五金件应符合设计要求，并应有出厂合格证书，同时符合现行国家标准《紧固件机械性能　不锈钢螺栓、螺钉和螺柱》（GB/T 3098.6—2014）和《紧固件机械性能　不锈钢螺母》（GB/T 3098.15—2014）中的有关规定。

（5）当幕墙高度超过 40m 时，钢构件应当采用高耐候性结构钢，并应在其表面涂刷防腐涂料。钢构件采用冷弯薄壁型钢时，除应符合现行国家标准《冷弯薄壁型钢结构技术规范》（GB 50018—2002）的有关规定外，其壁厚不得小于 3.5mm。

（6）幕墙采用的铝合金型材，应符合现行国家标准《铝合金建筑型材　第 1 部分：基材》（GB/T 5237.1—2017）中的规定；铝合金的表面处理层厚度和材质，应符合现行国家标准《铝合金建筑型材》（GB/T 5237.2～5237.5—2017）的有关规定。

幕墙采用的铝合金板材的表面处理层厚度和材质，应符合现行国家标准《建筑幕墙》（GB 21086—2007）中的有关规定。

（7）铝合金幕墙应根据幕墙的面积、使用年限及性能要求，分别选用铝合金单板（简称单层铝板）、铝塑复合板、铝合金蜂窝板（简称蜂窝铝板）。根据幕墙防腐、装饰及建筑物的耐久性年限的要求，应对以上铝合金板材表面进行氟碳树脂处理，但氟碳树脂的含量不应低于 75%；海边及有酸雨地区的铝合金幕墙，可采用 3 道或 4 道氟碳树脂涂层，其厚度应大于 $40\mu m$；其他地区的铝合金幕墙，可采用 2 道氟碳树脂涂层，其厚度应大于 $25\mu m$；氟碳树脂涂层应不出现起泡、裂纹和剥落等现象。

当铝合金幕墙分别采用铝合金单板、铝塑复合板和铝合金蜂窝板时，对幕墙所用材料应当注意以下事项：

① 幕墙用铝合金单板时，其厚度不应小于 2.5mm。铝合金单板的技术指标应符合现行国家标准《一般工业用铝及铝合金板、带材　第 1 部分：一般要求》（GB/T 3880.1—2012）、《变形铝及铝合金牌号表示方法》（GB/T 16474—2011）和《变形铝及铝合金状态代号》（GB/T 16475—2008）中的规定。

② 普通型铝塑复合板由两层 0.5mm 厚的铝板中间夹一层厚度为 2～5mm 的聚乙烯塑料（PE），经过热加工或冷加工而制成。防火型铝塑复合板由两层 0.5mm 厚的铝板中间夹一层难燃（或不燃）材料制成。铝合金板的性能应符合国家标准《建筑幕墙用铝塑复合板》（GB/T 17748—2016）中规定的外墙板的技术要求；铝合金板与夹心层的剥离强度标准值应大于 7 N/mm^2。

③ 根据幕墙的使用功能和耐久年限的要求，铝合金蜂窝板的厚度可分别选用 10mm、12mm、15mm、20mm 和 25mm。厚度为 10mm 的铝合金蜂窝板由 1mm 厚正面铝合金板、0.5～0.8mm 厚的背面铝合金板及铝合金蜂窝板黏结制成；厚度在 10mm 以上的铝合金蜂窝板，其正面和背面铝合金板的厚度均为 1mm。

（8）与玻璃幕墙配套用的铝合金门窗，应当符合现行国家标准《铝合金门窗》（GB/T 8478—2008）中的有关规定。

（9）玻璃幕墙采用的标准五金件，应当符合现行轻工业行业标准《铝合金门插销》（QB/T 3885—1999）、《平开铝合金窗执手》（QB/T 3886—1999）、《铝合金窗撑挡》（QB/T 3887—1999）、《铝合金窗不锈钢滑撑》（QB/T 3888—1999）、《铝合金门窗拉手》（QB/T 3889—1999）、《推拉铝合金门窗用滑轮》（QB/T 3892—1999）中的规定。

三、对幕墙玻璃的质量要求

（1）当幕墙使用钢化玻璃时，其外观质量和技术性能，应符合现行国家标准《建筑用安全玻璃　第 2 部分：钢化玻璃》（GB 15763.2—2005）中的规定。

（2）当幕墙使用夹层玻璃时，应当采用聚乙烯醇缩丁醛（PVB）胶片干法加工合成的夹层玻璃，其外观质量和技术性能应当符合现行国家标准《建筑用安全玻璃　第 3 部分：夹层玻璃》（GB 15763.3—2009）中的规定。

（3）当幕墙使用中空玻璃时，除外观质量和技术性能应当符合现行国家标准《中空玻璃》（GB/T 11944—2012）中的有关规定外，还应符合下列要求：

① 幕墙的中空玻璃应当采用双道密封，以确保玻璃的密封效果。明框幕墙中空玻璃的密封胶，应当采用聚硫密封胶和丁基密封腻子；半隐框和隐框幕墙的密封胶，应采用硅酮结构密封胶和丁基密封腻子。

② 幕墙的中空玻璃的干燥剂宜采用专用设备进行装填，以保证所装填干燥剂的密实度和干燥度。

（4）当幕墙使用夹丝玻璃时，其外观质量和技术性能，应符合建材行业标准《夹丝玻璃》［JC 433—1991（1996）］中的规定。

（5）当幕墙使用热反射镀膜玻璃时，应采用真空磁控阴极溅射镀膜玻璃或热喷涂镀膜玻璃。用于热反射镀膜玻璃的浮法玻璃，其外观质量和技术性能，应符合现行国家标准《平板玻璃》（GB 11614—2009）中优等品或一等品的规定。

四、对幕墙石材的质量要求

（1）幕墙在建筑结构的最外层，长期经受风雨、腐蚀介质、温差和湿度变化的侵蚀，宜选用火成岩（花岗石）作为幕墙材料，石材的吸水率应小于 0.8%。工程实践证明，花岗石主要结构物质是长石和石英，其质地坚硬、耐酸碱、耐腐蚀、耐高温、耐日晒雨淋、耐冰雪霜冻、耐磨，是优良的幕墙材料。

（2）用于幕墙花岗石板材的弯曲强度不应小于 $8.0N/mm^2$；花岗石板材的体积密度不小于 $2.5g/cm^3$；花岗石板材的干燥压缩强度不小于 60.0MPa。

（3）对于幕墙石材的技术要求，应符合建材行业标准《天然花岗石荒料》（JC/T 204—

2011）中的规定；幕墙石材的主要性能试验方法，应当符合国家标准《天然饰面石材试验方法 第1部分：干燥、水饱和、冻融循环后压缩强度试验方法》（GB/T 9966.1—2001）、《天然饰面石材试验方法 第2部分：干燥、水饱和弯曲强度试验方法》（GB/T 9966.2—2001）、《天然饰面石材试验方法 第3部分：体积密度、真密度、真气孔率、吸收率试验方法》（GB/T 9966.3—2001）、《天然饰面石材试验方法 第4部分：耐磨性试验方法》（GB/T 9966.4—2001）、《天然饰面石材试验方法 第5部分：肖氏硬度试验方法》（GB/T 9966.5—2001）、《天然饰面石材试验方法 第6部分：耐酸性试验方法》（GB/T 9966.6—2001）、《天然饰面石材试验方法 第7部分：检测板材挂件组合单元挂装强度试验方法》（GB/T 9966.7—2001）和《天然饰面石材试验方法 第8部分：用均匀静态压差检测石材挂装系统结构强度试验方法》（GB/T 9966.8—2008）中的规定。石板的表面处理方法应根据环境和用途决定。

（4）石板经过火烧后，在其表面会出现细小、不均匀的麻坑，不仅影响石板厚度，而且影响石板强度。为满足等强度计算的要求，火烧石板的厚度应比抛光石板厚3mm。

（5）为确保石材表面的加工质量和提高生产效率，石材的表面应采用机械进行加工，加工后的表面应用高压水冲洗或用水、刷子清理，严禁用溶剂型的化学清洁剂清洗石材，防止清洁剂对石材产生腐蚀。

密封材料在玻璃幕墙装配中起到密封的作用，同时兼有缓冲、黏结的功效，它是一种过渡材料；橡胶密封条嵌在玻璃的两侧主要起密封作用。

幕墙采用的橡胶制品宜采用三元乙丙橡胶、氯丁橡胶；橡胶密封条应为挤出成型，橡胶块应为压模成型。橡胶密封条的技术要求，应符合标准《工业用橡胶板》（GB/T 5574—2008）、《橡胶和胶乳 命名法》（GB/T 5576—1997）、《建筑窗用弹性密封胶》（JC/T 485—2007）中的规定。

幕墙用的双组分聚硫密封胶，应具有良好的耐水、耐溶剂和耐大气老化性，并应具有低温弹性、低透气率等特点，其性能应符合建材行业现行标准中的规定。

五、对结构密封胶的质量要求

（1）幕墙应采用中性硅酮结构密封胶，这种结构密封胶，可分为单组分和双组分两种，其性能应符合国家标准《建筑用硅酮结构密封胶》（GB 16776—2005）中的规定。

（2）同一幕墙工程应当采用同一品牌的单组分或双组分硅酮结构密封胶，并应有保质年限的质量证书；用于石材幕墙的硅酮结构密封胶，还应有证明无污染的试验报告。

（3）同一幕墙工程应采用同一品牌的硅酮结构密封胶和硅酮耐候密封胶。对于硅酮结构密封胶和硅酮耐候性密封胶，应当在有效期内使用，过期者不得再用于工程。

第二节　建筑幕墙性能与构造要求

近几年来，随着高层和超高层建筑的不断发展，给建筑设计、建筑材料、建筑结构、建筑施工和建筑理论等方面带来许多变化。高层建筑的墙体与多层建筑的墙体相比，最根本的区别是在功能方面的改变。多层建筑的墙体承担着围护与承重双重作用，而高层建筑的墙体只承担围护作用；也就是说，根据高层建筑墙体的性能与构造特点，应选择轻质高强的材料、简便易行的构造做法和牢固安全的连接方法，以适应高层建筑的需要。建筑装饰幕墙是其中比较典型的一种围护结构。

一、建筑装饰幕墙的性能

（1）建筑幕墙的性能主要包括：风压变形性能；雨水渗漏性能；空气渗透性能；平面内变形性能；保温性能；隔声性能；耐撞击性能。

幕墙的性能与建筑物所在地区的地理位置与气候条件和建筑物的高度、体形以及周围环境有关，对于沿海或经常有台风的地区，幕墙的风压变形性能和雨水渗漏性能要求高些；而风沙较大的地区则要求幕墙的风压变形性能和空气渗透性能高些；对于寒冷和炎热地区则要求幕墙的保温隔热性能良好。

（2）幕墙构架的立柱与横梁在风荷载标准值的作用下，铝合金型材的相对挠度不应大于1/180（1为主柱或横梁两支点间的跨度），绝对挠度不应大于20mm；钢型材的相对挠度不应大于1/300，绝对挠度不应大于15mm。

（3）幕墙在风荷载标准值除以阵风系数后风荷载值的作用下，不应出现雨水渗漏现象；其雨水渗漏性能应符合设计要求。

（4）有热工性能要求时，幕墙的空气渗透性能应符合设计和现行规范的要求。

（5）幕墙的平面变形性能可用建筑物层间相对位移值表示；在设计允许的相对位移范围内，幕墙不应损坏，应按主体结构弹性层间位移值的3倍进行设计。

二、建筑装饰幕墙的构造

（1）幕墙的防雨水渗漏设计

① 幕墙构架的立柱与横梁的截面形式宜按等压原理设计（等压原理是指当幕墙接缝内的空气压力与室外空气压力相等时，雨水就失去了进入幕墙接缝内的主要动力）。

② 单元幕墙或明框幕墙应有泄水孔。有霜冻的地区，应采用室内排水装置；无霜冻的地区，排水装置可设在室外，但应有防风装置。石材幕墙的外表面不宜有排水管。

③ 当采用无硅酮耐候密封胶材料时，幕墙必须有可靠的防风雨措施。

④ 幕墙开启部分的密封材料，宜采用在长期受压下能保持足够弹性的氯丁橡胶或硅橡胶制品。

（2）幕墙中不同的金属材料接触处，由于不同金属相接触时会产生电化腐蚀，应当在其接触部位设置绝缘垫片以防止腐蚀。除不锈钢外，均应设置耐热的环氧树脂玻璃纤维布或尼龙垫片。

（3）在主体结构与幕墙的金属结构之间，以及金属构件之间应加设耐热的硬质垫片，以消除发生相对位移而引起的摩擦噪声。幕墙立柱与横梁之间的连接处应设置柔性垫片，以保证连接处的防水性能。

（4）幕墙的金属结构应设温度变形缝。

（5）有保温要求的玻璃幕墙宜采用中空玻璃。幕墙的保温材料可与金属板、石板结合在一起，但应与主体结构外表面有50mm以上的空气层。

（6）上下用钢销支撑的石材幕墙，应在石板的两侧面（或在石板背面的中心区）另外采取安全措施，同时做到维修方便。

上下通槽式（或上下短槽式）的石材幕墙，均宜有安全措施，并且做到维修方便。

（7）小单元幕墙（由金属副框、各种单块板材采用金属挂钩与立柱、横梁连接的方式做成的可拆装的幕墙）的每一块玻璃、金属板、石板构件都是独立的，且安装和拆卸方便，同时还不影响上下、左右的构件。

（8）单元幕墙（由金属构架、各种板材组成一层楼高单元板块的幕墙）的连接处、吊挂处，其铝合金型材的厚度应通过计算确定，并不得小于5mm。

（9）建筑主体结构的伸缩缝、抗震缝、沉降缝等部位的幕墙设计，应保证外墙面的功能性和完整性。

三、幕墙对安全方面的要求

（1）幕墙下部一般应当设置绿化带，入口处应设置遮阳栅或雨罩。楼面外缘无实体窗下墙时，应当设置防撞栏杆。玻璃幕墙应采用安全玻璃，如半钢化玻璃、钢化玻璃或夹层玻璃等。

（2）幕墙的防火除应符合国家标准 2018 年版《建筑设计防火规范》（GB 50016—2014）中的有关规定外，还应根据防火材料的耐火极限，决定防火层的厚度和宽度，且在楼板处形成防火带。防火层必须采用经过防腐处理且厚度不小于 1.5mm 的耐热钢板。防火层的密封材料应采用防火密封胶，防火密封胶应有法定检测机构的防火检验报告。

（3）在幕墙结构中应自上而下地安装防雷装置，并应与主体结构的防雷装置进行可靠连接。幕墙的防雷装置设计及安装，应当经过建筑设计单位的认可。

第三节　建筑幕墙结构设计一般要求

工程实践证明，在进行建筑装饰幕墙结构设计时，应当遵循以下一般要求：

（1）建筑装饰幕墙是建筑物的围护结构，主要承受自重、直接作用于其上的风荷载和地震作用，也承受一定的温度和湿度作用。其支承条件应有一定的变形能力，以适应主体结构的位移；当主体结构在外力作用下产生位移时，不应使幕墙产生过大的内应力，所以要求幕墙的主要构件应悬挂在主体结构，斜幕墙也可直接支承在主体结构上。

（2）幕墙构件与立柱、横梁的连接要可靠地传递地震力和风力，能够承受幕墙构件的自重。为防止主体结构水平力产生的位移使幕墙构件损坏，连接时必须具有一定的适应位移能力，使得幕墙构件与立柱、横梁之间有活动的余地。工程试验证明，幕墙构件不能承受过大的位移，只能通过弹性连接件来避免主体结构过大侧移的影响。

幕墙及其连接件不仅应具有足够的承载力，而且也应具有足够的刚度和相对于主体结构的位移能力。幕墙构架立柱的连接金属角码（角钢）与其他连接件应采用螺栓连接，螺栓垫片应具有防止松动的措施。

（3）对于竖直的建筑幕墙，风荷载是主要的作用力，其数值可达 $2.0 \sim 5.0 \mathrm{kN/m}^2$，使面板产生很大的弯曲应力。而建筑装饰幕墙自重较轻，即使按最大地震作用系数考虑，也不过是 $0.1 \sim 0.8 \mathrm{kN/m}^2$，也远远小于风荷载。因此，对于幕墙构件本身而言，抗风压是主要的考虑因素。

对于非抗震设计的建筑装饰幕墙，风荷载起着主要的控制作用，幕墙面板本身必须具有足够的承载力，避免在风压作用下产生破碎。

在风荷载的作用下，幕墙与主体结构之间的连接件发生拔出、拉断等严重破坏的现象很少；主要是保证其具有足够的活动余地，使幕墙构件避免受到主体结构过大位移的影响。

（4）在地震力的作用下，幕墙构件受到猛烈的动力作用，对连接节点会产生较大影响，使连接处发生震害，甚至使建筑装饰幕墙脱落和倒塌，所以除了计算地震作用力外，在构造上还必须予以加强，以保证在设防烈度地震作用下经修理后的幕墙仍然可以使用；在较大地震力的作用下，幕墙骨架不得出现脱落。

（5）对于建筑装饰幕墙的横梁和立柱，可根据其实际连接情况，按简支连续或铰接多跨支承构件考虑；面板可按照四边支承受弯构件进行考虑。

（6）幕墙构件应采用弹性方法计算内力与位移

① 应力计算　荷载或作用产生的截面最大应力设计值 σ 不应超过材料强度设计值 f，即 $\sigma \leqslant f$；荷载或作用产生的截面内力设计值 S，不应超过构件截面承载力设计值 R，即 $S \leqslant R$。

a. 在进行结构设计时，应根据构件受力特点、荷载或作用的情况和产生的应力作用的方向，选用最不利的组合。荷载和作用效应的组合设计值，如式（5-1）所示。

$$S = \gamma_G S_G + \gamma_W \psi_W S_W + \gamma_E \psi_E S_E + \gamma_T \psi_T S_T \tag{5-1}$$

式中　　　　　S_G——重力荷载，作为永久荷载产生的效应；

　　S_W，S_E，S_T——风荷载、地震作用和温度作用，作为可变荷载和作用产生的效应，按不同的组合情况，三者可分别作为第一、第二和第三可变荷载和作用产生的效应；

γ_G，γ_W，γ_E，γ_T——重力荷载、风荷载、地震作用、温度作用效应的分项系数，进行幕墙构件、连接件和预埋件承载力计算时，重力荷载分项系数 γ_G 取 1.2，风荷载分项系数 γ_W 取 1.4，地震作用分项系数 γ_E 取 1.3，温度作用分项系数 γ_T 取 1.2；

ψ_W，ψ_E，ψ_T——风荷载、地震作用和温度作用效应的组合系数，当两个及两个以上的可变荷载或作用（风荷载、地震作用和温度作用）效应参加组合时，第一个可变荷载或作用效应的组合系数取 1.0，第二个可变荷载或作用效应的组合系数取 0.6，第三个可变荷载或作用效应的组合系数取 0.2。

b. 荷载和作用产生的效应（应力 σ、内力 S、位移或挠度 u），应按结构的设计条件和要求进行组合，以最不利的组合作为设计的依据。

结构的自重是重力荷载，是一种经常作用的不变荷载，所有组合中都不可缺少这一荷载，其他可变的荷载有风荷载、地震作用和温度作用；在一般情况下，风荷载产生的效应最大，起着控制性作用。我国是地震频发的国家，地震烈度 6 度以上的地区，占中国国土面积的 70% 以上，绝大多数大中城市都要考虑抗震设防。

由于风荷载、地震作用和温度作用三项可变效应都达到最大值的概率是很小的，所以当可变效应顺序不同时，应按照顺序分别采用不同的组合值系数。在建筑装饰幕墙的设计中，常用的荷载组合有以下几种：

$$1.2G+1.0\times1.4W+0.6\times1.3E+0.2\times1.2T$$
$$1.2G+1.0\times1.4W+0.6\times1.2T+0.2\times1.3E$$
$$1.2G+1.0\times1.3E+0.6\times1.4W+0.2\times1.2T$$
$$1.2G+1.0\times1.3E+0.6\times1.2T+0.2\times1.4W$$
$$1.2G+1.0\times1.2T+0.6\times1.4W+0.2\times1.3E$$
$$1.2G+1.0\times1.2T+0.6\times1.3E+0.2\times1.4W$$

式中，G、W、E、T 分别代表重力荷载、风荷载、地震作用和温度作用产生的应力（或内力）。

目前，在幕墙工程的设计中，常用的组合按表 5-1 采用。

表 5-1 荷载和作用产生的应力或内力设计值的常用组合

组合内容	应力表达式	内力表达式
重力荷载	$\sigma=1.2\sigma_G$	$S=1.2S_G$
重力荷载+风荷载	$\sigma=1.2\sigma_G+1.4\sigma_W$	$S=1.2S_G+1.4S_W$
重力荷载+风荷载+地震作用	$\sigma=1.2\sigma_G+1.4\sigma_W+0.78\sigma_E$	$S=1.2S_G+1.4S_W+0.78S_E$
风荷载	$\sigma=1.4\sigma_W$	$S=1.4S_W$
风荷载+地震作用	$\sigma=1.4\sigma_W+0.78\sigma_E$	$S=1.4S_W+0.78S_E$
温度作用	$\sigma=1.2\sigma_T$	$S=1.2S_T$

注：1. σ 为荷载和作用产生的截面最大应力设计值。

2. S 为荷载和作用产生的截面内力设计值。

3. σ_G、σ_W、σ_E、σ_T 分别为重力荷载、风荷载、地震作用和温度作用产生的应力标准值。

4. S_G、S_W、S_E、S_T 分别为重力荷载、风荷载、地震作用和温度作用产生的内力标准值。

② 位移或挠度 荷载或作用标准值产生的位移或挠度 u，不应超过位移或挠度的允许值，即 $u\leqslant[u]$。进行位移或变形、挠度计算时，均应采用荷载或作用的标准值组合，分项系数均采用 1.0，组合后的构件位移或变形，可用式（5-2）表示：

$$u = u_G + u_W + 0.6u_E \tag{5-2}$$

式中，u_G、u_W、u_E 分别表示重力荷载、风荷载、地震作用标准值产生的位移或变形。

第四节　幕墙工程施工的重要规定

为了确保幕墙工程的装饰性、安全性、易装易拆性和经济性，在幕墙的设计、选材和施工等方面，应当严格遵守下列重要规定：

（1）幕墙工程所用的各种材料、五金配件、构件及组件，必须有产品合格证书、性能检测报告、进场验收记录和复检报告。

（2）幕墙工程所用的硅酮结构胶，必须有认定证书和检查合格证；进口的硅酮结构胶，必须有商检证；有国家指定检测机构出具的硅酮结构胶相容性和剥离黏结性试验报告；石材用密封胶的耐污染性试验报告。

（3）幕墙必须具有抗风压性能、空气渗透性能、雨水渗透性能及平面变形性能检测报告；后置埋件的现场拉拔强度检测报告；防雷装置测试记录和隐蔽工程验收记录；幕墙构件和组件的加工制作与安装施工记录等。

（4）幕墙工程必须由具备相应资质的单位进行二次设计，并出具完整的施工设计文件。

（5）幕墙工程设计不得影响建筑物的结构安全和主要使用功能。当涉及主体结构改动（或增加荷载）时，必须由原设计结构（或具备相应资质的设计）单位检查有关原始资料，对建筑结构的安全性进行检验和确认。

（6）幕墙及其连接件应具有足够的承载力、刚度和相对于主体结构的位移能力。幕墙构架立柱的连接金属角码与其他连接件应采用螺栓连接，并应有防止松动措施。

（7）隐框、半隐框幕墙所采用的结构黏结材料，必须是中性硅酮结构密封胶，其性能必须符合现行国家标准《建筑用硅酮结构密封胶》（GB 16776—2005）中的规定；硅酮结构密封胶必须在有效期内使用。

（8）立柱和横梁等主要受力构件，其截面受力部分的壁厚应经过计算确定，且铝合金型材的壁厚不应小于 3.0mm，钢型材壁厚不应小于 3.5mm。

（9）在隐框、半隐框幕墙构件中，对于板材与金属之间硅酮结构密封胶的黏结宽度，应分别计算风荷载标准值和板材自重标准值作用下硅酮结构密封胶的黏结宽度，并选取其中较大值，且不得小于 7.0mm。

（10）硅酮结构密封胶应打注饱满，并应在温度 15～30℃、相对湿度 50％以上、洁净的室内进行；不得在现场的墙上打注。

（11）幕墙的防火除应符合现行国家标准《建筑设计防火规范》（GB 50016—2014）的有关规定外，还应符合下列规定：

① 应根据防火材料的耐火极限决定防火层的厚度和宽度，并应在楼板处形成防火带。

② 幕墙防火层应采取隔离措施。防火层的衬板应采用经过防腐处理且厚度不小于 1.5mm 的钢板，但不得采用铝板。

③ 防火层的密封材料应采用防火密封胶。

④ 防火层与玻璃不应直接接触，一块玻璃不应跨两个防火分区。

（12）主体结构与幕墙连接的各种预埋件，其数量、规格、位置和防腐处理必须符合设计要求。

（13）幕墙的金属框架与主体结构预埋件的连接、立柱与横梁的连接及幕墙面板的安装，必须符合设计要求，安装必须牢固。

（14）单元幕墙连接处和吊挂处的铝合金型材的壁厚应通过计算确定，并不得小于 5.0mm。

（15）幕墙的金属框架与主体结构应通过预埋件连接，预埋件应在主体结构混凝土施工时埋入，预埋件的位置必须准确。当没有条件采用预埋件连接时，应采用其他可靠的连接措施，并应通过试验确定其承载力。

（16）立柱应采用螺栓与角码连接，螺栓的直径应经过计算确定，并不应小于 10mm。不同金属材料接触时应采用绝缘垫片分隔。

（17）对于幕墙工程的抗裂缝、伸缩缝、沉降缝等部位的处理，应当保证缝的使用功能和饰面的完整性。

（18）幕墙工程的设计应满足方便维护和清洁的要求。

第五节　幕墙工程施工的其他规定

幕墙工程是位于建筑物外围的一种大面积结构，由于长期处于露天的工作状态，经常受到风雨、雪霜、阳光、温湿变化和各种侵蚀介质的作用，对于其所用材料、制作加工、结构组成和安装质量等方面，均有一定的规定和较高的要求。

幕墙工程施工的实践充分证明，在其设计与施工的过程中，除必须遵守以上所述的重要规定外，还应在以下方面符合其基本规定。

一、玻璃幕墙所用材料的一般规定

玻璃幕墙所用的工程材料，应符合国家现行产品标准的有关规定及设计要求。对于尚无相应标准的材料应符合设计中所提出的要求，并应有出厂合格证。工程实践证明，玻璃幕墙所用的工程材料，应符合以下一般规定：

（1）由于玻璃幕墙处于条件复杂的环境中，受到各种恶劣因素的影响和作用，其耐候性是极其重要的技术指标，因此，选用的材料必须具有良好的耐候性。

玻璃幕墙的框架是幕墙中的骨架，是决定玻璃幕墙质量好坏的主要材料，宜选用性能优良的金属材料，金属材料和金属零配件除应选用不锈钢、铝合金及耐候钢外，钢材应进行表面热浸镀锌处理、无机富锌涂料处理或采取其他有效的防腐措施，铝合金材料应进行表面阳极氧化、电泳涂漆、粉末喷涂或氟碳漆喷涂处理。

总之，玻璃幕墙所用不锈钢材的技术要求应符合现行国家标准《不锈钢冷轧钢板和钢带》（GB/T 3280—2015）中的规定；幕墙采用的铝合金型材，应符合现行国家标准《铝合金建筑型材　第 1 部分：基材》（GB/T 5237.1—2017）和《铝及铝合金阳极氧化膜与有机聚合物膜　第 1 部分：阳极氧化膜》（GB 8013.1—2018）中的规定。

（2）玻璃幕墙暴露于空气之中，加上面积较大，对于建筑物的防火安全起着重要作用。因此，除骨架采用优良的金属材料外，所用的其他工程材料，宜采用不燃性材料或难燃性材料；防火密封构造应采用合格的防火密封材料。

当这些工程材料进场时，对所用材料的燃烧性能应进行复验，对所用的密封材料应进行试验，不符合设计要求的材料，不能用于玻璃幕墙工程。

（3）对于隐框和半隐框玻璃幕墙，其玻璃与铝合金型材的黏结，必须采用中性硅酮结构密封胶，其技术性能应符合国家标准《建筑用硅酮结构密封胶》（GB 16776—2005）中的规定；全玻璃幕墙和点支承幕墙采用镀膜玻璃时，不应采用酸性硅酮结构密封胶。

（4）玻璃幕墙所用的硅酮结构密封胶和硅酮建筑密封胶，在正式使用前要进行相容性和密封性试验，同时必须在规定的有效期内使用。

二、玻璃幕墙加工制作的一般规定

玻璃幕墙工程的施工质量如何，不仅与所用工程材料的质量有关，而且与加工制作也有直接关系。如果加工制作质量不符合设计要求，在玻璃幕墙安装过程中则非常困难，安装质量不符合规范规定，就会使玻璃幕墙的最终质量不合格。为确保玻璃幕墙的整体质量，在其加工制作的过程中，应当遵守以下一般规定：

（1）玻璃幕墙在正式加工制作前，首先应当与土建设计施工图进行核对，对于安装玻璃幕墙的部位主体结构进行复测，不符合设计施工图但能进行修理的部分，应按设计进行必要修改；对于不能进行修理的部分，应按实测结果对玻璃幕墙进行适当调整。

（2）玻璃幕墙中各构件的加工精度，对幕墙安装质量起着关键性的作用。在加工玻璃幕墙构件时，具体加工人员应技术熟练、水平较高，所用的设备、机具应满足幕墙构件加工精度的要求，所用的量具应定期进行计量认证。

（3）采用硅酮结构密封胶黏结固定隐框玻璃幕墙的构件时，应当在洁净、通风的室内进行注胶，并且施工的环境温度、湿度条件应符合硅酮结构密封胶产品的规定；幕墙的注胶宽度和厚度应符合设计要求。

（4）为确保玻璃幕墙的注胶质量，除全玻璃幕墙外，其他结构形式的玻璃幕墙，均不应在施工现场注入硅酮结构密封胶。

（5）单元式玻璃幕墙的单元构件、隐框玻璃幕墙的装配组件，均应在工厂加工组装，然后再运至现场进行安装。

（6）低辐射镀膜玻璃应根据其镀膜材料的黏结性能和其他技术要求，确定加工制作的施工工艺；当镀膜与硅酮结构密封胶相容性不良时，应除去镀膜层，然后再注入硅酮结构密封胶。

（7）硅酮结构密封胶与硅酮建筑密封胶的技术性能不同，它们的用途和作用也不一样，两者不能混用，尤其是硅酮结构密封胶不宜作为硅酮建筑密封胶使用。

三、玻璃幕墙安装施工的一般规定

玻璃幕墙的安装是幕墙施工的重要环节，不仅影响玻璃幕墙的施工速度和装饰效果，而且还影响玻璃幕墙的使用功能和安全性。因此，在玻璃幕墙安装施工中，除严格按有关施工规范去操作，还应遵守以下一般规定。

（1）安装玻璃幕墙的主体结构，应当符合有关结构施工质量验收规范的要求。为确保玻璃幕墙的安装质量，在进行正式安装前应单独编制施工组织设计，在一般情况下施工组织设计主要应包括以下内容：①幕墙工程的进度计划；②与主体结构施工、设备安装、装饰装修的协调配合方案；③幕墙搬运、吊装的方法；④幕墙测量的方法；⑤幕墙安装的方法；⑥幕墙安装的顺序；⑦构件、组件和成品的现场保护方法；⑧幕墙的检查验收方法和标准；⑨幕墙施工中的安全措施。

（2）对于单元式玻璃幕墙的安装，编制施工组织设计时，除以上一般内容外，还应包括以下内容：

① 玻璃幕墙所用吊具类型和吊具的移动方法，单元组件的起吊地点、垂直运输与楼层水平运输的方法和机具。

② 玻璃幕墙收口单元位置、收口闭合的工艺、操作工艺方法和注意事项。

③ 玻璃幕墙单元组件的吊装顺序，吊装、调整、定位固定等方面的具体方法、技术措施和注意事项。

④ 玻璃幕墙的施工组织设计与主体结构工程施工组织设计的衔接。单元幕墙收口部位应与总施工平面图中机具的布置协调，当采用吊车直接吊装幕墙的单元组件时，应使吊车臂覆盖

全部安装位置。

（3）对于点支承玻璃幕墙的安装，编制施工组织设计时，除以上一般内容外，还应包括以下内容：

① 点支承玻璃幕墙中的支承钢结构是幕墙中重量最大的构件，应当列出其运输现场拼装和吊装方案，以便在幕墙安装中顺利进行。

② 拉杆、拉索体系预应力关系到点支承玻璃幕墙的安装质量，因此，必须详细说明拉杆、拉索体系预应力施加、测量、调整方案，也要说明拉索杆的定位和固定方法。

③ 点支承玻璃幕墙中的玻璃是幕墙中面积较大、容易破碎的构件，为确保玻璃安全安装与固定，必须说明玻璃的运输、就位、调整和固定方法。

④ 点支承玻璃幕墙中的缝隙填充质量，关系到幕墙的使用功能和使用年限，因此，也要说明胶缝的填充方法及质量保证措施。

（4）当幕墙计划采用脚手架施工时，玻璃幕墙的施工单位应与土建施工单位协商幕墙施工脚手架选用方案，以便两者能有机结合，降低工程造价。根据工程实践，悬挂式脚手架高度宜为3层层高，落地式脚手架应为双排布置。

（5）玻璃幕墙的施工测量，应符合下列一般规定：

① 玻璃幕墙分格轴线的测量，应与主体结构的测量密切配合，测量中的误差应及时进行调整，不得出现误差积累。

② 为避免在安装中出现较大偏差，在玻璃幕墙的安装过程中，应定期对玻璃幕墙的安装定位基准进行校核。

③ 为确保测量数据的精度，对于高层玻璃幕墙的测量，应当在风力不大于4级的条件下进行。

（6）玻璃幕墙在安装过程中，构件在存放、搬运和吊装时应十分小心，不应出现碰撞和损坏。

（7）在安装镀膜玻璃时，镀膜面的朝向一定要正确，应符合设计中的要求。

（8）在进行焊接作业时，应当采取可靠有效的保护措施，防止因焊接而烧伤金属型材或玻璃的镀膜。

四、金属与石材幕墙加工的一般规定

（一）对金属与石材幕墙加工的一般规定

（1）在金属与石材幕墙制作前，应对建筑物的设计施工图进行仔细核对，并对已建的建筑物进行复测，按实测结果调整幕墙图纸中的偏差，经设计和监理单位同意后方可进行加工组装。

（2）幕墙中各构件的加工精度，对幕墙安装质量起着关键性作用。在加工玻璃幕墙构件时，所用的设备、机具应满足幕墙构件加工精度的要求，所用的量具应定期进行计量认证。

（3）用硅酮结构密封胶黏结固定幕墙构件时，注胶工作应在温度15～30℃、相对湿度50%以上，且应在洁净、通风的室内进行；施胶的宽度、厚度应符合设计要求。

（4）用硅酮结构密封胶黏结石材时，结构胶不应长期处于受力状态。当石材幕墙使用硅酮结构密封胶和硅酮耐候密封胶时，应将石材清洗干净并完全干燥后方可施胶操作。

（二）金属与石材幕墙构件加工的一般规定

金属与石材幕墙构件加工制作的精度要求，构件铣槽、铣豁、铣榫以及构件装配尺寸允许偏差等方面的规定，与玻璃幕墙金属构件的加工制作基本相同。

（三）石材幕墙石板加工制作的一般规定

石材幕墙石板加工制作，应符合以下基本规定：

（1）石板的连接部位应无崩坏、暗裂等缺陷；当其他部位的崩边尺寸不大于 5mm×20mm，或缺角尺寸不大于 20mm 时可修补使用，但每层中修补的石板块数不应大于 2%，并且用于立面不明显部位。

（2）石板的长度、宽度、厚度、直角、异型角、半圆弧形状异型材及花纹图案造型、板块的外形尺寸等方面，均应符合设计要求。

（3）石板外表面的色泽，应符合设计要求；花纹图案应按规定的样板进行检查；石板的四周不得有明显色差。

（4）如果石板采用火烧板，应按样板检查其火烧后的均匀程度，不得有暗裂和崩裂等质量缺陷。

（5）石板加工制作完毕后，应进行严格的质量检查，合格后要根据安装位置进行编号。石板的编号应与设计一致，不得因加工造成幕墙的板块编号混乱。

（6）石板在加工制作前，首先应根据设计图纸和石材性能，确定石板的组合方式，并在确定使用的基本形式后再进行加工，不要盲目加工制作。

（7）石材幕墙中所用石板加工尺寸允许偏差，应符合现行国家标准《天然花岗石建筑板材》（GB/T 18601—2009）中一等品的要求。

（四）钢销式安装的石板加工的一般规定

钢销式安装的石板加工，应当符合以下基本规定：

（1）不锈钢销的孔位，应根据石板的尺寸大小而确定。孔位距离板的端部不得小于石板厚度的 3 倍，也不得大于 180mm；不锈钢销的间距不宜大于 600mm；石板的边长不大于 1.0m 时，每边应设 2 个钢销；石板的边长大于 1.0m 时，应采用复合连接方法。

（2）石板的钢销孔，其深度宜为 22～33mm，孔的直径宜为 7mm 或 8mm，不锈钢销的直径宜为 5mm 或 6mm，不锈钢销的长度宜为 20～30mm。

（3）在石板的钢销孔洞加工过程中，不要出现损坏或崩裂现象，损坏或崩裂者应坚决剔除；钢销孔洞的孔内应当光滑、洁净。

（五）通槽式安装的石板加工的一般规定

（1）石板的通槽宽度一般为 6mm 或 7mm，不锈钢支撑板的厚度不宜小于 3.0mm，铝合金支撑板的厚度不宜小于 4.0mm。

（2）石板开槽后不得出现损坏或崩裂现象；槽口应打磨成 45°的倒角；槽内应当光滑、洁净。

（六）短槽式安装的石板加工的一般规定

（1）每块石板的上下边应各开 2 个短平槽，短平槽的长度不应小于 100mm，在有效长度内槽的深度不宜小于 15mm；开槽宽度宜为 6mm 或 7mm；不锈钢支撑板的厚度不宜小于 3.0mm，铝合金支撑板的厚度不宜小于 4.0mm；弧形槽的有效长度，不应小于 80mm。

（2）两短槽边距石板两端部的距离，不应小于石板厚度的 3 倍，并且不应小于 85mm，也不应大于 180mm。

（3）在石板的钢销孔洞加工过程中，不要出现损坏或崩裂现象，损坏或崩裂者应坚决剔除；钢销孔洞的孔内应当光滑、洁净。

（七）幕墙转角构件加工组装的一般规定

石板幕墙的转角宜采用不锈钢支撑件或铝合金型材专用件进行组装，并应符合以下基本规定：

（1）当石板幕墙的转角采用不锈钢支撑件进行组装时，不锈钢支撑件的厚度不应小于 3.0mm。

（2）当石板幕墙的转角采用铝合金型材专用件进行组装时，铝合金型材的壁厚不应小于

4.5mm，连接部位的型材壁厚不应小于5.0mm。

（八）单元石板幕墙加工组装的一般规定

在进行单元石板幕墙加工组装时，应符合以下各项基本规定：

（1）对于有防火要求的全石板幕墙单元，应将石板、防火板及防火材料按设计要求组装在铝合金框上。

（2）对于有可视部分的混合幕墙单元，应将玻璃板、石板、防火板及防火材料按设计要求组装在铝合金框上。

（3）幕墙单元内石板之间可采用铝合金T形连接件进行连接，T形连接件的厚度应根据石板的尺寸及重量经计算后确定，其最小厚度不应小于4.0mm。

（4）在石材幕墙单元内，边部石板与金属框架的连接，可采用铝合金L形连接件进行连接，其厚度应根据石板的尺寸及重量经计算后确定，其最小厚度不应小于4.0mm。

（九）幕墙金属板的加工与组装的一般规定

金属幕墙所用金属板的品种、规格、颜色、图案和花纹等，均应符合设计要求；铝合金板材表面的氟碳树脂涂层厚度，也应符合设计要求。金属板材加工的允许偏差，应符合表5-2中的规定。

表 5-2　金属板材加工的允许偏差　　　　　单位：mm

项目		允许偏差	项目		允许偏差
金属板边长	≤2000	±2.0	对角线长度	≤2000	2.5
	>2000	±2.5		2000	3.0
对边尺寸	≤2000	±2.5	孔的中心距离		±1.5
	2000	±3.0			
折弯高度		≤1.0	平面度		≤2/1000

1. 单层铝板加工的一般规定

金属幕墙采用单层铝合金板时，其加工制作应符合以下规定：

（1）单层铝合金板折弯加工时，折弯外圆弧半径不应小于板厚的1.5倍，以确保折弯处铝合金板的强度不受影响。

（2）单层铝合金板加劲肋的固定，可以采用电栓钉（即采用焊接种植螺栓的方法），但应确保铝合金板的外表面不变形、不褪色，并且固定牢靠。

（3）单层铝合金板的固定耳子（即安装挂耳）应符合设计要求，固定耳子可采用焊接、铆接或在铝合金板上直接冲压而成，应当做到位置准确，调整方便，固定牢固。

（4）单层铝合金板构件的四周，应采用铆接、螺栓或胶黏剂与机械连接相结合的形式进行固定，应做到构件刚性较好并固定牢固。

2. 铝塑复合板加工的一般规定

在进行铝塑复合板加工时，应符合以下基本规定：

（1）在切割铝塑复合板内层铝板和聚乙烯塑料时，应保留不小于0.3mm厚的聚乙烯塑料层，并且不得划伤外层铝合金板的内表面。

（2）对于打孔、切口等加工外露的聚乙烯塑料及角缝，应采用中性硅酮耐候密封胶进行密封，不可暴露于空气之中。

（3）为确保铝塑复合板加工制作的质量，在加工制作过程中，严禁板材与水接触。

3. 蜂窝铝板加工的一般规定

在进行蜂窝铝板加工时，应符合以下基本规定：

（1）蜂窝铝板的加工应根据组装要求决定切口的尺寸和形状，在切除铝芯时不得划伤蜂窝铝板外层铝板的内表面；在各部位外层铝板上，应保留0.3～0.5mm的铝芯。

（2）直角构件的加工，折角应弯成圆弧形状，角部缝隙处应采用硅酮耐候密封胶进行密封。对于大圆弧角构件的加工，圆弧部位应填充防火材料。对于边缘处的加工，应当将外层铝板折成180°，并将铝芯包封。

（十）幕墙其他构件的加工与检验的规定

1. 石板清洗、粘接及存放规定

石板经过切割、开槽等加工工序后，在其表面会有很多石屑或石浆，应将这些石屑用清水冲洗干净；石板与不锈钢挂件之间，应采用环氧树脂型石材专用结构胶进行粘接。已加工好的石板，应采用立式存放于通风良好的仓库内，石板立放的角度不应小于85°。

2. 幕墙吊挂件和支撑件的规定

单元金属幕墙所用的吊挂件和支撑件，应采用铝合金件或不锈钢件，并应具有一定的可调整范围。单元幕墙的吊挂件与预埋件的连接，应采用穿透螺栓。

3. 女儿墙盖顶板加工的规定

金属幕墙的女儿墙部位，应用单层铝合金板或不锈钢板加工成向内倾斜的盖顶，所用的材料应符合国家现行标准中的规定。

4. 幕墙构件检查验收的规定

金属与石材幕墙构件加工后，应按规定进行检查验收。一般是按同一种类构件的5%进行抽样检查，且每种构件不得少于5件。当有1个构件抽检不符合现行规定时，应加倍抽样进行复验，全部合格后方可出厂。

第六章

玻璃幕墙施工工艺

玻璃幕墙是国内外目前最常用的一种幕墙，这种幕墙将大面积玻璃应用于建筑物的外墙面，能充分体现建筑师的想象力，展示建筑物的现代风格，发挥玻璃本身的特性。玻璃幕墙是一种美观、新颖的建筑墙体装饰方法，是现代高层建筑的显著特征，使建筑物显得别具一格，光亮、明快、挺拔、具有现代品味，给人一种全新的感觉。

玻璃幕墙是当代的一种新型墙体，它赋予建筑的最大特点是将建筑美学、建筑功能、建筑节能和建筑结构等因素有机地统一起来，建筑物从不同角度呈现出不同色调，随着阳光、月色、灯光的变化给人以动态的美。近年来，随着社会的进步和人民生活水平的提高，玻璃幕墙已在国内外获得了广泛应用，而且用量越来越大。

第一节　玻璃幕墙基本要求

由于玻璃属于一种典型的易碎品，其破碎是不可避免的，加之玻璃幕墙一般多应用于临街建筑上，玻璃破碎有可能对人构成伤害。最近几年，玻璃工业的生产技术水平得到了不断提高，玻璃的品种越来越多，对玻璃的选择空间也越来越大，但如何合理地选用玻璃以使幕墙的安全性达到较好的理想状态，要求我们必须要对玻璃幕墙的基本技术要求有所了解。

一、对玻璃的基本技术要求

用于玻璃幕墙的玻璃种类很多，有中空玻璃、钢化玻璃、半钢化玻璃、夹层玻璃、防火玻璃等。玻璃表面可以镀膜，形成镀膜玻璃（也称为热反射玻璃，可将1/3左右的太阳能吸收和反射掉，降低室内的空调费用）。中空玻璃在玻璃幕墙中的应用已十分广泛，它具有优良的保温、隔热、隔声和节能效果。

玻璃幕墙所用的单层玻璃厚度，一般为6mm、8mm、10mm、12mm、15mm、19mm；夹层玻璃的厚度，一般为（6+6）mm、（8+8）mm（中间夹聚氯乙烯醇缩丁醛胶片，干法合成）；中空玻璃厚度为（6+d+5）mm、（6+d+6）mm、（8+d+8）mm等（d为空气厚度，可取6mm、9mm、12mm）。幕墙宜采用钢化玻璃、半钢化玻璃、夹层玻璃，有保温隔热性能要求的幕墙宜选用中空玻璃。

为减少玻璃幕墙的眩光和辐射热，宜采用低辐射率镀膜玻璃。因镀膜玻璃的金属镀膜层易被氧化，不宜单层使用，只能用于中空玻璃和夹层玻璃的内侧。目前，高透型镀银低辐射（Low-E）玻璃已在幕墙工程中使用，它不仅具有良好的透光率、极高的远红外线反射率，而且节能性能优良，特别适用于寒冷地区。它能使较多的太阳辐射进入室内以提高室内温度，同时又能使寒冷季节或阴雨天来自室内物体热辐射的 85% 反射回室内，有效地降低能耗，节约能源。

低辐射玻璃因其具有透光率高的特点，可用于任何地域的有高通透性外观要求的建筑，以突出自然采光的主要特征，是目前比较先进的绿色环保玻璃。

二、对骨架的基本技术要求

用于玻璃幕墙的骨架，除了应具有足够的强度和刚度外，还应具有较高的耐久性，以保证幕墙的安全使用和寿命。如铝合金骨架的立梃、横梁等要求表面氧化膜的厚度不应低于 AA15 级。为了减少能耗，目前提倡应用断桥铝合金骨架。如果在玻璃幕墙中采用钢骨架，除不锈钢外，其他应采取表面热渗的方法进行镀锌。

用于粘接隐框玻璃的硅酮密封胶（工程中简称结构胶）十分重要，结构胶应有与接触材料的相容性试验报告，并有保险年限的质量证书。

对于点式连接玻璃幕墙的连接件和联系杆件等，应采用高强金属材料或不锈钢精加工制作，有的还要承受很大预应力，技术要求比较高。

三、玻璃幕墙必须解决的技术问题

玻璃幕墙虽然具有自重比较轻（为砖墙的 1/10 左右）、施工工期短、外形美观、立面丰富等特点，但也存在造价高、耗能大等问题，一般只用于高级建筑工程中。工程实践证明，玻璃幕墙作为高层建筑的装饰墙体之一，必须解决好以下技术问题。

（一）满足自身强度要求

高层建筑的主要荷载来源于水平力（风力、地震力等），其中地震荷载主要由建筑结构主体承担，建筑结构应当正确选用结构材料（如钢筋混凝土和钢结构）和结构类型；而玻璃幕墙需要承担相应的风荷载。

风荷载对建筑物产生的影响，主要包括迎风面的正压力和背风面的负压力。风力的大小与地区气候条件、建筑物的高度有关。根据有关部门测定，一般内陆地区 100m 左右高度的建筑承受的风压力约为 $1.97kN/m^2$，沿海地区则约为 $2.60kN/m^2$，因此高层建筑中的风荷载是水平荷载中的主要荷载，玻璃幕墙在设计时应具有足够的抗风能力。

玻璃幕墙设计应选取合理的框架材料的截面，确定玻璃的适当厚度及面积大小，使玻璃幕墙具有足够的强度和安全度，这是玻璃幕墙设计中应重点解决的问题。1972 年，美国在波士顿建造的汉考克大厦，外墙采用玻璃幕墙，玻璃总数为 10000 多块，施工后竟有 1200 多块玻璃破碎掉落，当时引起全世界的震惊。产生如此重大的质量事故，主要是因玻璃自身强度不足所造成的。

为避免因玻璃自身强度不足而破损，除选用合理的玻璃厚度和尺寸外，还应采用钢化玻璃、夹丝玻璃和半钢化玻璃。

（二）满足结构变形要求

玻璃幕墙是一种厚度很小、面积很大的特殊结构，在建筑结构的外围主要受到风压力水平荷载作用。在风力的作用下，玻璃幕墙应当具有足够的抵抗变形的能力，通常用刚度允许值来表示。

根据工程实践总结，各国对玻璃幕墙的刚度允许值各有不同的规定，国外大部分控制幕墙挠度的允许值为 1/250～1/1000，而我国则规定为 1/150～1/800。挠度允许值过大或过小，对玻璃幕墙的安全性和经济性都有较大影响，因此在进行玻璃幕墙设计时，应当慎重确定幕墙的刚度允许值。

(三) 满足温度变形要求

工程实践证明，建筑的内外温差、天气温变和早晚温度的变化，均会使玻璃幕墙产生胀缩变形与温度应力，如铝合金型材其伸缩性比较大，幕墙与建筑结构主体之间应采取"柔性"连接，允许幕墙与建筑结构主体水平、垂直和内外方向有调节的可能性。

试验充分证明，只要满足幕墙温度变形的要求，不仅可以防止幕墙玻璃的破碎，而且可以消除由于变形、摩擦而产生的噪声。

(四) 满足围护功能要求

玻璃幕墙作为建筑结构的围护结构，应能满足防风雨、防蒸汽渗透、防结露等方面的要求，并具有一定的保温、隔声、隔热的能力；防风雨、防蒸汽渗透、防结露主要靠密封的方法堵塞缝隙，其中以硅酮胶进行密封的效果为最好，但注入缝隙中的厚度不应小于 5mm。

硅酮密封胶性能优良，耐久性好，根据德国工业标准 DIN53504 中提供的技术数据，可以抵抗 $-60\sim+200℃$ 的温度，抗折强度可达 $1.6N/mm$。

在实际玻璃幕墙的施工中，由于硅酮胶的价格高昂，为减少用量和降低工程造价，可与橡胶密封条配套使用，即幕墙的下层采用橡胶条，上层采用硅酮密封胶；这样既能达到密封的良好效果，又能降低工程的投资。

在保温方面，应通过控制总热阻值和选取相应的保温材料加以解决。为了减少热量的损失，可以从以下方面加以改善：

(1) 改善采光面玻璃的保温隔热性能，尽量选用节能型的中空玻璃，并减少幕墙上的开启扇；

(2) 对非采光部分采取保温隔热处理，通常做法是采用防火和隔热效果均较好的材料，如浮石、轻混凝土等，并设置里衬墙，也可以设置保温芯材；

(3) 加强对接缝的密闭处理，以减少透风量。

玻璃幕墙的各种玻璃保温性能如表 6-1 所示。

表 6-1　玻璃幕墙的各种玻璃保温性能

玻璃类型	间隔宽度/mm	传热系数/[W/(m²·K)]	玻璃类型	间隔宽度/mm	传热系数/[W/(m²·K)]
单层玻璃	—	5.93	三层中空玻璃	2×19	2.21
				2×12	2.09
双层中空玻璃	6	2.79	反射中空玻璃	12	1.63
	9	3.14			
	12	3.49			
防阳光双层玻璃	6	—	黏土砖墙	240mm 厚	3.40
	12			365mm 厚	2.23

(五) 满足隔热功能要求

在我国南方炎热地区，为减少太阳的辐射和减少能耗，玻璃幕墙一般应采用吸热玻璃和热反射玻璃。常用的吸热玻璃又称有色玻璃，可以吸收太阳辐射热 45% 左右；热反射玻璃又称镜面玻璃，它能反射太阳辐射热 30% 左右，反射可见光 40% 左右。

最新研制成功的热反射玻璃，在夏季时能反射 86% 的太阳辐射热，室内的可见光仅为 17% 左右，是一种极好的玻璃幕墙材料。

在玻璃幕墙的设计中，还可以根据实际情况，采用不同品种的玻璃组合的中空玻璃，如吸热玻璃与无机玻璃的组合、吸热玻璃与热反射玻璃的组合、热反射玻璃与无色玻璃的组合等，其中热反射玻璃与无色玻璃的组合是采用最多的一种。

热反射玻璃的最大特征是具有视线的单向性，即视线只能从室内的一侧看到室外的一侧，但不能从室外的一侧看到室内的一侧。这种特征使玻璃既有"冷房效应"，又有单向观察室外的效果。

（六）满足隔声功能要求

作为建筑结构外围的玻璃幕墙，必须具有一定的隔声性能，其隔声效果主要考虑隔离来自室外的噪声。按照声音传播的定律和材料试验，一般玻璃幕墙的隔声量低于实体承重墙，通常只有 30dB 左右，约为半砖双面抹灰墙体隔声量的 65%。如果采用中空玻璃，其隔声量可以达到 45dB；如果采用中空玻璃加其他隔声措施，其隔声效果会更好。

表 6-2 中列举了不同材料墙体隔声性能的有关数据，在进行玻璃幕墙设计和施工时供参考。

表 6-2　不同材料墙体隔声性能的有关数据

名称	厚度/mm	隔声量/dB	名称	厚度/mm	隔声量/dB
单层玻璃	6	30	混凝土墙	150（双面喷浆）	48
普通双层玻璃	6＋12＋6	39～44	黏土砖墙	240（双面抹灰）	48

（七）具有一定防火能力

玻璃幕墙的防火必须符合现行行业标准《玻璃幕墙工程技术规范》（JGJ 102—2003）中的要求。采用铝合金全玻璃幕墙的高层建筑，一旦发生火灾，铝合金框架达不到预定的耐火极限，为此除应设置砖石材料的里衬墙外，还应设置防火隔墙，即在玻璃与墙体之间填充岩棉或矿棉等非燃烧材料。

为确保玻璃幕墙具有一定的防火能力，在幕墙与楼板处的水平空隙，应采用阻燃性材料进行填充，有条件时应设置水幕，水幕的喷水强度为 0.5L/s，喷头的间距应不大于 1m。此外，所有裸露的金属支座均应采用防火涂料进行保护。

（八）满足清洁更换要求

玻璃幕墙位于建筑结构的外围，暴露于大自然之中，其表面不可避免地存在着不同程度的污染问题，所以在玻璃幕墙设计中应设置擦窗机。如深圳国贸大厦的玻璃幕墙为满足清洗和维修的要求，共设置了 3 台擦窗机，在主楼、裙房和旋转餐厅各设置 1 台。

擦窗设备种类很多，如平台、滑动梯、单元式吊架、整体式吊架、吊轨式吊箱、轨道式悬臂吊箱、无轨吊车和大型轨道式双悬臂吊箱等很多种，在设计中应根据玻璃幕墙的实际情况进行选用。

（九）防止"冷热桥"出现

玻璃幕墙一般由金属骨架和玻璃饰面组成，这两种材料的热导率存在很大差别，因此玻璃幕墙的"冷热桥"现象是玻璃幕墙在使用中常见的一种质量问题，多发生在玻璃和型材的接触部分。

为了减少这种现象的发生，一种方法是在其间设置绝热材料，如聚氯乙烯硬质塑料垫等，这是最常采用的方法；另一种方法是在金属骨架中间设置阻止导热的材料，使金属传热速度不至于过快，从而可防止"冷热桥"现象出现。

最近几年，玻璃幕墙发展非常迅速，国外已朝着进一步提高保温、隔热、防水、气密、隔声、节能方向发展。除玻璃幕墙以外，还有铝板幕墙、铝合金复合保温板幕墙、其他金属复合保温板幕墙等。这些幕墙的骨架组合施工吊装和玻璃幕墙相同，幕墙饰面板的安装固定方法主要采用扣式连接和挂式连接。

第二节　有框玻璃幕墙施工

有框玻璃幕墙是一种金属框架构件显露在外表面的玻璃幕墙，可分为明框玻璃幕墙和隐框玻璃幕墙，它以特殊断面的铝合金型材为框架，玻璃面板全部嵌入型材的凹槽内。其特点在于铝合金型材本身兼有骨架结构和固定玻璃的双重作用。有框玻璃幕墙是最传统的形式，应用最广泛，工作性能可靠，相对于隐框玻璃幕墙，更易满足施工技术水平要求。

　　有框玻璃幕墙的类别不同，其构造形式也不同，施工工艺有较大差异。现以铝合金全隐框玻璃幕墙为例，说明这类幕墙的构造。所谓全隐框是指玻璃组合构件固定在铝合金框架的外侧，从室外观看只看见幕墙的玻璃及分格线，铝合金框架完全隐蔽在玻璃幕的后边，如图 6-1(a) 所示。

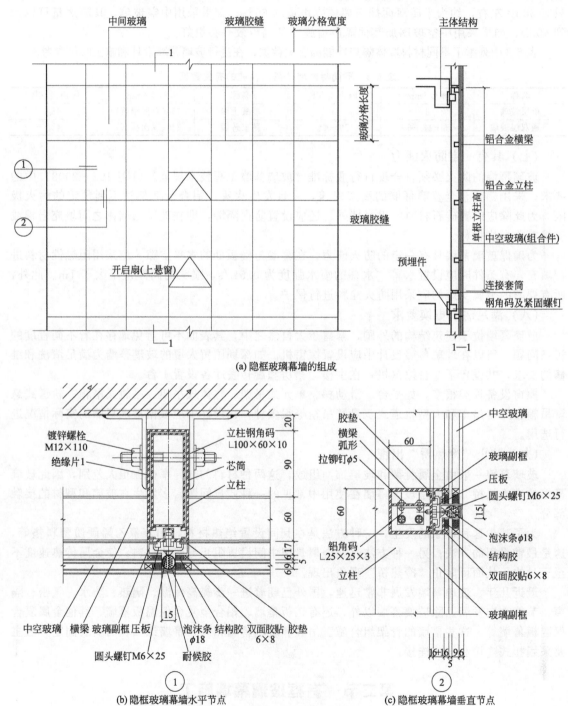

图 6-1　隐框玻璃幕墙的组成及节点

一、有框玻璃幕墙的组成

有框玻璃幕墙主要由幕墙立柱、横梁、玻璃、主体结构、预埋件、连接件以及连接螺栓、垫杆、胶缝、开启扇等组成，如图 6-1(a) 所示。竖直玻璃幕墙立柱应悬挂连接在主体结构上，并使其处于受拉工作状态。

二、有框玻璃幕墙的构造

(一) 基本构造

从图 6-1 (b) 中可以看到，立柱两侧角码是 L100mm×60mm×10mm 的角钢，它通过 M12mm×110mm 的镀锌连接螺栓将铝合金立柱与主体结构预埋件焊接，立柱又与铝合金横梁连接，在立柱和横梁的外侧再用连接压板通过 M6mm×25mm 的圆头螺钉将带副框的玻璃组合构件固定在铝合金立柱上。

为了提高幕墙的密封性能，在两块中空玻璃之间填充直径为 18mm 的塑料泡沫条，并填充耐候胶，从而形成 15mm 宽的缝，使得中空玻璃发生变形时有位移的空间。《玻璃幕墙工程技术规范》(JGJ 102—2003) 中规定，隐框玻璃幕墙拼缝宽度不宜小于 15mm。

为了防止接触腐蚀物质，在立柱连接杆件（角钢）与立柱之间垫上 1mm 厚的隔离片。中空玻璃边上有大、小两个"⊠"符号，这个符号代表接触材料——干燥剂和双面胶贴。干燥剂（大符号）放在两片玻璃之间，用于吸收玻璃夹层间的湿气；双面胶贴（小符号）用于玻璃和副框之间灌注结构胶前，固定胶缝位置和厚度用的呈海绵状的低发泡黑色胶带。两片中空玻璃周边凹缝中填有结构胶，从而使两片玻璃粘接在一起。使用的结构胶是玻璃幕墙施工成功与否的关键材料，必须使用国家定期公布的合格产品，并且必须在保质期内使用。玻璃还必须用结构胶与铝合金副框粘接，形成玻璃组合件，挂接在铝合金立柱和横梁上形成幕墙装饰饰面。

图 6-1 (c) 反映横梁与立柱的连接构造，以及玻璃组合件与横梁的连接关系。玻璃组合件应在符合洁净要求的车间中生产，然后运至施工现场进行安装。

幕墙构件应连接牢固，接缝处须用密封材料使连接部位密封 [图 6-1 (b) 中玻璃的副框与横梁、主柱相交均有胶垫]，用于消除构件间的摩擦声，防止串烟串火，并消除由于温差变化引起的热胀冷缩应力。玻璃幕墙立柱与混凝土结构宜通过预埋件连接，预埋件应在主体结构施工时埋入。没有条件采用预埋件连接时，应采用其他可靠的连接措施，如采用后置钢锚板加膨胀螺栓的方法，但要经过试验决定其承载力。

(二) 防火构造

为了保证建筑物的防火能力，玻璃幕墙与每层楼板、隔墙处以及窗间墙、窗槛墙的缝隙应采用不燃烧材料（如填充岩棉等），填充严密，形成防火隔层。隔层的隔板必须用经防火处理的厚度不小于 1.5mm 的钢板制作，不得使用铝板、铝塑料等耐火等级低的材料，否则起不到防火的作用。

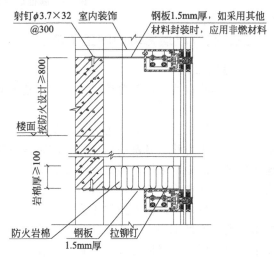

图 6-2 隐框玻璃幕墙防火构造节点

隐框玻璃幕墙防火构造节点如图 6-2 所示，并应在横梁位置安装厚度不小于 100mm 的防护岩棉，再用厚度为 1.5mm 的钢板加以包制。

(三) 防雷构造

建筑幕墙大多用于多层和高层建筑，其防雷是一个必须解决的问题。《建筑物防雷设计规范》(GB 50057—2010) 规定，高层建筑应设置防雷用的均压环（沿建筑物外墙周边每隔一定高度设置的水平防雷网，用于防侧向雷），环间垂直间距不应大于 12m，均压环可利用钢筋混凝土梁体内部的纵向钢筋或另行安装。

当采用梁体内的纵向钢筋作为均压环时，幕墙位于均压环处的预埋件钢筋必须与均压环处梁的纵向钢筋连通；设均压环位置的幕墙立柱必须与均压环连通，该位置处的幕墙横梁必须与幕墙立柱连通；未设均压环处的立柱必须与固定在设均压环楼层的立柱连通，如图 6-3 所示。以上所有均压环的接地电阻都应小于 4Ω。

幕墙防顶部的雷可用避雷带或避雷针，可由建筑防雷系统进行考虑。

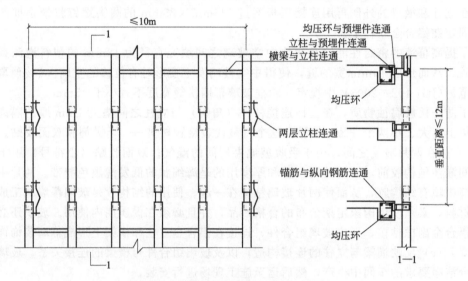

图 6-3　隐框玻璃幕墙防雷构造简图

三、有框玻璃幕墙的施工工艺

1. 施工工艺

工程实践证明，玻璃幕墙工序较多、技术复杂、安装精度要求高，应当由专业幕墙公司来进行设计和施工。

建筑幕墙的施工工艺流程为：测量、放线→调整和后置预埋件→确认主体结构轴线和各面中心线→以中心线为基准向两侧排基准竖线→按图样要求安装钢连接件和立柱、校正误差→钢连接件满焊固定、表面防腐处理→安装横框→上、下边缘封闭修饰→安装玻璃组件→安装开启窗扇→填充塑料泡沫棒并注入胶→清洁、整理→检查、验收。

(1) 弹线定位　由专业技术人员进行操作，确定玻璃幕墙的位置，这是保证工程安装质量的第一道关键性工序。弹线工作是以建筑物轴线为准，依据设计要求先将骨架的位置线弹到主体结构上，以确定竖向杆件的位置。工程主体部分，以中部水平线为基准，向上下返线，每层水平线确定后，即可用水准仪找平横向节点的标高。以上测量结果应与主体工程施工测量轴线一致，如果主体结构轴线误差大于规定的允许偏差时，则在征得监理和设计人员的同意后，调整装饰工程的轴线，使其符合装饰设计及构造的需要。

(2) 钢连接件安装　作为外墙装饰工程施工的基础，钢连接件的预埋钢板应尽量采用原主体结构预埋钢板，无条件时可采用后置钢锚板加膨胀螺栓的方法，但要经过试验确定其承载力，目前应用化学浆锚螺栓代替普通膨胀螺栓效果较好。对于玻璃幕墙与主体结构连接的钢构件，一般采用三维可调连接件，其特点是对预埋件埋设的精度要求不太高，在安装骨架时，上下左右及幕墙平面垂直度等可自如调整。

（3）框架安装　将立柱先与连接件连接，连接件再与主体结构预埋件连接，并进行调整、固定。立柱安装标高偏差不应大于3mm，轴线前后偏差不应大于2mm，左右偏差不应大于3mm。相邻两根立柱安装的标高偏差不应大于3mm，同层立柱的最大标高偏差不应大于5mm，相邻两根立柱的距离偏差不应大于2mm。

同一层横梁安装由下向上进行，当安装完一层高度时，进行检查调整校正，符合质量要求后固定。相邻两根横梁的水平标高偏差不应大于1mm。同层横梁标高偏差：当一幅幕墙宽度小于或等于35m时，不应大于5mm；当一幅幕墙宽度大于35m时，不应大于7mm。

横梁与立柱相连处应垫弹性橡胶垫片，主要用于消除横向热胀冷缩应力以及变形造成的横竖杆间的摩擦响声。铝合金框架构件和隐框玻璃幕墙的安装质量应符合表6-3和表6-4中的规定。

表6-3　铝合金框架构件安装质量要求

项目		允许偏差/mm	检查方法
幕墙垂直度	幕墙高度≤30m	10	激光仪或经纬仪
	30m＜幕墙高度≤60m	15	
	60m＜幕墙高度≤90m	20	
	幕墙高度＞90m	25	
竖向构件直线度		3	3m靠尺，塞尺
横向构件水平度	构件长度≤2m	2	水准仪
	构件长度＞2m	3	
同高度相邻两根横向构件高度差		1	钢直尺，塞尺
幕墙横向水平度	幅宽≤35m	5	水准仪
	幅宽＞35m	7	
分格框对角线	对角线长≤2000mm	3	3m钢卷尺
	对角线长＞2000mm	3.5	

注：1. 前5项按抽样根数检查，最后项按抽样分格数检查。

2. 垂直于地面的幕墙，竖向构件垂直度主要包括幕墙平面内及平面外的检查。

3. 竖向垂直度主要包括幕墙平面内和平面外的检查。

4. 在风力小于4级时测量检查。

表6-4　隐框玻璃幕墙安装质量要求

项目		允许偏差/mm	检查方法
竖向缝及墙面垂直度	幕墙高度≤30m	10	激光仪或经纬仪
	30m＜幕墙高度≤60m	15	
	60m＜幕墙高度≤90m	20	
	幕墙高度＞90m	25	
幕墙平面度		3	3m靠尺，钢直尺
竖向缝的直线度		3	3m靠尺，钢直尺
横向缝的直线度		3	3m靠尺，钢直尺
拼缝宽度（与设计值相比）		2	卡尺

（4）玻璃安装　玻璃安装前后将表面尘土污物擦拭干净，所采用镀膜玻璃的镀膜面朝向室内，玻璃与构件不得直接接触，以防止玻璃因温度变化引起胀缩而破坏。玻璃四周与构件凹槽底应保持一定空隙，每块玻璃下部应设不少于2块的弹性定位垫块（如氯丁橡胶等），"垫块"的宽度应与槽口宽度相同，长度不小于100mm。隐框玻璃幕墙采用经过设计确定的铝压板用不锈钢螺钉固定玻璃组合件，然后在玻璃拼缝处用发泡聚乙烯垫条填充空隙。塞入的垫条表面应凹入玻璃外表面5mm左右，再用耐候密封胶封缝，胶缝必须均匀、饱满，一般注入深度在

5mm 左右，并使用修饰胶的工具修整，之后揭除遮盖压边胶带并清洁玻璃及主框表面。玻璃的副框与主框之间设置橡胶条隔离，其断口留在四角，斜面断开后拼成预定的设计角度并用胶黏剂粘接牢固，提高其密封性能。玻璃安装可参见图 6-1 (b)、图 6-1 (c)。

(5) 缝隙处理　这里所讲的缝隙处理，主要是指幕墙与主体结构之间的缝隙处理。窗间墙、窗槛墙之间采用防火材料堵塞，隔离挡板采用厚度为 1.5mm 的钢板并涂防火涂料 2 遍。接缝处用防火密封胶封闭，保证接缝处的严密，参见图 6-2。

(6) 避雷设施安装　在进行立柱安装时，应按照设计要求进行防雷体系的可靠连接。均压环应与主体结构避雷系统相连，预埋件与均压环通过截面积不小于 48mm^2 的圆钢或扁钢连接。圆钢或扁钢与预埋件均压环进行搭接焊接，焊缝长度不小于 75mm。位于均压环所在层的每个立柱与支座之间应用宽度不小于 24mm、厚度不小于 2mm 的铝条连接，保证其电阻小于 10Ω。

2. 施工安装要点及注意事项

(1) 测量放线　有框玻璃幕墙测量放线应符合下列要求。①放线定位前使用经纬仪、水准仪等测量设备，配合标准钢卷尺、重锤、水平尺等复核主体结构轴线、标高及尺寸，注意是否有超出允许值的偏差；对超出者需经监理工程师、设计师同意后，适当调整幕墙的轴线，使其符合幕墙的构造要求。②高层建筑的测量放线应在风力不大于 4 级时进行，测量工作应每天定时进行。质量检验人员应及时对测量放线情况进行检查。测量放线时，还应对预埋件的偏差进行校验，其上下左右偏差不应大于 45mm，超出允许偏差的预埋件必须进行适当处理或重新设计，应把处理意见上报监理、业主和项目部。

(2) 立柱安装　有框玻璃幕墙的立柱安装可按以下方法和要求进行：

① 立柱安装的准确性和质量将影响整个玻璃幕墙的安装质量，是幕墙施工的关键工序之一。安装前应认真核对立柱的规格、尺寸、数量、编号是否与施工图纸一致。单根立柱长度通常为一层楼高，因为立柱的支座一般都设在每层边楼板位置（特殊情况除外），上下立柱之间用铝合金套筒连接，在该处形成铰接，构成变形缝，从而适应和消除幕墙的挠度变形和温度变形，保证幕墙的安全和耐久。

② 施工人员必须进行有关高空作业的培训，取得上岗证书后方可参与施工活动。在施工过程中，应严格遵守《建筑施工高处作业安全技术规范》(JGJ 80—2016) 的有关规定。特别要注意在风力超过 6 级时，不得进行高空作业。

③ 立柱和连接杆（支座）接触面之间一定要加防腐隔离垫片。

④ 立柱按要求初步定位后应进行自检，对合格的部分应进行调整修正，自检完全合格再报质检人员进行抽检，抽检合格后方可进行连接件（支座）的正式焊接，焊缝位置及要求按设计图样进行。焊缝质量必须符合现行《钢结构工程施工验收规范》。焊接好的连接件必须采取可靠的防腐措施。焊工是一种技术性很强的特殊工种，需经专业安全技术学习和训练，考试合格并获得"特殊工种操作证书"后，才能参与施工。

⑤ 玻璃幕墙立柱安装就位后应及时固定，并及时拆除原来的临时固定螺栓。

(3) 横梁安装　有框玻璃幕墙横梁安装可按以下方法和要求进行：

① 横梁安装定位后应进行自检，对不合格的部位应进行调整修正；自检合格后再报质检人员进行抽检。

② 在安装横梁时，应注意设计中如果有排水系统，冷凝水排出管及附件与横梁预留孔应连接严密，与内衬板出水孔连接处应设橡胶密封条；其他通气孔、雨水排出口，应按设计进行施工，不得出现遗漏。

(4) 玻璃安装　有框玻璃幕墙玻璃安装可按以下方法和要求进行：

① 玻璃安装前应将表面及四周尘土、污物擦拭干净，保证嵌缝耐候胶可靠粘接。玻璃的

镀膜面朝向室内，如果发现玻璃色差明显或镀膜脱落等，应及时向有关部门反映，得到处理方案后方可安装。

② 用于固定玻璃组合件的压块或其他连接件及螺钉等，应严格按设计或有关规范执行，严禁少装或不装紧固螺钉。

③ 玻璃组合件安装时应注意保护，避免碰撞、损伤或跌落。当玻璃面积较大或自身重量较大时，应采用机械安装或利用中空吸盘帮助提升安装。

隐框玻璃幕墙的安装质量要求如表 6-4 所示。

（5）拼缝及密封　有框玻璃幕墙拼缝及密封可按以下方法和要求进行：

① 玻璃拼缝应横平竖直、缝宽度均匀，并符合设计要求及允许偏差要求。每块玻璃初步定位后进行自检，不符合要求的应进行调整，自检合格后再报质检人员进行抽检。每幅幕墙抽检 5% 的分格，且不少于 5 个分格。允许偏差项目有 80% 抽检实测值为合格，其余抽检实测值不影响安全和使用的，则判为合格。抽检合格后才能进行泡沫条的填充和耐候胶灌注。

② 耐候胶在缝内相对两面粘接，不得三面粘接，较深的密封槽口应先填充聚乙烯泡沫条。耐候胶的施工厚度应大于 3.5mm，施工宽度不应小于施工厚度的 2 倍。注胶后胶缝饱满、表面光滑细腻，不污染其他表面，注胶前应在可能导致污染的部位贴上纸基胶带（即美纹纸条），注胶完成后再将胶带揭除。

③ 对于玻璃幕墙的密封材料，常用的是耐候硅酮密封胶，立柱、横梁等交接部位胶的填充一定要密实、无气泡。当采用明框玻璃幕墙时，在铝合金的凹槽内，玻璃应用定型的橡胶压条进行嵌填，然后再用耐候胶嵌缝。

（6）窗扇安装　有框玻璃幕墙窗扇安装可按以下方法和要求进行：

① 安装时应注意窗扇与窗框的配合间隙是否符合设计要求，窗框胶条应安装到位，以保证其密封性。图 6-4 所示为隐框玻璃幕墙开启扇的竖向节点详图，除与图 6-1（c）所示相同者外，增加了开启扇的固定框和活动框，连接用圆头螺钉（M5mm×32mm），扇框相交处垫有胶条密封。

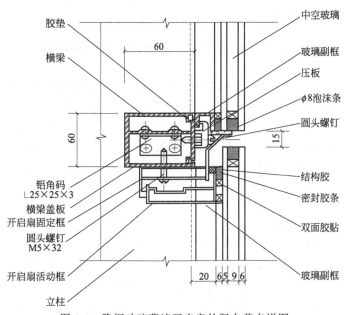

图 6-4　隐框玻璃幕墙开启扇的竖向节点详图

② 窗扇连接件的品种、规格、质量应当符合设计要求，并应采用不锈钢或轻钢金属制品，以保证窗扇的安全和耐用。安装中严禁私自减少连接螺钉等紧固件的数量，并应严格控制螺钉

的底孔直径。

（7）保护和清洁　有框玻璃幕墙保护和清洁可按以下方法和要求进行：

① 在整个施工过程中的玻璃幕墙，应采取可靠的技术措施加以保护，防止因污染、碰撞和变形而受损。

② 整个玻璃幕墙工程完工后，应从上到下用中性洗涤剂对幕墙表面进行清洗，清洗剂在清洗前要进行腐蚀性试验，确实证明对玻璃、铝合金无腐蚀作用后方可使用。清洗剂清洗后应用清水冲洗干净。

四、玻璃幕墙安装的安全措施

（1）安装玻璃幕墙用的施工机具应进行严格检验。手电钻、射钉枪等电动工具应做绝缘性试验，手持玻璃吸盘、电动玻璃吸盘等应进行吸附重量和吸附持续时间的试验。

（2）幕墙施工人员在进入施工现场时，必须佩戴安全帽、安全带、工具袋等。

（3）在高层玻璃幕墙安装与上部结构施工交叉时，结构施工下方应设安全防护网。在离地3m处，应搭设挑出6m的水平安全网。

（4）在玻璃幕墙施工现场进行焊接时，在焊件下方应吊挂上接焊渣的斗，以防止焊渣意外掉落而引起事故。

第三节　全玻璃幕墙施工

在建筑物一层大堂、顶层和旋转餐厅，为增加玻璃幕墙的通透性，玻璃板包括支承结构都采用玻璃肋，这类幕墙称为全玻璃幕墙。全玻璃幕墙通透性特别好，造型简捷明快，视野非常宽广。由于该幕墙通常采用比较厚的玻璃，所以其隔声效果较好，加之视线的无阻碍性，用于外墙装饰时，会使室内、室外环境浑然一体，显得非常广阔、明亮、美观、气派，被广泛应用于各种底层公共空间的外装饰。

一、全玻璃幕墙的分类

全玻璃幕墙根据其构造方式的不同，可分为吊挂式全玻璃幕墙和坐落式全玻璃幕墙两种。

（一）吊挂式全玻璃幕墙

当建筑物层高很大，采用通高玻璃的坐落式幕墙时，因玻璃变得比较细长，其平面的外刚度和稳定性相对较差，在自重作用下就很容易被压屈破坏，不可能再抵抗其他各种水平力的作用。为了提高玻璃的刚度、安全性和稳定性，避免产生压屈破坏，在超过一定高度的通高玻璃上部设置专用的金属夹具，将玻璃和玻璃肋吊挂起来形成玻璃墙面，这种玻璃幕墙称为吊挂式全玻璃幕墙。吊挂式全玻璃幕墙的下部需要镶嵌在槽口内，以利于玻璃板的伸缩变形。吊挂式全玻璃幕墙的玻璃尺寸和厚度要比坐落式全玻璃幕墙的大，而且构造复杂、工序较多，因此工程造价也较高。

（二）坐落式全玻璃幕墙

当全玻璃幕墙的高度较低时，可以采用坐落式安装。这种幕墙的通高玻璃板和玻璃肋上下均镶嵌在槽内，玻璃直接支撑在下部槽内的支座上，上部镶嵌玻璃的槽与玻璃之间留有空隙，使玻璃有伸缩的余地。这种做法构造简单、工序较少、造价较低，但只适用于建筑物层高较小的情况。工程实践证明，下列情况可采用坐落式全玻璃幕墙：玻璃厚度为10mm，幕墙高度在4～5m时；玻璃厚度为12mm，幕墙高度在5～6m时；玻璃厚度为15mm，幕墙高度在6～8m时；玻璃厚度为19mm，幕墙高度在8～10m时。全玻璃幕墙所使用的玻璃，多数为钢化玻璃和夹层钢化玻璃。无论采用何种玻璃，其边缘都应进行磨边处理。

二、全玻璃幕墙的构造

（一）坐落式全玻璃幕墙的构造

坐落式全玻璃幕墙为了加强玻璃板的刚度、保证玻璃幕墙整体在风压等水平荷载作用下的稳定性，构造中应加设玻璃肋。这种玻璃幕墙的构造组成为：上下金属夹槽、玻璃板、玻璃肋、弹性垫块、聚乙烯泡沫条或橡胶嵌条、连接螺栓、硅酮结构胶及耐候胶等，如图 6-5（a）所示。上下夹槽为 5 号槽钢，槽底垫弹性垫块，两侧嵌填橡胶条、封口用耐候胶。当玻璃高度小于 2m 且风压较小时，可不设置玻璃肋。

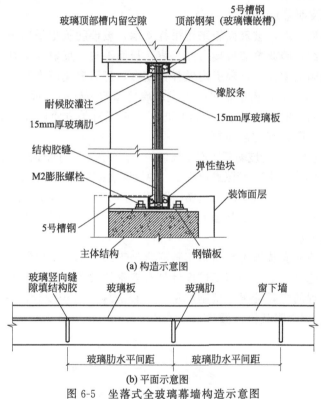

(a) 构造示意图

(b) 平面示意图

图 6-5　坐落式全玻璃幕墙构造示意图

玻璃肋应当垂直于玻璃板面布置，间距根据设计计算而确定。图 6-5（b）为坐落式全玻璃幕墙的平面示意图。从图中可以看到，玻璃肋均匀设置在玻璃板面的一侧，并与玻璃板垂直相交，玻璃竖向缝嵌入结构胶或耐候胶。

玻璃肋布置方式很多，各种布置方式各有特点，在工程中常见的有后置式、骑缝式、平齐式和突出式。

（1）**后置式**　后置式是指玻璃肋置于玻璃板的后部，用密封胶与玻璃板粘接成为一个整体，如图 6-6（a）所示。

（2）**骑缝式**　骑缝式是指玻璃肋位于两玻璃板的板缝位置，在缝隙处用密封胶将三块玻璃粘接起来，如图 6-6（b）所示。

（3）**平齐式**　平齐式玻璃肋位于两块玻璃之间，玻璃肋前端与玻璃板面平齐，两侧缝隙用密封胶嵌入、粘接，如图 6-6（c）所示。

（4）**突出式**　突出式玻璃肋夹在两玻璃板中间，两侧均突出玻璃表面，两面缝隙用密封胶嵌入、粘接，如图 6-6（d）所示。

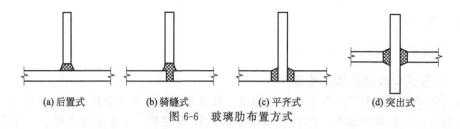

| (a) 后置式 | (b) 骑缝式 | (c) 平齐式 | (d) 突出式 |

图 6-6　玻璃肋布置方式

　　玻璃板、玻璃肋交接处留缝尺寸，应根据玻璃的厚度、高度、风压等确定，缝中灌注透明的硅酮耐候胶，使玻璃连接、传力，玻璃板通过密封胶缝将板面上的一部分作用力传给玻璃肋，再经过玻璃肋传递给结构。

（二）吊挂式全玻璃幕墙构造

　　对于吊挂式全玻璃幕墙，玻璃面板采用吊挂支承，玻璃肋板也采用吊挂支承，幕墙玻璃重量都由上部结构梁承载，因此幕墙玻璃自然垂直，板面平整，反射映像真实，更重要的是在地震或大风冲击下，整幅玻璃在一定限度内做弹性变形，可以避免应力集中造成玻璃破裂。

　　1995 年 1 月日本阪神大地震中，吊挂式全玻璃幕墙的完好率远远大于坐落式全玻璃幕墙，况且坐落式全玻璃幕墙一般都是低于 6m 高度的。事后经有关方面调查，吊挂式全玻璃幕墙出现损失的原因，并不是因为其构造问题。

　　分析国内外部分的吊挂式全玻璃幕墙产生破坏的主要原因有：①混凝土结构的破坏导致整个幕墙变形损坏；②吊挂钢结构破坏、膨胀螺栓松脱、焊缝断裂或组合式钢夹的夹片断裂；③玻璃边缘原来就有崩裂或采用钻孔工艺；④玻璃与金属横档间隔距离太小；⑤玻璃之间粘接的硅酮胶失效。

　　国内外工程实践充分证明，当幕墙的玻璃高度超过一定数值时，采用吊挂式全玻璃幕墙的做法是一种较成功的方法。

　　吊挂式全玻璃幕墙的安装施工是由多工种联合施工的，不仅工序复杂，操作要求也十分精细；同时，它又与其他分项工程的施工进度计划有着密切关系。为了使玻璃幕墙的施工安装顺利进行，必须根据工程的实际情况，编制好单项工程的施工组织设计，并经总承包单位确认；现以图 6-7、图 6-8 为例说明其构造做法。

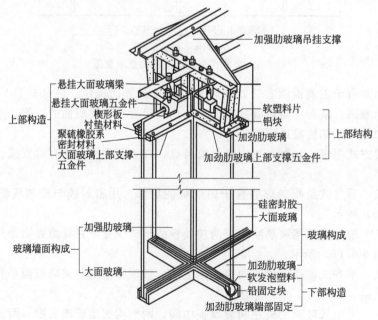

图 6-7　吊挂式全玻璃幕墙构造

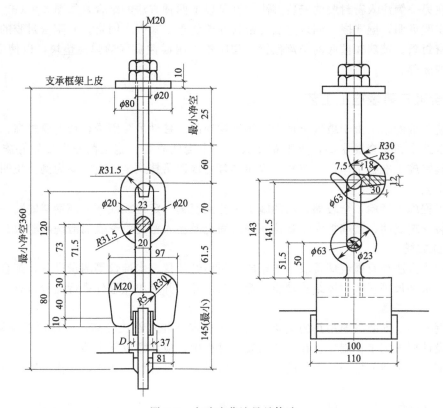

图 6-8 全玻璃幕墙吊具构造

吊挂式全玻璃幕墙主要构造方法是：在玻璃顶部增设钢梁、吊钩和夹具，将玻璃竖直吊挂起来，然后在玻璃底部两角附近垫上固定垫块并将玻璃镶嵌在底部金属槽内，槽内玻璃两侧用密封条及密封胶填实，以便限制其水平位移。

（三）全玻璃幕墙的玻璃定位嵌固

全玻璃幕墙的玻璃需插入金属槽内定位和嵌固，其安装方法有以下 3 种：

（1）干式嵌固 干式嵌固是指在固定玻璃时，采用密封条固定的安装方法，如图 6-9（a）所示。

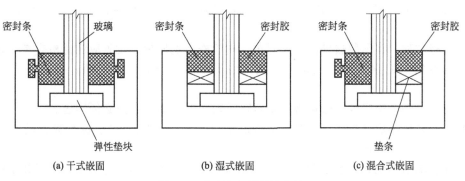

图 6-9 玻璃定位嵌固的方法

（2）湿式嵌固 湿式嵌固是指当玻璃插入金属槽内、填充垫条后，采用密封胶（如硅酮密封胶等）注入玻璃、垫条和槽壁之间的空隙，凝固后将玻璃固定的方法，如图 6-9（b）所示。

（3）混合式嵌固 混合式嵌固是指在放入玻璃前先在金属槽内一侧装入密封条，然后再放入玻璃，在另一侧注入密封胶的安装方法，这是以上两种方法的结合，如图6-9（c）所示。

工程实践证明，湿式嵌入固定方法的密封性能优于干式嵌入固定，硅酮密封胶的使用寿命长于橡胶密封条。玻璃在槽底的坐落位置，均应垫以耐候性良好的弹性垫块，以使受力合理，防止玻璃的破碎。

三、全玻璃幕墙施工工艺

全玻璃幕墙的施工由于玻璃重量大，属于易碎品，移动吊装困难，精度要求高，操作工艺复杂，所以技术和安全要求高，施工难度大，要求责任心强，施工前一定要做好施工组织设计，充分搞好施工准备工作，按照科学规律办事。现以吊挂式全玻璃幕墙为例，说明全玻璃幕墙的施工工艺。

根据工程施工经验，全玻璃幕墙的施工工艺流程为：定位放线→上部钢架安装→下部和侧面嵌槽安装→玻璃肋、玻璃板安装就位→嵌入固定及注入密封胶→表面清洗和验收。

1. 定位放线

定位放线方法与有框玻璃幕墙基本相同。使用经纬仪、水准仪等测量设备，配合标准钢卷尺、重锤、水平尺等复核主体结构轴线、标高及尺寸，并对原预埋件进行位置检查、复核。

2. 上部钢架安装

上部钢架用于安装玻璃吊具的支架，强度和稳定性要求都比较高，应使用热渗镀锌钢材，严格按照设计要求施工、制作。在钢架的安装过程中，应注意以下事项：

（1）钢架安装前要检查预埋件或钢锚板的质量是否符合设计要求，锚栓位置离开混凝土外缘不小于50mm。

（2）相邻柱间的钢架、吊具的安装必须通顺平直，吊具螺杆的中心线在同一铅垂平面内，应分段拉通线检查、复核，吊具的间距应均匀一致。

（3）钢架应进行隐蔽工程验收，需要经监理公司有关人员验收合格后，方可对施焊处进行防锈处理。

3. 下部和侧面嵌槽安装

嵌入固定玻璃的槽口应采用型钢，如尺寸较小的槽钢等，应与预埋件焊接牢固，验收后做防锈处理。下部槽口内每块玻璃的两角附近放置两块氯丁橡胶垫块，长度不小于100mm。

4. 玻璃板的安装

大型玻璃板的安装难度大、技术要求高，施工前要检查安全技术措施是否齐全到位，各种工具机具是否齐备、适用和正常等，待一切就绪后方可吊装玻璃。玻璃板安装的主要工序包括：

（1）检查玻璃。在吊装玻璃前，需要再一次检查玻璃质量，尤其应注意检查有无裂纹和崩边，粘接在玻璃上的铜夹片位置是否正确，用干布将玻璃表面擦干净，用记号笔做好中心标记。

（2）安装电动玻璃吸盘。玻璃吸盘要对称吸附于玻璃面，吸附必须牢固。

（3）在安装完毕后，先进行试吸，即将玻璃试吊起2~3m，检查各个吸盘的牢固度，试吸成功才能正式吊装玻璃。

（4）在玻璃适当位置安装手动吸盘、拉缆绳和侧面保护胶套。手动吸盘用于在不同高度工作的工人能够用手协助玻璃就位，拉缆绳是为玻璃在起吊、旋转、就位时，能控制玻璃的摆动，防止因风力作用和吊车转动发生玻璃失控。

（5）在嵌入固定玻璃的上下槽口内侧粘贴上低发泡垫条，垫条宽度同嵌缝胶的宽度，并且留有足够的注胶深度。

（6）用吊车将玻璃移动至安装位置，并将玻璃对准安装位置徐徐靠近。

（7）上层的工人把握好玻璃，防止玻璃就位时碰撞钢架。待下层工人都能握住深度吸盘时，可将玻璃一侧的保护胶套去掉。上层工人利用吊挂电动吸盘的手动吊链慢慢吊起玻璃，使玻璃下端略高于下部槽口，此时下层工人应及时将玻璃轻轻拉入槽内，并利用木板遮挡以防止碰撞相邻玻璃。另外，有人用木板轻轻托着玻璃下端，保证在吊链慢慢下放玻璃时，能准确落入下部的槽口中，并防止玻璃下端与金属槽口碰撞。

（8）玻璃定位。安装好玻璃夹具，各吊杆螺栓应在上部钢架的定位处，并与钢架轴线重合，上下调节吊挂螺栓的螺钉，使玻璃提升和准确就位。第一块玻璃就位后，要检查其侧边的垂直度，以后玻璃只需要检查其缝隙宽度是否相等、是否符合设计尺寸即可。

（9）在做好上部吊挂后，嵌入固定上下边框槽口外侧的垫条，使安装好的玻璃嵌入固定到位。

5. 灌注密封胶

（1）在灌注密封胶之前，所有注胶部位的玻璃和金属表面，均用丙酮或专用清洁剂擦拭干净，但不得用湿布和清水擦洗，所有注胶面必须干燥。

（2）为确保幕墙玻璃表面清洁美观，防止在注入胶时污染玻璃，在注胶前需要在玻璃上粘贴上美纹纸加以保护。

（3）安排受过训练的专业注胶工施工，注胶时内外两侧需同时进行。注胶的速度要均匀，厚度要一致，不要夹带气泡。注胶道表面要呈凹曲面。注胶不应在风雨天气和温度低于5℃的情况下进行。温度太低，胶凝固速度慢，不仅易产生流淌，而且影响拉伸强度。总之，一切应严格遵守产品说明进行施工。

（4）耐候硅酮密封胶的施工厚度一般应为 3.5～4.5mm，胶缝的厚度太薄对保证密封性能不利。

（5）胶缝厚度应遵守设计中的规定，结构硅酮胶必须在产品有效期内使用。

6. 清洁幕墙表面和验收

在以上工序完成后，要认真清洗玻璃幕墙的表面，使之达到竣工验收的标准。

四、全玻璃幕墙施工注意事项

（1）玻璃磨边。每块玻璃四周均需要进行磨边处理，不要因为上下不露边而忽视玻璃安全和质量。科学试验证明，玻璃在生产、施工和使用过程中，其应力是非常复杂的。玻璃在生产、加工过程中存在一定的内应力；玻璃在吊装中下部可能临时落地受力；在玻璃上端有夹具夹固，夹具具有很大的应力；吊挂后玻璃又要整体受拉，内部存在着应力。如果玻璃边缘不进行磨边，在复杂的外力、内力共同作用下，很容易产生裂缝而破坏。

（2）夹持玻璃的铜夹片一定要用专用胶粘接牢固，密实且无气泡，并按说明书要求充分养护后，才可进行吊装。

（3）在安装玻璃时应严格控制玻璃板面的垂直度、平整度及玻璃缝隙尺寸，使之符合设计及规范要求，并保证外观效果的协调、美观。

第四节 "点支式"连接玻璃幕墙

由玻璃面板、点支承装置和支承结构构成的玻璃幕墙称为"点支式"玻璃幕墙。按支承结构不同分类，"点支式"玻璃幕墙可分为工字形截面钢架、柱式钢桁架、鱼腹式钢架、空腹弓形钢架、单拉杆弓形钢架、双拉杆梭形钢架等；按玻璃面板材料不同分类，可分为钢化玻璃点支式玻璃幕墙、夹层安全玻璃点支式玻璃幕墙、中空玻璃点支式玻璃幕墙、双层玻璃点支式玻璃幕墙、光电玻璃点支式玻璃幕墙等；按玻璃面板支承形式不同分类，可分为四点支承点支承玻璃幕墙、六点支承点支承玻璃幕墙、多点支承点支承玻璃幕墙、托板支承点支承玻璃幕墙、夹板支承点支承玻璃幕墙等。

"点支式"玻璃幕墙是一门新兴技术，它体现的是建筑物内外的流通和融合，改变了过去用玻璃来表现窗户、幕墙、天顶的传统做法，强调的是玻璃的透明性。透过玻璃，人们可以清晰地看到支承玻璃幕墙的整个结构系统，将单纯的支承结构系统转化为具有可视性、观赏性和表现性的结构。由于"点支式"玻璃幕墙表现方法奇特，尽管它诞生的时间不长，但应用却极为广泛，并且日新月异地发展着。

一、"点支式"玻璃幕墙的特性

工程实践证明，"点支式"玻璃幕墙主要具有通透性好、灵活性好、安全性好、工艺感好、环保节能性好等特点。

（1）通透性好　玻璃面板仅通过几个点连接到支承结构上，几乎无遮挡，透过玻璃的视线达到最佳，视野达到最大，将玻璃的透明性应用到极限。

（2）灵活性好　在金属紧固件和金属连接件的设计中，为减少、消除玻璃板孔边缘的应力集中，使玻璃板与连接件处于铰接状态，使得玻璃板上的每个连接点都可以自由地转动，并且还允许有少许平动，用于弥补安装施工中的误差，所以"点支式"玻璃幕墙的玻璃一般不产生安装应力，并且能顺应支承结构受荷载作用后产生的变形，使玻璃不产生过度的应力集中。同时，采用"点支式"玻璃幕墙技术可以最大限度地满足建筑造型的需求。

（3）安全性好　由于"点支式"玻璃幕墙所用玻璃全都是钢化的，属于安全玻璃，并且使用金属紧固件和金属连接件与支承结构相连接，注入的耐候密封胶只起到密封作用，不承受荷载，即使玻璃意外破坏，钢化玻璃破裂成碎片，形成所谓的"玻璃雨"，也不会出现整块玻璃坠落的严重伤人事故。

（4）工艺感好　"点支式"玻璃幕墙的支承结构有多种形式，支承构件加工要求比较精细、表面平整光滑，具有良好的工艺感和艺术感。因此，许多建筑师喜欢选用这种结构形式。

（5）环保节能性好　"点支式"玻璃幕墙的特点之一是通透性好，因此在玻璃的使用上多选择无光污染的白玻璃、超白玻璃和低辐射玻璃等，尤其是中空玻璃的使用，节能效果更加明显。

二、"点支式"玻璃幕墙设计

（1）"点支式"玻璃幕墙在一般情况下四边形玻璃面板可采用四点支承，有依据时也可采用六点支承；三角形玻璃面板可采用三点支承。点支承玻璃幕墙一般采用四点支承，相邻两块四点支承板改为六点支承板后，最大弯矩由四点支承的跨中转移至六点支承板的支座且数值相近，承载力没有显著提高，但跨中挠度可大大减小。所以，一般情况下可采用单块四点支承玻璃。当挠度够大时，可将相邻两块四点支承板改为六点支承板。

点支承幕墙面板采用开孔支承装置时，玻璃板在孔边会产生较高的应力集中。为防止玻璃板破裂，孔洞距板边不宜太近，此距离应根据面板尺寸、板厚和荷载大小而定，一般情况下孔边到板边的距离有两种限制方法：一种是孔边距不得小于70mm；另一种是按板厚的倍数规定，当板厚不大于12mm时，取6倍板厚；当板厚不小于15mm时，取4倍板厚；这两种方法的限值是大致相当的。孔边距为70mm时，可以采用爪长较小的200系列钢爪支承装置。

（2）采用浮头式连接件的幕墙玻璃厚度不应小于6mm，采用沉头式连接件的幕墙玻璃厚度不应小于8mm。点支承幕墙采用四点支承装置，玻璃在支承部位的应力集中明显，受力比较复杂。因此，点支承玻璃的厚度应具有比普通幕墙更严格的基本要求，安装连接件的夹层玻璃和中空玻璃，其单片的厚度也应符合上述要求。

（3）玻璃之间的空隙宽度不应小于10mm，且应采用硅酮建筑密封胶进行嵌缝。玻璃之间的缝宽要满足幕墙在温度变化和主体结构侧移时玻璃互不相碰的要求；同时，在密封胶缝受拉时，其自身拉伸变形也要满足温度变化和主体结构侧移使胶缝变宽的要求，因此胶缝的宽度不宜过小。有气密和水密要求的点支承幕墙的板缝，应采用硅酮建筑密封胶进行密封。

（4）点支承玻璃支承孔周边应进行可靠的密封。当支承玻璃为中空玻璃时，其支承孔周边应采取多道密封措施。为便于装配和安装进行位置调整，玻璃板开孔的直径应稍大于穿孔而过的金属轴，除轴上加封龙套管外，还应采用密封胶将空隙密封。

三、支承装置

（1）点支承玻璃幕墙的支承装置应符合现行行业标准《点支式玻璃幕墙工程技术规程（附条文说明）》（CECS 127—2001）的规定，在此标准中给出了钢爪式支承装置的技术条件，但点支承玻璃幕墙并不局限于采用钢爪式支承装置，还可以采用夹板式或其他形式的支承装置。

（2）支承头应能适应玻璃面板在支承点的转动变形。支承面板变弯后，板的角部产生移动。如果转动被约束，则会在支承处产生较大弯矩，因此支承装置应能适应板角部的转动变形。当面板尺寸较小、荷载较小、角部转动较小时，可以采用夹板式和固定式支承装置；当面板尺寸较大、荷载较大、面板转动变形较大时，则宜采用带转动球铰的活动式支承装置。

（3）支承头的钢材与玻璃之间宜设置弹性材料的衬垫或衬套，衬垫和衬套的厚度不应小于1mm。

（4）除承受玻璃面板所传递的荷载或作用外，支承装置不应兼作他用。点支承玻璃幕墙的支承装置只用来支承幕墙玻璃和玻璃承受的风荷载或地震作用，不应在支承装置上附加其他设备和重物。

四、支承结构

（1）点支承玻璃幕墙的支承结构宜单独进行计算，玻璃面板不宜兼作支承结构的一部分。复杂的支承结构宜采用有限元方法进行计算分析。点支承玻璃幕墙的支承结构可由玻璃肋和各种钢结构面板承受直接作用于其上的荷载作用，并通过支承装置传递给支承结构。在进行玻璃幕墙设计时，支承结构应单独进行结构分析。

（2）点支承玻璃幕墙的玻璃肋可按现行行业标准《玻璃幕墙工程技术规范》（JGJ 102—2003）中第7.3节的规定进行设计。

（3）点支承玻璃幕墙的支承钢结构的设计应符合现行国家标准《钢结构设计规范（附条文说明［另册］）》（GB 50017—2017）的有关规定。

（4）选用单根型钢或钢管作为玻璃幕墙支承结构时，应符合下列规定：

① 端部与主体结构的连接构造应当能够适应主体结构的位移。

② 竖向构件宜按偏心受压构件或偏心受拉构件进行设计；水平构件宜按双向受弯构件进行设计；有转矩作用时应考虑转矩的不利影响。

③ 受压杆件的长细比 λ 不应大于150。

④ 在风荷载标准值的作用下，挠度限值宜取其跨度的1/250。计算时，悬臂结构的跨度可取其悬挑长度的2倍。

单根型钢或钢管作为竖向支承结构时，是偏心受拉或偏心受压杆件，上、下端宜铰支承于主体结构上，当屋盖或楼盖有较大位移时，支承构造应能与之相适应，如采用长圆孔、设置双铰摆臂连接机构等。

（5）桁架或空腹桁架设计应符合下列规定：

① 可采用型钢或钢管作为杆件。采用钢管时宜在节点处直接焊接，主管不宜开孔，支管

不应穿入主管内。

② 钢管的外直径不宜大于其壁厚的 50 倍，支管外直径不宜小于主管外直径的 0.3 倍。钢管壁厚不宜小于 4mm，主管的壁厚不应小于支管的壁厚。

③ 桁架杆件不宜偏心连接。弦杆与腹杆、腹杆与腹杆之间的夹角不宜小于 30°。

④ 焊接钢管桁架宜按刚连接体系进行计算，焊接钢管空腹桁架也应按刚连接体系进行计算。

⑤ 轴心受压或偏心受压的桁架杆件长细比不应大于 150，轴心受拉或偏心受拉的桁架杆件长细比不宜大于 350。

⑥ 当桁架或空腹桁架平面外的不动支承点相距远时，应设置正交方向上的稳定支承结构；在风荷载标准值的作用下，其挠度限值宜取其跨度的 1/250。

(6) 张拉索杆体系设计应符合下列规定：

① 应在正、反两个方向上形成承受风荷载或地震作用的稳定结构体系。在主要受力方向的正交方向，必要时应设置稳定性拉索、拉杆或桁架。

② 连接件、受压件和拉杆宜采用不锈钢材料，拉杆的直径不宜小于 10mm；自平衡体系的受压杆件可采用碳素结构钢。拉索宜采用不锈钢绞线、高强度钢绞线，也可采用铝包钢绞线。采用高强度钢绞线时，其表面应进行防腐涂层处理。

③ 在对张拉索杆体系进行结构力学分析时，应当考虑几何非线性的影响。

④ 与主体结构连接的部位应能适应主体结构的位移，主体结构应能承受拉杆体系或拉索体系的预应力和荷载作用。

⑤ 自平衡体系、索杆体系的受压杆件的长细比 λ 不应大于 150。

⑥ 拉杆不宜采用焊接，拉索可采用冷挤压锚具进行连接，但不可采用焊接。

⑦ 在风荷载标准值的作用下，其挠度限值宜取其支承点距离的 1/200。

张拉索杆体系的拉杆和拉索只承受拉力，不承受压力，而风荷载和地震作用是反正两个不同方向的。因此，张拉索杆系统应在两个正交方向都形成稳定的结构体系，除主要受力方向外，其正交方向也应布置平衡或稳定拉索或拉杆，或者采用双向受力体系。

钢绞线是由若干根直径较大的光圆钢丝绞捻而成的螺旋钢丝束，通常由 7 根、19 根或 37 根直径大于 2mm 的钢丝绞捻而成。拉索通常采用不锈钢绞线，不必另行进行防腐处理，外表也比较美观。当拉索受力较大时，往往需采用强度更高的高强度钢绞线，而高强度钢绞线不具备自身防腐能力，必须采取可靠的防腐措施。实际工程经验证明，铝包钢绞线是在高强度钢绞线的外层被覆 0.2mm 厚的铝层，兼有高强和防腐双重功能，工程应用效果良好。

张拉索杆体系只有在施加预应力后，才能形成形状不变的受力体系。因此，一般张拉索杆体系都会使主体结构承受附加的作用力，在主体结构设计时必须加以考虑。索杆体系与主体结构的屋盖和楼盖连接时，既要保证索杆体系承受的荷载能可靠地传递到主体结构上，也要考虑主体结构变形时不会使幕墙产生破损。因而幕墙支承结构的上部支承点要根据主体结构的位移方向和变形量，设置单向（通常为竖向）或多向（竖向和一个或两个水平方向）的可动铰支座。

拉索和拉杆都通过端部螺纹连接件与节点相连，螺纹连接件也用于施加预应力。螺纹连接件通常在拉杆的端部直接制作，或通过冷挤压锚具与钢绞线拉索进行连接。

实际工程和"三性"试验证明，张拉索杆体系即使为 1/80 的位移量，也可以做到玻璃与支承结构完好，抗雨水渗漏和空气渗透性能正常，不妨碍安全和使用。因此，张拉索杆体系的位移控制值为跨度的 1/200 是留有余地的。

(7) 张拉索杆体系预应力的最小值，应使拉杆或拉索在风荷载设计值作用下保持一定的预应力储备。

用于建筑幕墙的索杆体系常常对称布置，施加预应力主要是为了形成稳定不变的结构体系，预应力的大小对减少挠度的作用不大。所以，预应力不必过大，只要保证在荷载、地震、温度作用下索杆还存在一定的拉力，不至于松弛即可。

（8）点支承玻璃幕墙的安装施工组织设计尚应包括以下内容：

① 支承钢结构的运输、现场拼装和吊装方案。

② 拉杆、拉索体系预应力的施加、测量、调整方案以及索杆的定位、固定方法。

③ 玻璃的运输、就位、调整和固定方法。

④ 玻璃幕墙胶缝的充填及质量保证措施等。

五、施工工艺

钢架式点支玻璃幕墙是最早的"点支式"玻璃幕墙结构，按其结构形式又有钢架式、拉索式，其中钢架式是建筑工程中采用最多的结构类型。

1. 钢架式点支玻璃幕墙安装工艺流程

由于钢架式点支玻璃幕墙的结构组成比较复杂，所以其施工工艺也比较烦琐。根据工程施工经验，钢架式点支玻璃幕墙安装工艺流程为：检验并分类堆放幕墙构件→现场测量放线→安装钢桁架→安装不锈钢拉杆→安装接驳件（钢爪）→玻璃就位→钢爪紧固螺钉→固定玻璃→玻璃缝隙内注胶→表面清理。

2. 安装前的准备工作

在玻璃幕墙正式施工前，应根据土建结构的基础验收资料复核各项数据，并标注在检测资料上，预埋件、支座面和地脚螺栓的位置、标高的尺寸偏差，应符合现行技术规定及验收规范，钢柱脚下的支承预埋件应符合设计要求。

在玻璃幕墙正式安装前，应认真检验并分类堆放幕墙所用的构件。钢结构在装卸、运输堆放的过程中，应防止出现损坏和变形。钢结构运送到安装地点的顺序，应满足安装程序的需要。

3. 施工测量放线

钢架式点支玻璃幕墙分格轴线的测量应与主体结构的测量配合，其误差应及时调整，不得出现积累。钢结构的复核定位应使用轴线控制点和测量标高的基准点，保证幕墙主要竖向构件及主要横向构件的尺寸允许偏差符合有关规范及行业标准。

4. 钢桁架的安装

钢桁架安装应按现场实际情况及结构采用整体或综合拼装的方法施工。确定几何位置的主要构件，如柱、桁架等应吊装在设计位置上，在松开吊挂设备后应进行初步校正，构件的连接接头必须经过检查合格后，方可紧固和焊接。

对于焊接部位应按要求进行打磨，消除尖锐的棱角和尖角；达到圆滑过渡要求的钢结构表面，还应根据设计要求喷涂防锈漆和防火漆。

5. 接驳件（钢爪）安装

在安装横梁的同时应按顺序及时安装横向及竖向拉杆。对于拉杆接驳结构体系，应保证驳接件（钢爪）位置的准确，紧固拉杆或调整尺寸偏差时，宜采用先左后右、由上自下的顺序，逐步固定接驳件位置，以单元控制的方法调整校核结构体系安装精度。

在接驳件安装时，不锈钢爪的安装位置一定要准确，在固定孔、点和接驳件（钢爪）间的连接时应考虑可调整的余量。所有固定孔、点和玻璃连接的接驳件螺栓都应用测力扳手拧紧，其力矩的大小应符合设计规定值，并且所有的螺栓都应用自锁螺母固定。常见的钢爪示意图如图 6-10 所示，钢爪安装示意图如图 6-11 所示。

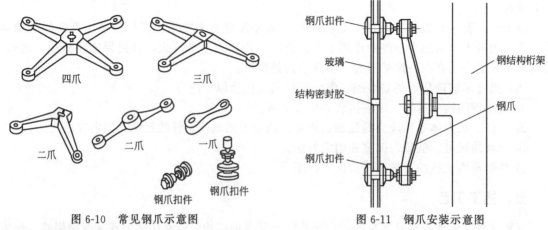

图 6-10　常见钢爪示意图

图 6-11　钢爪安装示意图

6. 幕墙玻璃安装

在进行玻璃安装前，首先应检查校对钢结构主支承的垂直度、标高、横梁的高度和水平度等是否符合设计要求，特别要注意对安装孔位的复查，然后清洁钢件表面杂物，驳接玻璃底部"U"形槽内应装入橡胶垫块，对应于玻璃支承面的宽度边缘处应放置垫块。

在进行玻璃安装时，应清洁玻璃及吸盘上的灰尘，根据玻璃重量及吸盘规格确定吸盘个数，然后检查驳接爪的安装位置是否正确。经校核无误后，方可安装玻璃。正式安装玻璃时，应先将驳接头与玻璃在安装平台上装配好，然后再与驳接爪进行安装。为确保驳接头处的气密性、水密性，必须使用转矩扳手，根据驳接系统的具体尺寸来确定转矩的大小。玻璃安装示意图如图 6-12 所示。

玻璃在现场初步安装后，应当认真调整玻璃上下左右的位置，以保证玻璃安装水平偏差在允许范围内。玻璃全部调整好后，应进行立面平整度检查，经检查确认无误后，才能打密封胶。

7. 玻璃缝隙注密封胶

在注入密封胶前，应进行认真的清洁工作，以确保密封胶与玻璃结合牢固。注胶前在需要注胶的部位粘贴保护胶纸，并注意胶纸与胶缝要平直。注胶时要持续均匀，其操作顺序是：先打横向缝，后打竖向缝；竖向胶缝宜自上而下进行；胶注满后，应检查里面是否有气泡、空心、断缝、夹杂，如果有则应及时处理。

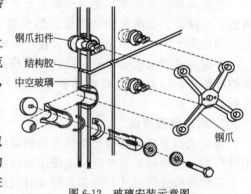

图 6-12　玻璃安装示意图

第五节　玻璃幕墙细部处理

玻璃幕墙特殊部位的细部处理也是玻璃幕墙施工的重要组成部位，对整个幕墙的装饰效果起着极其重要的作用，必须引起足够的重视。

玻璃幕墙特殊部位的细部处理，主要包括：转角部位的处理、端部收口的处理、冷凝水排水处理、各种缝隙的处理、与窗台连接处理和隔热阻断节点处理等。

一、转角部位处理

玻璃幕墙的转角部位处理，主要包括对阴角、阳角和任意角等的处理。由于角的位置、形状和特征不同，所以各自的处理方法也不同。

（一）阴角的处理

阴角也称为90°内转角，其处理方法是将幕墙中的两根竖框互相垂直布置。竖框之间的缝隙，外侧用弹性密封材料进行密封，室内一侧采用压型薄铝板进行饰面，薄铝板与铝合金竖框之间用铝钉连接。阴角的构造处理如图6-13所示。

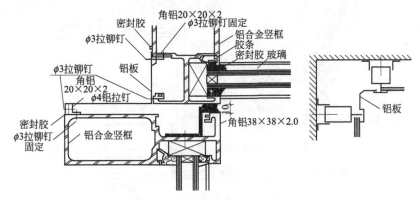

图6-13 阴角的构造处理示意图

（二）阳角的处理

阳角也称为90°外转角，其处理方法是将幕墙中的两根竖框以垂直方式布置，然后用铝合金板进行封角处理。图6-14（a）是采用阳角封板的连接方法，图6-14（b）是采用阴角封板的连接方法。

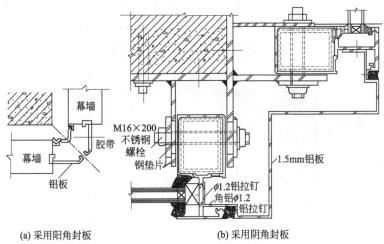

(a) 采用阳角封板   (b) 采用阴角封板

图6-14 阳角的构造处理示意图

（三）任意角的处理

任意角是指外墙角度不是90°的角，如外墙拐角、锐角和钝角，其中以钝角的处理最为典型。钝角的处理方法是：幕墙两个竖框靠紧，中间用现场电焊制作的异形连接板塞紧，并与竖框贯通，螺栓固定内缝用密封胶进行嵌缝；外角用1.5mm厚的铝板，扣入竖框卡口，缝隙用密封胶嵌缝。钝角的构造处理如图6-15所示。

二、端部收口处理

玻璃幕墙的端部收口处理是确保玻璃幕墙内部密封、不受外界侵蚀的重要细部技术措施。根据玻璃幕墙的结构特点，一般主要包括底部的收口处理、侧端的收口处理和顶部的收口处理等。

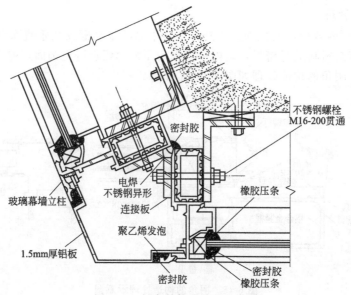

图 6-15　钝角的构造处理示意图

（一）底部的收口处理

底部的收口是指幕墙最底部的所有横框与墙面接触部位的处理方法。底部收口经常见到的有：横框与下墙、横框与窗台板、横框与地面之间的交接等。横框与结构脱开一段距离，其间隔一般在 25mm 左右，然后用 1.5mm 铝板将正面和底面做 90°封堵，中空部分用泡沫塑料填满。缝隙用密封胶嵌缝，下部留排水孔。底部的收口处理如图 6-16 所示。

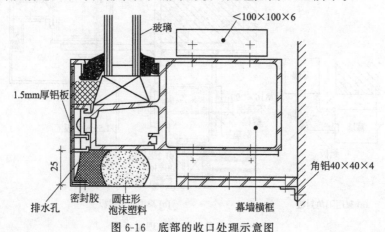

图 6-16　底部的收口处理示意图

（二）侧端的收口处理

安装玻璃幕墙遇到最后一根立柱时，幕墙竖框与柱子拉开较小的一段距离并用铝板进行封堵。这样处理的好处是可以清除土建工程施工的误差，弥补土建工程遗留的缺陷，也可以满足不同变形的需要。竖框与其他结构的连接，其过渡方法仍然是采用 1.5mm 厚的成型铝板将幕墙与骨架之间封闭起来。侧端收口构造的处理如图 6-17 所示。

（三）顶部的收口处理

顶部是指玻璃幕墙的上端水平面。对于这个部位的处理，一方面要考虑顶部收口，另一方面要考虑防止雨水渗漏。顶部收口的通常做法仍然是采用铝板进行封盖，其一端固定在横框上，另一端固定在结构骨架上。

相连的接缝部位应做密封处理，其收口处理的方法如图 6-18 所示。

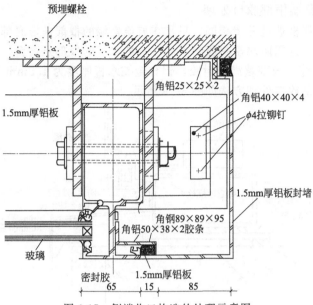

图 6-17 侧端收口构造的处理示意图

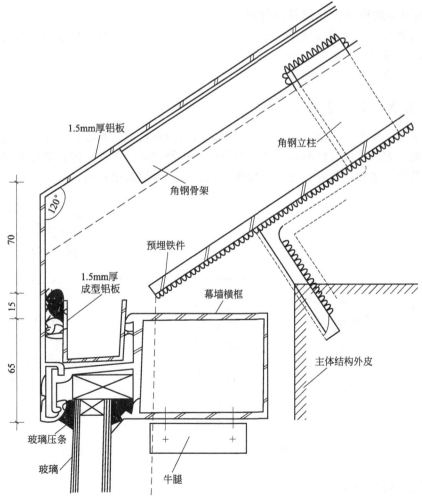

图 6-18 顶部的收口处理示意图

(四) 隐框玻璃幕墙根部收口处理

隐框玻璃幕墙与明框玻璃幕墙相同，只是在玻璃幕墙的根部横框底部设置垫板垫块，外侧安装一条压型披水板，外用防水密封胶封严即可。披水板的根部是窗台，最下面的横框与地面之间要留 25mm 的间隙，内部填满密封胶，铝合金披水板厚度为 1.5mm。

隐框玻璃幕墙根部收口处理方法如图 6-19 所示。

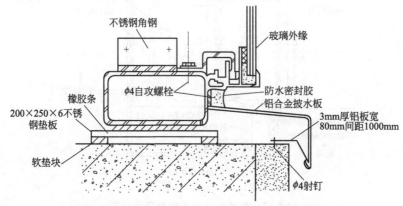

图 6-19　隐框玻璃幕墙根部收口处理方法示意图

(五) 隐框玻璃幕墙女儿墙封顶处理

隐框玻璃幕墙女儿墙封顶处理，是利用铝合金压型板材做压顶，用螺栓加防水垫与骨架进行连接，板缝与螺栓孔用密封胶填缝封严。

隐框玻璃幕墙女儿墙封顶处理方法，如图 6-20 所示。

三、冷凝水排水处理

由于玻璃厚度较小、保温性能较差，铝框、内衬墙和楼板外侧等处，在寒冷的天气会出现凝结水，因此，玻璃幕墙设计时还要考虑到设法排出凝结水。其具体做法是在幕墙的横框处设置排水沟槽并设滴水孔。此外，还应在楼板外壁设置一道铝制披水板。幕墙的披水与排水如图 6-21 所示。

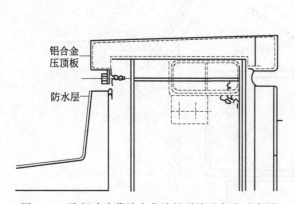

图 6-20　隐框玻璃幕墙女儿墙封顶处理方法示意图

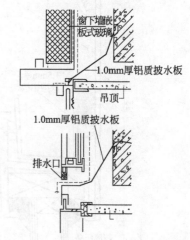

图 6-21　幕墙的披水与排水示意图

四、各种缝隙处理

在建筑结构中存在伸缩缝、沉降缝和防震缝等，这些缝通称为变形缝。究竟需要设置何种缝，主要取决于建筑结构变形的需要。玻璃幕墙在缝隙部位也要适应结构变形的需要，设置相应的变形缝，将两个竖框伸出的铝板彼此插接，缝隙部分用弹性较好的橡胶带堵塞严密。玻璃幕墙变形缝的构造如图 6-22 所示。

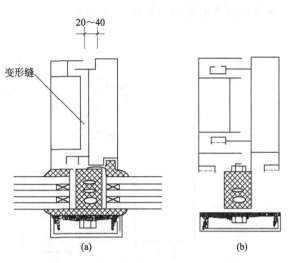

图 6-22　玻璃幕墙变形缝的构造示意图

五、与窗台连接处理

由于建筑造型的需要，玻璃幕墙建筑常常是设计面积很大的整片玻璃墙面，这就给幕墙带来一系列采光、通风、保温、隔热等要求。但是，幕墙与楼板、柱子与柱子之间均有缝隙，这对于玻璃幕墙的保温、隔热和隔声均不利，如果采取加衬墙的方法就可以解决以上这些问题。工程实践证明，窗台部位利用衬墙，既能满足保温的要求，又可满足上下层隔声的要求。玻璃幕墙窗台的做法如图 6-23 所示。

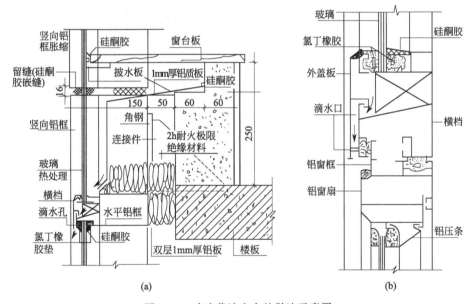

图 6-23　玻璃幕墙窗台的做法示意图

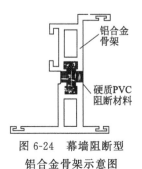

图 6-24　幕墙阻断型铝合金骨架示意图

六、隔热阻断节点处理

在明框式玻璃幕墙构造中，由于骨架的外露很容易形成"冷热桥"，金属与玻璃的膨胀收缩差别很大，玻璃会因挤压而损坏。为阻断"冷热桥"的传导，必须在骨架与玻璃骨架、外侧罩板之间设橡胶垫，尽量减少传导面积。

为解决"冷热桥"问题，许多单位进行了大量试验研究，并取得了较好成果。某厂生产了一种新型骨架材料，有效地防止了"冷热桥"现象，这种新型的幕墙阻断型铝合金骨架如图 6-24 所示。在幕墙中常用的隔热阻断构造如图 6-25 所示。

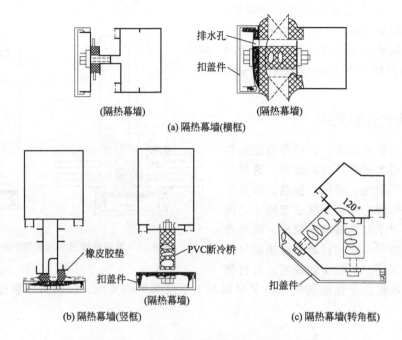

(隔热幕墙)   排水孔 扣盖件 (隔热幕墙)

(a) 隔热幕墙(横框)

橡皮胶垫   PVC断冷桥 扣盖件 (隔热幕墙)   120° 扣盖件

(b) 隔热幕墙(竖框)   (c) 隔热幕墙(转角框)

图 6-25　幕墙中常用的隔热阻断构造示意图

第**七**章 ▶▶▶

石材幕墙施工工艺

石材幕墙是指利用"金属挂件"将石材饰面板直接挂在主体结构上，或当主体结构为混凝土框架时，先将金属骨架悬挂于主体结构上，然后再利用"金属挂件"将石材饰面板挂于金属骨架上的幕墙。前者称为直接式干挂幕墙，后者称为骨架式干挂幕墙。

石材是天然脆性材料。幕墙用石材板是天然石材经开采、切割、抛光、火烧等多道工序加工而成的，受自然成因及后期开采、加工技术等多种因素影响，易产生暗纹、裂隙等不易检测和控制的质量缺陷。

石材幕墙同玻璃幕墙一样，需要承受各种外力的作用，还需要适应主体结构位移的影响，所以石材幕墙必须按照《金属与石材幕墙工程技术规范（附条文说明）》（JGJ 133—2013）进行强度计算和刚度验算。另外，还应满足建筑热工、隔声、防水、防火和防腐蚀等方面的要求。

第一节　石材幕墙的种类及工艺流程

石材建筑幕墙是国内外常采用的外围装饰形式，不同的建筑结构采用不同的种类，在施工和使用中均承受不同的外力。为确保石材建筑幕墙的装饰效果和使用功能，应当采用不同的施工工艺流程。

一、石材幕墙的种类

按照施工方法不同，石材幕墙主要分为短槽式石材幕墙、通槽式石材幕墙、钢销式石材幕墙、背栓式石材幕墙和托板式石材幕墙等。

（一）短槽式石材幕墙

短槽式石材幕墙是在幕墙石材侧边中间开短槽，用不锈钢挂件挂接、支撑石板的做法。短槽式做法的构造简单，技术成熟，目前应用较多。

（二）通槽式石材幕墙

通槽式石材幕墙是在幕墙石材侧边中间开通槽，嵌入和安装通长金属卡条，石板固定在金属的卡条上的做法。此种做法施工复杂，开槽比较困难，目前应用较少。

（三）钢销式石材幕墙

钢销式石材幕墙是在幕墙石材侧面打孔，穿入不锈钢钢销将两块石板连接，钢销与挂件连接，将石材挂接起来的做法，这种做法目前应用也较少。

（四）背栓式石材幕墙

背栓式石材幕墙是在幕墙石材背面钻 4 个扩底孔，孔中安装柱（锥）式锚栓，然后再把锚栓通过连接件与幕墙的横梁相接的幕墙做法。背栓式是石材幕墙的新型做法，它受力合理，维修方便，更换简单，是一项引进的新技术，目前已经在很多幕墙工程中推广应用。

（五）托板式石材幕墙

托板式石材幕墙采用铝合金托板进行连接，整个粘接一般在工厂内完成，施工质量可靠。在现场安装时采用挂式结构，在安装过程中可实现三维调整，并可使用弹性胶垫安装，从而实现柔性连接，提高抗震性能。这种石材幕墙具有高贵、亮丽的质感，使建筑物表现得庄重大方、高贵豪华。

二、石材幕墙的工艺流程

石材幕墙按其施工方法不同，虽然可分为很多种类，但总体来讲，它们的工艺流程还是大同小异。工程实践证明，干挂石材幕墙安装施工工艺流程为：测量放线→预埋位置尺寸检查→金属骨架安装→钢结构防锈漆涂刷→防火保温棉安装→石材干挂→嵌填密封胶→石材幕墙表面清理→工程验收。

第二节　石材幕墙对石材的要求

作为建筑结构外围护结构的石材建筑幕墙，除了要承受本身自重外，还要承受风荷载、地震作用和温度变化作用的影响，因此要求选用的石材质量必须符合设计和现行规范的规定；同时，天然材料属于脆性材料，而幕墙的很多部位都是整块石料采用浮雕加工而成，对石材的抗压强度、抗弯强度、硬度、耐磨性、抗冻性、耐火性、可加工性等都有相应的要求，在设计中要认真进行幕墙石材的选用。

一、建筑幕墙石材的选用

建筑幕墙石材品种的选用，是石材幕墙设计中极其重要的技术问题。石材选用是否适宜，不仅直接关系到石材幕墙的工程造价和装饰效果，而且也直接关系到石材幕墙的使用功能和使用年限。

由于幕墙工程属于室外墙面装饰，要求所用石材具有良好的耐久性，因此，一般宜选用火成岩，通常选用花岗石。因为花岗石的主要结构物质是长石和石英，其质地坚硬、结构密实，具有耐酸碱、耐腐蚀、耐高温、耐日晒雨淋、耐寒冷、耐摩擦等优异性能，使用年限较长，比较适宜作为建筑物的外饰面。

在现行行业标准《金属与石材幕墙工程技术规范（附条文说明）》（JGJ 133—2013）中，也规定幕墙的石材种类为花岗石，且具抗弯强度试验值应大于 8MPa。

近几年由于建筑艺术发展的需要，非花岗石的石材，如砂岩、凝灰岩等已在建筑幕墙中开始应用。尤其在欧洲，已开始广泛采用砂岩、凝灰岩石材，有的甚至采用多孔凝灰岩等石材，作为建筑幕墙饰面的石材已经相当多。

由于我国建筑室外的环境条件比欧洲还差，所以大理石等易受酸雨腐蚀的岩石，一般不宜用于室外建筑幕墙工程。如果在建筑设计中确实需要采用，砂岩、凝灰岩等石材也可以用于建筑幕墙，但应采取相应的加强和防护措施。

二、幕墙石材的厚度确定

工程实践充分证明，按规定选用相应厚度的石材，有助于减少或消除石材天然形成的薄弱带和石材加工中产生的微小裂缝造成的不良影响。多数幕墙用花岗石最小厚度一般不宜小于25mm。我国幕墙石材的常用厚度一般为 25～30mm。

为满足强度计算的要求，幕墙石材的厚度最薄应等于25mm。火烧石材的厚度应比抛光石材的厚度尺寸大 3mm。石材经过火烧加工后，在板材表面会形成细小的、不均匀的麻坑而影响板材厚度，同时也影响板材的强度；故规定在设计计算强度时，对同厚度火烧板一般需要按减薄 3mm 进行。

三、幕墙石材的表面处理

石材的表面处理方法，应根据环境和用途决定。其表面应采用机械加工，加工后的表面应用高压水冲洗或用水和刷子清理。

严禁用溶剂型的化学清洁剂清洗石材。因石材是多孔的天然材料，一旦使用溶剂型的化学清洁剂就会有残余的化学成分留在微孔内，与工程密封材料及黏结材料会起化学反应而造成饰面污染。

四、幕墙石材的技术要求

为确保石材幕墙的设计要求，用于幕墙的石材，在技术方面的要求应满足最基本的技术要求，这些技术要求主要包括：吸水率、弯曲强度和有关的技术性能。

(一) 吸水率

由于幕墙石材处于比较恶劣的使用环境中，尤其是冬季产生的冻胀影响，很容易损伤石材，甚至将石料板材胀裂。因此，用于幕墙的石材吸水率要求较高。

工程材料试验证明，幕墙石材的吸水率和空隙的大小，直接影响含水量的变化、风化的强度，并通过这些因素影响石材的使用寿命（耐风化能力）。所以，石材吸水率是选择外墙用石材的重要物理性能。因此，在现行行业标准《金属与石材幕墙工程技术规范（附条文说明）》（JGJ 133—2013）中规定，石材的吸水率应小于 0.80%。

(二) 弯曲强度

幕墙石材的弯曲强度是石材非常重要的力学指标，不仅关系到石材的强度高低和性能好坏，而且关系到幕墙的安全性和使用年限。因此，用于幕墙的花岗石板材弯曲强度，应经相应资质的检测机构进行检测确定，其弯曲强度应≥8.0MPa。

(三) 技术性能

石材进场后，应开箱对其进行技术性能方面的检查，重点检查主要包括：是否有破碎、缺棱角、崩边、变色、局部污染、表面坑洼、明暗裂缝，有无风化，进行外形尺寸边角和平整度的测量，观察表面荔枝面形态深浅等；对存在明显缺陷及隐伤的石材，应严格控制，不准上墙安装。安装时严格按编号就位，防止因返工引起石材损伤。

为确保石材幕墙的质量符合设计要求，所用石材的技术要求和性能试验方法应符合国家现行标准的有关规定。

1. 幕墙石材的技术要求

幕墙石材的技术要求应符合现行行业标准《天然花岗石荒料》（JC/T 204—2011）、国家标准《天然花岗石建筑板材》（GB/T 18601—2009）中的规定。尤其是对于现行行业标准《天然花岗石荒料》中的体积密度、吸水率、干燥压缩强度和弯曲强度等技术要求，非等效地采用了美国《花岗石规格板材规范》（ASTMC 615—1996），其技术指标与《花岗石规格板材规范》

（ASTMC 615—1996）基本一致。

2. 石材的性能试验方法

建筑幕墙所用石材的主要性能试验方法，应当符合下列现行国家标准的规定：《天然饰面石材试验方法　第 1 部分：干燥、水饱和、冻融循环后压缩强度试验方法》（GB/T 9966.1—2001），《天然饰面石材试验方法　第 2 部分：干燥、水饱和弯曲强度试验方法》（GB/T 9966.2—2001），《天然饰面石材试验方法　第 3 部分：体积密度、真密度、真气孔率、吸水率试验方法》（GB/T 9966.3—2001），《天然饰面石材试验方法　第 4 部分：耐磨性试验方法》（GB/T 9966.4—2001），《天然饰面石材试验方法　第 5 部分：肖氏硬度试验方法》（GB/T 9966.5—2001），《天然饰面石材试验方法　第 6 部分：耐酸性试验方法》（GB/T 9966.6—2001）。

第三节　石材幕墙的构造与施工工艺

一、石材幕墙的组成和构造

石材幕墙主要是由石材面板、不锈钢挂件、钢骨架（立柱和横撑）及预埋件、连接件和石材拼缝注胶等组成。然而直接式干挂幕墙将不锈钢挂件安装于主体结构上，不需要设置钢骨架，这种做法要求主体结构的墙体强度较高，最好为钢筋混凝土墙，并且要求墙面平整度、垂直度要好，否则应采用骨架式做法。石材幕墙的横梁、立柱等骨架，是承担主要荷载的框架，可以选用型钢或铝合金型材，并由设计计算确定其规格、型号，同时也要符合有关规范的要求。

图 7-1 为有金属骨架的石材幕墙的组成示意图；图 7-2 为短槽式石材幕墙的构造；图 7-3 为钢销式石材幕墙的构造；图 7-4 为背栓式石材幕墙的构造。

石材幕墙的防火、防雷等构造与有框玻璃幕墙基本相同。

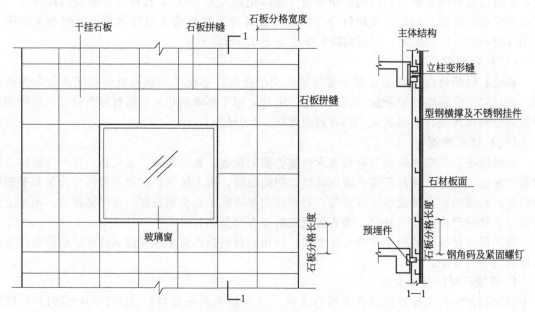

图 7-1　有金属骨架的石材幕墙的组成示意图

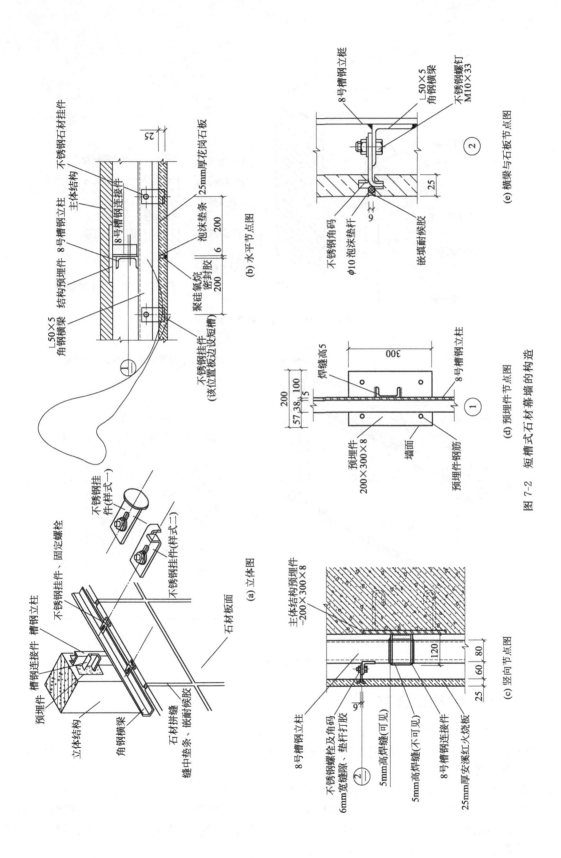

图 7-2 短槽式石材幕墙的构造

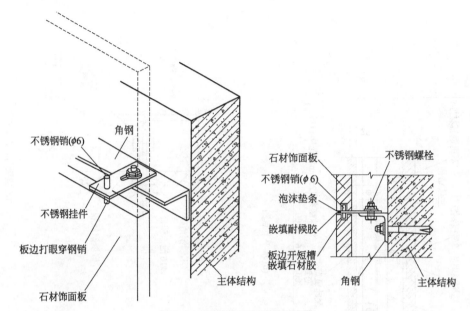

图 7-3　钢销式石材幕墙的构造

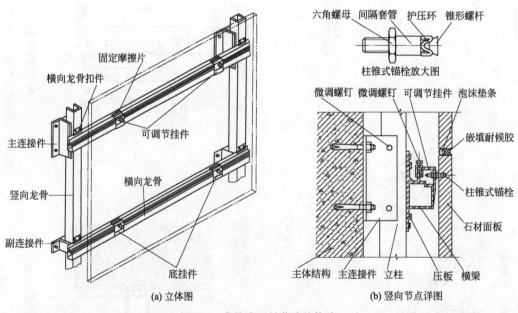

(a) 立体图　　　　　　　　(b) 竖向节点详图

图 7-4　背栓式石材幕墙的构造

二、石材幕墙施工工艺

干挂石材幕墙安装施工工艺流程主要包括：测量放线→预埋位置尺寸检查→金属骨架安装→钢结构防锈漆涂刷→防火保温棉安装→石材干挂→嵌填密封胶→石材幕墙表面清理→工程验收。

1. 石材幕墙施工机具

石材幕墙施工所用的机具主要有：数控刨沟机、手提电动刨沟机、电动吊篮、滚轮、热压胶带电炉、双斜锯、双轴仿形铣床、凿榫机、自攻钻、手电钻、夹角机、铝型材弯型机、双组分注胶机、清洗机、电焊机、水准仪、经纬仪、托线板、线坠、钢卷尺、水平尺、钢丝线、螺丝刀（螺钉旋具）、工具刀、泥灰刀、筒式打胶枪等。

2. 预埋件检查、安装

安装石板的预埋件应在进行土建工程施工时埋设。幕墙施工前要根据该工程基准轴线和中线以及基准水平点对预埋件进行检查、校核，当设计无明确要求时，一般位置尺寸的允许偏差为±20mm，预埋件的标高允许偏差为±10mm。

如果由于预埋件标高及位置偏差造成无法使用或遗漏时，应当根据实际情况提出选用膨胀螺栓或化学锚栓加钢锚板（形成后补预埋件）的方案，并应在现场进行拉拔试验，并做好详细施工记录。

3. 测量放线

（1）根据干挂石材幕墙施工图，结合土建施工图复核轴线的尺寸、标高和水准点，并予以校正。

（2）按照设计图纸的要求，在底层确定幕墙的位置线和分格线位置，以便依次向上确定各层石板的位置线和分格线位置。

（3）用经纬仪将幕墙的阳角和阴角位置及标高线定出，并用固定在屋顶钢支架上的钢丝作为标志控制线。

（4）使用水平仪和标准钢卷尺等引出各层标高线。

（5）确定好幕墙石材每个立面的中线。

（6）在进行施工测量时，应注意控制分配测量误差，不能使误差产生积累。

（7）为保证测量的精度符合设计要求，测量放线应当在风力不大于4级的情况下进行，并要采取避风措施。

（8）幕墙放线定位完成后，要对所确定的控制线定时进行校核，以确保幕墙垂直度和金属立柱位置的正确。

4. 金属骨架安装

（1）根据施工的放样图，检查放线位置是否准确；对于有误差者应采取措施加以纠正。

（2）在检查和纠正放线位置后，可安装固定立柱上的铁件，为安装立柱做好准备工作。

（3）在安装幕墙的立柱时，应先安装同立面两端的立柱，然后拉通线顺序安装中间立柱，使同层立柱安装在同一水平位置上。

（4）将各施工水平控制线引至立柱上，并用水平尺进行校核，以便使石板材在立柱上安装。

（5）按照设计尺寸安装金属横梁，横梁一定要与立柱垂直。

（6）钢骨架中的立柱和横梁采用螺栓连接。如采用焊接时，应对下方和临近的已完工装饰饰面进行成品保护。焊接时要采用对称焊，以减少因焊接产生的变形。检查焊缝质量合格后，所有的焊点、焊缝均需除去焊渣及做防锈处理，如刷防锈漆等。

（7）待金属骨架安装完工后，应通过监理公司对隐蔽工程检查后，方可进行下道工序。

5. 防火、保温材料安装

（1）必须采用合格的材料，即要求有出厂合格证。

（2）在每层楼板与石材幕墙之间不能有空隙，应用1.5mm厚镀锌钢板和防火岩棉形成防火隔离带，用防火胶密封。

（3）在北方寒冷地区，幕墙保温层施工后，保温层最好有防水、防潮保护层，在金属骨架内填塞固定，要求严密牢固。

6. 石材饰面板安装

（1）将运至工地的石材饰面板按编号分类，检查尺寸是否准确和有无破损、缺棱、掉角。按施工要求分层次将石材饰面板运至施工面附近，并注意摆放可靠。

（2）按幕墙墙面基准线仔细安装好底层第一层石材。

（3）注意每层金属挂件安放的标高，金属挂件应紧托上层饰面板（背栓式石板安装除外），而与下层饰面板之间留有间隙（间隙留待下道工序处理）。

（4）安装时，要在饰面板的销钉孔或短槽内注入石材胶，以保证饰面板与挂件的可靠连接。

（5）安装时，宜先完成窗洞口四周的石材镶边。

（6）安装到每一楼层标高时，要注意调整垂直误差，使得误差不积累。

（7）在搬运石材时，要有安全防护措施，摆放时下面要垫木方。

7. 注胶封缝

（1）要按设计要求选用合格且未过期的耐候嵌缝胶。最好选用含硅油少的石材专用嵌缝胶，以免硅油渗透，污染石材表面。

（2）用带有凸头的刮板填装聚乙烯泡沫圆形垫条，保证胶缝的最小宽度和均匀性。选用的圆形垫条直径应稍大于缝宽。

（3）在胶缝两侧粘贴胶带纸保护，以免嵌缝胶的痕迹污染石材表面。

（4）用专用清洁剂或草酸擦洗缝隙处石材表面。

（5）安排受过训练的注胶工注胶。注胶应均匀无流淌，边打胶边用专用工具勾缝，使嵌缝胶成型后呈微弧形凹面。

（6）施工中要注意不能有漏胶污染墙面，如墙面上粘有胶液应立即擦去，并用清洁剂及时擦净余胶。

（7）在刮风和下雨时不能进行注胶作业，因为刮起的尘土及水渍进入胶缝会严重影响密封质量。

8. 清洗和保护

施工完毕后，除去石材表面的胶带纸，用清水和清洁剂将石材表面擦洗干净，按照要求进行打蜡或者涂刷防护剂。

9. 施工注意事项

（1）在石材幕墙正式施工前，应严格检查石材质量，材质和加工尺寸都必须符合设计要求，不合格的产品不得用于工程。

（2）施工人员要仔细检查每块石材是否有裂纹，防止石材在运输和施工时发生断裂，影响石材幕墙的作业计划和工程质量。

（3）测量放线要精确，各专业施工要组织统一放线、统一测量，避免各专业的施工因为测量和放线误差发生施工矛盾。

（4）在石材幕墙正式施工前，应严格检查预埋件的设置是否合理，位置是否准确。

（5）根据现场放线数据绘制施工放样图，落实实际施工和加工尺寸。

（6）在安装和调整石材板位置时，一般可以用垫片适当调整缝宽，所用垫片与挂件必须是同质材料。

（7）固定挂件的不锈钢螺栓要加弹簧垫圈，在调平、调直、拧紧螺栓后，在螺母上抹少许石材胶固定。

10. 施工质量要求

（1）石材幕墙的立柱、横梁的安装应符合下列规定：

① 立柱安装标高偏差不应大于3mm，轴线前后偏差不应大于2mm，轴线左右偏差不应大于3mm。

② 相邻两立柱安装标高偏差不应大于3mm，同层立柱的最大标高偏差不应大于5mm，相邻两根立柱的距离偏差不应大于2mm。

③ 相邻两根横梁的水平标高偏差不应大于1mm。同层标高偏差：当一幅幕墙宽度小于等

于 35m 时，不应大于 5mm；当一幅幕墙宽度大于 35m 时，不应大于 7mm。

（2）石板安装时左右、上下的偏差不应大于 1.5mm。石板缝隙安装时必须有防水措施，并有符合设计的排水出口。石板缝中填充硅酮密封胶时，应先垫上比缝隙略宽的圆形泡沫垫条，然后填充硅酮密封胶。

（3）石材幕墙钢构件施焊后，其表面应进行防腐处理，如涂刷防锈漆等。

（4）石材幕墙安装施工应对下列项目进行验收：①主体结构与立柱、立柱与横梁连接节点安装及防腐处理；②墙面的防火层、保温层安装；③幕墙的伸缩缝、沉降缝、防震缝及阴阳角的安装；④幕墙的防雷节点的安装；⑤幕墙的封口安装。

三、石材幕墙施工安全

（1）石材幕墙施工不仅应当符合现行行业标准《建筑施工高处作业安全技术规范》（JGJ 80—2016）中的规定，还应遵守施工组织设计确定的各项要求。

（2）安装石材幕墙的施工机具和吊篮在使用前应进行严格检查和试车，必须达到规定的要求后方可使用。

（3）在石材幕墙正式施工前，应对施工人员进行安全教育和技术培训，现场施工人员应佩戴安全帽、安全带、工具袋等。

（4）当需要工程上下部交叉作业时，结构施工层下方应采取可靠的安全防护措施。

（5）在施工现场进行焊接作业时，在焊件的下方应设置接焊渣斗，以防止焊渣掉落引起火灾。

（6）脚手架上的废物应及时加以清理，不得在窗台、栏杆上放置施工工具，以免坠落发生伤人事故。

第四节　干挂陶瓷板幕墙的应用

陶瓷板自 1969 年在德国开始生产，至今已有约 50 年的历史。工程实践充分证明，该产品作为幕墙的面板，具有自洁性强、质量较小、强度较高、安装简便等特点。干挂陶瓷板幕墙已被世界级建筑大师所选择，在欧美建筑工程中广为应用。近年来，这种幕墙已进入中国市场，现按照中国的建筑工程及自然环境，对干挂陶瓷板幕墙的应用进行探讨。

一、陶瓷板材料的分析

（1）陶瓷板　陶瓷板是用天然材料瓷土、陶土、石英砂，根据德国 DIN EN186-1A11a 的标准，采用独特的挤拉式多孔结构生产工艺成型，在 1260℃ 的高温下窑烧成材。

（2）品种及规格　陶瓷板的品种丰富（有 K1～K12 型），有平面板和条纹板；色彩各异，有独特的质感和耐久性。其规格主要有：400mm×200mm、500mm×250mm、500mm×280mm、600mm×280mm；厚度为 15mm 或 20mm，也可以根据工程需要由厂家制作。

（3）技术性能　陶瓷板具有吸水率低、强度高、耐腐蚀、耐污染、耐高温、耐低温、抗紫外线、不褪色、抗冻性强及最佳的隔热隔声性能，是非易燃材料。

（4）自洁性好　建筑工程上专门为陶土板研制的 HYDROTECT 透明自洁涂料，陶瓷板表面涂上这种涂料后，在紫外线照射时，会产生二氧化碳气体，可降低陶瓷板表面水的表面张力。当下雨时，降低水附着于陶瓷板表面的机会，雨水的冲洗会带走陶瓷板表面的灰尘和污垢，微生物也不易滋生，使陶瓷板表面光亮如新，从而可节省幕墙清洗费用。

二、干挂陶瓷板幕墙的性能分析

陶瓷板简称陶板，该产品强度较高，质量较小，色彩各异，安装简便，自洁性强。现对干挂陶瓷板幕墙与天然石材幕墙性能对比分析如下。

1. 建筑艺术性更强

工程实践证明，陶瓷板品种丰富，规格可满足各种建筑工程的需要，不仅有平板、条纹板等多种板面，而且有单色、组合色、石材色、风景及人物像等多种色彩，可使建筑更具有艺术性，而天然花岗石石材色彩有局限，色差较大。

2. 结构先进，安全耐久

干挂陶瓷板幕墙的结构先进，与建筑寿命相同，确保建筑工程能长期安全使用。主要表现在以下方面：

（1）陶瓷板材料分析　陶瓷板是对天然材料瓷土或陶土、石英砂等采用独特的挤拉式多孔结构生产工艺加工成型的，在陶瓷板的背面预制挂接用的沟槽，在1260℃的高温下烧制成材，15mm厚即可满足建筑工程的需要，其强度高、质量小。

（2）结构先进，安全耐久　陶瓷板幕墙是柔性结构，采用陶瓷板背面的沟槽吊在具有弹性的开口铝型材横梁上，在陶瓷板背面与铝横梁之间设置减震弹簧片。在风荷载、地震、建筑沉降变形及温度效应作用时，有较大的随动位移空间，避免陶瓷板挂接沟槽，安全耐久，更适宜作为百叶幕墙。

天然花岗石石材幕墙是采用背栓或槽式（长槽或短槽）结构，按照现行行业标准《金属与石材幕墙工程技术规范（附条文说明）》（JGJ 133—2013）中的规定，石板厚度不得小于25mm，在石板上下边开槽宽度宜为7mm，短槽长不应小于100mm，有效槽深不宜小于15mm，铝合金挂件支承板厚不宜小于4mm，插在石板槽内用石材专用胶粘接后挂在横龙骨上，位移量比较小，一般只有3mm。有的建筑在使用过程中，在石材板块连接处很容易发生裂纹，安全耐久性较差。

（3）性能稳定　陶瓷板幕墙具有强度高、耐腐蚀、耐高温、耐低温、无污染、易清洁、抗紫外线、不褪色、抗冻性好、隔热保温、隔声等性能，是非易燃材料。而天然花岗石石材是多孔易碎性材料，易污染及老化变色，性能较差。

（4）经济性好　天然花岗石石材的体积密度为2.56g/cm³，厚度不得小于25mm；而陶瓷板的体积密度为2.00g/cm³，厚度15mm即可满足工程的使用要求，陶瓷板每平方米比石材轻25kg，每1万平方米陶瓷板幕墙可轻280t左右，既可减少幕墙承载龙骨的用料，又可减少工程基础用料。由于陶瓷板表面会有保护液，可以免洗，从而可节省清洗费用。

三、干挂陶瓷板幕墙的设计施工

（一）干挂陶瓷板幕墙的结构设计

陶瓷板属于一种人造板材，关于人造板幕墙标准正在编制中，目前仍参照《金属与石材幕墙工程技术规范（附条文说明）》（JGJ 133—2013）进行设计计算、结构设计及选材。

（1）幕墙所用的竖龙骨可选用6063T5铝合金管材或T形铝材，也可选用型钢，通过连接角码与预埋件可靠连接。

（2）幕墙所用的横梁选择专用的、具有弹性的开口铝型材，并根据设计定距切制成分段挂钩。有嵌板间铝横梁和嵌板上下端所用的铝横梁，根据陶瓷板幕墙的分格，将铝横梁固定在竖龙骨上。

（3）K3型陶瓷板在背面预制了沟槽，吊挂于横梁上，在横梁与陶瓷板之间扣接减震弹簧片，由于正负风压的作用，避免陶瓷板与横梁之间因碰撞而产生噪声。

（4）有的陶瓷板在侧面设有孔，也可利用陶瓷板的这些孔，利用专用配件采用插孔结构与龙骨进行连接。

（5）K12型陶瓷板在背面预制成T形槽。采用铝合金挂件与横梁连接结构，该结构承力状态好，可做成大板面建筑幕墙（长 1200mm）。

（6）陶瓷板可做成开缝或闭缝式幕墙结构，在板块间缝可安装装饰嵌条。

（二）干挂陶瓷板幕墙的安装施工

（1）首先按照陶瓷板幕墙的设计分格图，在建筑结构施工中定位设置预埋件，这是准确安装陶瓷片的重要基础工作。

（2）通过连接角码将竖龙骨与预埋件可靠地进行连接，按照幕墙风格图放线定位后将横梁与竖龙骨连接。

（3）安装不锈钢减震弹簧片，然后将陶瓷板上部的沟槽挂在横梁上，在安装工具的帮助下压下板面，使陶瓷板下部的沟槽锁定在横梁下边的挂钩上。

（4）脚手架处的陶瓷板可以后装。这种结构陶瓷板单元的板块可以拆装，以便进行维修。

第八章 ▶▶▶

金属幕墙施工工艺

20 世纪 70 年代末期，我国的铝合金门窗、玻璃幕墙开始起步，铝合金玻璃幕墙在建筑中的推广应用和发展，从无到有，从仿制到自行研制开发，从承担小工程的施工到承揽大型工程项目，从生产施工中低档产品到生产高新技术产品，从依靠进口发展到对外承包工程，铝合金门窗及玻璃幕墙得到了迅速发展。

到了 20 世纪 90 年代，新型建筑材料的出现推动了建筑幕墙的进一步发展，一种新型的建筑幕墙形式在全国各地相继出现，即金属幕墙。金属幕墙是一种新型的建筑幕墙，实际上是将玻璃幕墙中的玻璃更换为金属板材的一种幕墙形式。但由于幕墙面材的不同，两者之间又有很大区别，所以在建筑幕墙的设计、施工过程中应对其分别进行考虑。随着金属幕墙技术的发展，金属幕墙面板材料种类越来越多，在建筑工程上常见的如铝复合板、单层铝板、铝蜂窝板、防火板、夹芯保温铝板、不锈钢板、彩涂钢板、珐琅钢板等。

由于金属板材优良的加工性能、色彩的多样性及良好的安全性，其能完全适应各种复杂造型的设计，可以任意增加凹进和凸出的线条，而且可以加工各种形式的曲线线条，给建筑师以巨大的发挥空间，深受建筑师的青睐，因而获得了突飞猛进的发展。

第一节　金属幕墙的分类、性能和构造

目前，以铝塑复合板、铝单板、蜂窝铝板、彩涂钢板等作为饰面的金属幕墙，在幕墙装饰工程中的应用已比较普遍，它们具有艺术表现力强、色彩比较丰富、质量比较轻、抗震性能好、安装维修方便等优点，是建筑外围护装饰中一种极好的形式。

一、金属幕墙的分类

金属幕墙按照面板材料的材质不同，主要可分为铝复合板、单层铝板、蜂窝铝板、夹芯保温铝板、不锈钢板、彩涂钢板、珐琅钢板等幕墙。

金属幕墙按照面板表面处理的不同，主要可分为光面板、亚光板、压型板和波纹板等幕墙。

（一）铝复合板

铝复合板是由内外两层均为 0.5mm 厚的铝板中间夹持 2～5mm 厚的聚乙烯或硬质聚乙烯

发泡板构成的，板面涂有氟碳树脂涂料，形成一种坚韧、稳定的膜层，其附着力和耐久性非常强，色彩比较丰富，板的背面涂有聚酯漆，可以防止可能出现的腐蚀。铝复合板是金属幕墙早期出现时常用的面板材料。

（二）单层铝板

单层铝板采用 2.5mm 或 3.0mm 厚铝合金板，外幕墙用单层铝板表面与铝复合板正面涂膜材料一致，膜层的坚韧性、稳定性、附着力和耐久性完全一致。单层铝板是铝复合板之后，又一种金属幕墙常用饰面板材料，而且应用得越来越多。

（三）蜂窝铝板

蜂窝铝板是两块铝板中间加蜂窝芯材粘接而成的一种复合材料，根据幕墙的使用功能和耐久年限的要求，可分别选用厚度为 10mm、12mm、15mm、20mm 和 25mm 的蜂窝铝板。厚度为 10mm 的蜂窝铝板，应由 1mm 的正面铝板和 0.5～0.8mm 厚的背面铝合金板及铝蜂窝粘接而成；厚度在 10mm 以上的蜂窝铝板，其正面及背面的铝合金板厚度均应为 1mm，幕墙用的蜂窝铝板应为铝蜂窝，蜂窝的形状有正六角形、扁六角形、长方形、正方形、十字形、扁方形等。

蜂窝芯材要经特殊处理，否则其强度低、寿命短，如对铝箔进行化学氧化处理，其强度及耐蚀性能会有所增加。蜂窝芯材除铝箔外，还有玻璃钢蜂窝和纸蜂窝，但实际中使用的不多。由于蜂窝铝板的造价很高，所以在幕墙中用量不大。

（四）夹芯保温铝板

夹芯保温铝板与蜂窝铝板和铝复合板形式类似，只是中间的芯层材料不同，夹芯保温铝板芯层采用的是保温材料（岩棉等）。由于夹芯保温铝板价格很高，而且用其他铝板内加保温材料也能达到与夹芯保温铝板相同的保温效果，所以目前夹芯保温铝板用量不大。

（五）不锈钢板

不锈钢板有镜面不锈钢板、亚光不锈钢板、钛金板等。不锈钢板的耐久、耐磨性非常好，但过薄的板会鼓凸，过厚的板自重和价格又非常高，所以不锈钢板幕墙使用得不多，只是在幕墙的局部装饰上发挥着较大作用。

（六）彩涂钢板

彩涂钢板是一种带有有机涂层的钢板，具有耐蚀性好、色彩鲜艳、外观美观、加工成型方便及具有钢板原有的强度等优点，而且成本较低。彩涂钢板的基板为冷轧基板、热镀锌基板和电镀锌基板。涂层种类可分为聚酯、硅改性聚酯、偏聚二氟乙烯和塑料溶胶。彩涂钢板的表面状态可分为涂层板、压花板和印花板。

彩涂钢板广泛用于建筑家电和交通运输等行业，对于建筑业主要用于钢结构厂房、机场、库房和冷冻等工业及商业建筑的屋顶墙面和门等，民用建筑采用彩钢板的较少。

（七）珐琅钢板

珐琅钢板的基材是厚度为 1.6mm 的极低碳素钢板（含碳量为 0.004％，一般钢板含碳量是 0.060％），它与珐琅层釉料的膨胀系数接近，烧制后不会产生因膨胀应力而造成翘曲和鼓出现象，同时也提高了釉质与钢板的附着强度。它的生产工艺与搪瓷工艺相近，在钢板经酸洗等反复清洗后，涂覆玻璃质混合料粉末，经 850℃ 高温烧熔而成。珐琅钢板兼具钢板的强度与玻璃质的光滑和硬度，却没有玻璃质的脆性；玻璃质混合料可调制成各种色彩、花纹。

目前，由于珐琅钢板的质量检测标准及珐琅钢板作为覆面材料的施工规范和验收标准尚未出台，所以在建筑幕墙工程中，珐琅钢板应用很少。

二、金属幕墙对材料的要求

（一）一般规定

（1）金属幕墙所选用的所有材料，均应符合现行国家标准或行业标准，并应有产品出厂合格证，无出厂合格证和不符合现行标准的材料，不能用于金属幕墙工程。

（2）金属幕墙所选用的所有材料，应具有足够的耐候性，它们的物理力学性能应符合设计要求。

（3）金属幕墙所选用的所有材料，应采用不燃型和难燃型材料，以防止发生火灾时造成重大损失。

（4）金属幕墙所选用的硅酮结构密封胶材料，应有与接触材料相容性试验的合格报告，所选用的橡胶条应有成分化验报告和保质年限证书。

（二）金属材料

（1）金属幕墙所选用的不锈钢材料，宜采用奥氏体不锈钢材。不锈钢材的技术要求和性能试验方法，应符合国家现行标准的规定。

（2）金属幕墙所选用的标准五金件材料，应当符合金属幕墙的设计要求，并应有产品出厂合格证书。

（3）金属幕墙所选用钢材的技术性能，应当符合金属幕墙的设计要求，性能试验方法应符合国家现行标准的规定，并应有产品出厂合格证书。

（4）当钢结构幕墙的高度超过40m时，钢构件应当采用高耐候性结构钢，并应在其表面涂刷防腐涂料。

（5）铝合金金属幕墙应根据幕墙面积、使用年限及性能要求，分别选用铝合金单板、铝塑复合板、铝合金蜂窝板。所用铝合金板材的物理力学性能，应符合现行的国家标准及设计要求。

（6）根据金属幕墙的防腐、装饰及耐久年限的要求，采取相应措施对铝合金板的表面进行处理。

（三）结构密封胶

金属幕墙宜采用硅酮结构密封胶，单组分和双组分的硅酮密封胶应用高模数中性胶，其性能应符合表8-1中的规定，并应有保质年限的质量证书。

表8-1　硅酮结构密封胶的技术性能

项目	技术指标	项目	技术指标
有效期/月	双组分：9；单组分：9～12	邵氏硬度/度	35～45
施工温度/℃	双组分：10～30；单组分：5～48	黏结拉伸强度/(N/mm²)	≥0.70
使用温度/℃	−48～88	延伸率（哑铃型）/%	≥100
操作时间/min	≤30	黏结破坏率（哑铃型）/%	不允许
表面干燥时间/h	≤3	内聚力（母材）破坏率/%	100
初步固化时间/d	7	剥离强度（与玻璃、铝）	5.6～8.7
完全固化时间/d	14～21	/(N/mm²)	

三、对铝合金及铝型材的要求

在金属幕墙的实际工程中，由于铝合金及铝型材具有质轻、高强、装饰性好、维修方便等特点，所以在金属幕墙中得到广泛应用。但对这种材料有以下具体要求：

（1）金属幕墙采用的铝合金型材应符合现行国家标准《铝合金建筑型材　第1部分：基材》（GB/T 5237.1—2017）中规定的高精级和《铝及铝合金阳极氧化膜与有机聚合物膜》（GB/T 8013.1～8013.3—2018）的规定；铝合金的表面处理层厚度和材质，应符合国家标准《铝合金建筑型材》（GB/T 5237.2～5237.5—2017）的有关规定。

（2）幕墙采用的铝合金板材的表面处理层厚度和材质，应符合行业标准《建筑幕墙》（GB/T 21086—2007）中的有关规定。

（3）金属幕墙应根据幕墙面积、使用年限及性能要求，分别选用铝合金单板（简称铝单板）、铝塑复合板、铝合金蜂窝板（简称蜂窝铝板）；铝合金板材应达到国家相关标准及设计的要求，并有出厂合格证。

（4）根据防腐、装饰及建筑物的耐久年限的要求，对铝合金板材（铝单板、铝塑复合板、蜂窝铝板）表面进行氟碳树脂处理时，应符合下列规定：氟碳树脂含量不应低于75%；海边及严重酸雨地区，可采用3道或4道氟碳树脂涂层，其厚度应大于$40\mu m$；其他地区可采用2道氟碳树脂涂层，其厚度应大于$25\mu m$；氟碳树脂涂层应无起泡、裂纹、剥落等现象。

（5）铝合金单板的技术指标应符合国家标准《一般工业用铝及铝合金板、带材》（GB/T 3880.1~3880.3—2012）、《变形铝及铝合金牌号表示方法》（GB/T 16474—2011）和《变形铝及铝合金状态代号》（GB/T 16475—2011）中的规定。幕墙用纯铝单板厚度不应小于2.5mm，高强合金铝单板不应小于2mm。

四、金属幕墙的性能

金属幕墙的性能与玻璃幕墙、石材幕墙一样，主要包括风压变形性能、雨水渗漏性能、空气渗透性能、平面内变形性能、保温性能、隔声性能及耐撞击性能。

（一）金属幕墙性能等级

金属幕墙的性能等级，应根据建筑物所在地的地理位置、气候条件、建筑物高度、体形及周围环境进行确定。

（二）金属幕墙的构架

金属幕墙构架的立柱与横梁，在风荷载标准值的作用下，钢型材的相对挠度不应大于$L/300$（L为立柱或横梁两支点的跨度），绝对挠度不应大于15mm；铝合金型材的相对挠度不应大于$L/180$，绝对挠度不应大于20mm。

（三）金属幕墙风荷载与渗漏

金属幕墙在风荷载标准值的作用下，不应发生雨水渗漏，其雨水渗漏性能应符合设计要求。

（四）金属幕墙的热工性能

当金属幕墙有热工性能要求时，其空气渗透性能应当符合设计要求。

（五）金属幕墙平面内变形性能

金属幕墙平面内的变形性能是关系到幕墙装饰效果和使用安全的重要技术性能，应当符合以下规定：

（1）平面内变形性能可用建筑物的层间相对位移值表示，在设计允许的相对位移范围内，金属幕墙不应损坏。

（2）金属幕墙平面内的变形性能，应按主体结构弹性层间位移值的3倍进行设计。

五、金属幕墙的构造

金属幕墙主要由金属饰面板、连接件、金属骨架、预埋件、密封条和胶缝等组成。金属幕墙的设计要根据建筑物的使用功能、建筑立面装饰要求和技术经济能力，选择适宜的金属幕墙的立面构成、结构形式和材料品质。在一般情况下，金属幕墙的色调、构图和线形等方面，应与建筑物立面的其他部位相协调，幕墙设计应保障幕墙维护和清洗方便与安全。

金属幕墙的构造与石材幕墙的构造基本相同。按照安装方法不同，也有直接安装和骨架式安装两种。与石材幕墙构造不同的是金属面板采用折边加副框的方法形成组合件，然后再进行安装。图 8-1 所示为铝塑复合板面板的骨架式幕墙构造，它是用镀锌钢方管作为横梁立柱，用铝塑复合板做成带副框的组合件，用直径为 4.5mm 的自攻螺钉固定，板缝垫杆嵌填硅酮密封胶。

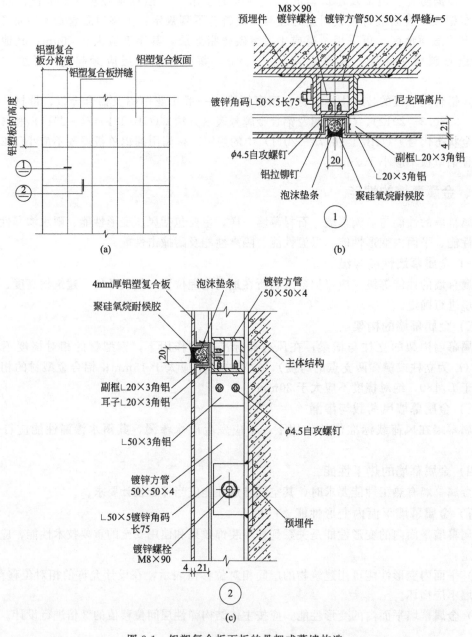

图 8-1　铝塑复合板面板的骨架式幕墙构造

在实际应用中对金属幕墙使用的铝塑复合板的要求是：用于外墙时板的厚度不得小于 4mm，用于内墙时的厚度不小于 3mm；铝塑复合板的铝材应为防锈铝（内墙板可使用纯铝）。外墙铝塑复合板所用铝板的厚度不小于 0.5mm，内墙板所用铝板的厚度不小于 0.2mm，外墙板氟碳树脂涂层的含量不应低于 75%。

在金属幕墙中，不同的金属材料接触处除不锈钢外，均应设置耐热的环氧树脂玻璃纤维布和尼龙垫片。有保温要求时，金属饰面板可与保温材料结合在一起，但应与主体结构外表面有

50mm 以上的空气层。金属板拼缝处嵌入泡沫垫条和硅酮耐候密封胶进行密封处理，也可采用密封橡胶条。

金属饰面板组合件的大小应根据设计确定。当尺寸较大时，组合件内侧应增设加劲肋，铝塑复合板折边处应设置边缘肋；加劲肋可用金属方管、槽形或角形型材，并应与面板可靠连接和采取防腐措施。

为了确保金属幕墙的骨架刚度和强度，其横梁、立柱等骨架可采用型钢或铝型材。

金属饰面板组合件的大小根据设计确定。当尺寸较大时，组合件内侧应增设加劲肋，铝塑复合板折边处，应当设置边肋；加劲肋可用金属方管、槽形或角形型材，并应与面板可靠连接和采取防腐措施。金属幕墙的横梁、立柱等骨架可采用型钢或铝型材。在进行金属幕墙构造设计时，应当特别注意防雨水渗漏构造、不同金属材料接触处的处理、幕墙及结构变形缝的处理、幕墙保温构造的处理、幕墙防火构造的处理和幕墙防雷构造的处理等。

（一）幕墙的防雨水渗漏构造

在进行金属幕墙防雨水构造设计时，应符合以下规定：

（1）**幕墙构架**　金属幕墙构架的立柱与横梁的截面形式，应当按照等压原理进行设计，即通过各种渠道使雨水能进能出。工程实践证明：只要有水、缝和压力差的存在，就会有水的渗漏问题，应采取切实措施加以解决。

（2）**排水装置**　单元金属幕墙应设置相应的排水孔。在有霜冻的地区，应采用室内排水装置；在无霜冻的地区，宜在室外设置排水装置，同时应有防风装置。

（3）**密封设计**　当金属幕墙采用无硅酮耐候密封胶封闭设计时，必须有可靠的防风雨措施，以防止幕墙因雨水渗透而损坏。

（二）不同金属材料接触处理

为防止不同金属接触时发生不良化学反应，从而对金属幕墙造成损坏，在金属幕墙中不同金属材料的接触处，除不锈钢材料外，均应设置耐热的环氧树脂玻璃纤维布垫片或尼龙垫片。

（三）金属幕墙及结构变形缝

当金属幕墙采用钢框架结构时，应按设计要求设置温度变形缝，以适应金属幕墙骨架系统的热胀冷缩变形。在实际幕墙装饰工程中，大多数金属幕墙习惯采用钢骨架，温度变形缝一般为两层一个。

（四）金属幕墙的保温构造

金属幕墙的保温材料可与所用的金属板结合在一起，但应与主体结构外表面有 50mm 以上的空气层（或称通气层）。

（五）金属幕墙的防火构造

金属幕墙的防火，除应符合《建筑设计防火规范》（GB 50016—2014）和《金属与石材幕墙工程技术规范（附条文说明)》（JGJ 133—2013）中的有关规定外，还应符合以下规定：

（1）**设置防火隔层**　金属幕墙的防火层应采取隔离措施，即在楼层之间设置一道防火隔层，这道防火隔层并不是指布置在幕墙板后面的保温层。防火隔层应根据防火材料的耐火极限决定防火层的厚度和宽度，并且应在楼层处形成防火带。

（2）**防火隔层包覆**　金属幕墙的防火层隔板应当用钢板进行包覆，包覆防火隔层的钢板必须采用经过防腐处理、厚度不小于 1.5mm 的耐热钢板，不得采用耐热性差的铝板，更不允许采用铝塑复合板。材料试验证明，铝板和铝塑复合板起不到防火的作用。

（3）**防火层的密封**　金属幕墙防火层的密封材料，应当采用防火密封胶；所用的防火密封胶应当有法定检测机构的防火检验报告。不符合防火要求的密封胶，绝不能用于金属幕墙防火层的密封。

（六）金属幕墙的防雷构造

金属幕墙的防雷构造应符合设计要求及国家标准的有关规定，其防雷装置设计及安装应经建筑设计单位认可，并应符合以下规定：

（1）**防雷装置**　在金属幕墙结构中应当自上而下地安装防雷装置，并应与主体结构的防雷装置进行可靠的连接。

（2）**导线连接**　为了确保防雷装置的防雷效果，防雷装置中的导线应在材料表面的保护膜除掉部位进行连接。

第二节　金属幕墙的工艺流程和施工工艺

金属幕墙是一种新型的建筑幕墙形式，主要用于建筑外围护结构的装修。它是将玻璃幕墙中的玻璃更换为金属板材的一种幕墙形式，但由于面材的不同，两者之间又有很大区别，所以设计施工过程中应对其分别进行考虑。金属板材由于其优良的加工性能，色彩的多样性及良好的安全性，能完全适应各种复杂造型的设计，可以任意增加凹进和凸出的线条，而且可以加工各种形式的曲线线条，给建筑师以巨大的发挥空间，深受建筑师的青睐，因而其施工工艺获得了突飞猛进的发展。

一、金属幕墙的工艺流程

工程实践经验证明，金属幕墙工艺流程为：测量放线→预埋件位置尺寸检查→金属骨架安装→钢结构刷防锈漆→防火保温岩棉安装→金属板安装→注密封胶→幕墙表面清理→工程验收。

二、金属幕墙的施工工艺

（一）施工准备工作

在施工之前做好科学规划，熟悉图样，编制单项工程施工组织设计，做好施工方案部署，确定施工工艺流程和工、料、机具安排等。

详细核查施工图样和现场实际尺寸，领会设计意图，做好技术交底工作，使操作者明确每一道工序的装配、质量要求。

（二）预埋件的检查

预埋件应当在进行土建工程施工时埋设，在幕墙施工前要根据该工程基准轴线和中线以及基准水平点，对预埋件进行检查和校核。当设计无具体的要求时，一般位置尺寸的允许偏差为±20mm，预埋件的标高允许偏差为±10mm。如有预埋件标高及位置偏差造成无法使用或漏放时，应当根据实际情况提出选用膨胀螺栓或化学锚栓加钢锚板（形成后补预埋件）的方案，并应在现场做拉拔试验，做好记录。

（三）测量放线工作

测量放线工作是非常重要的基础性工作，是幕墙安装施工的基本依据。工程实践证明，金属幕墙的安装质量在很大程度上取决于测量放线的准确与否。如果发现轴线和结构标高与图样有出入时，应及时向业主和监理工程师报告，得到处理意见后进行必要的调整，并由设计单位做出设计变更。

（四）金属骨架安装

（1）为确保金属骨架安装位置的准确，在金属骨架安装前，还要根据施工放样图纸检查施工放线位置是否符合设计要求。

（2）在校核金属骨架位置确实正确后，可以安装固定立柱上的铁件，以便进行金属骨架的安装。

（3）在进行金属骨架安装时，先安装同立面两端的立柱，然后拉通线顺序安装中间立柱，并使同层立柱安装在同一水平位置上。

（4）将各施工水平控制线引至已安装好的各个立柱上，并用水平仪进行认真校核，检查各立柱的安装是否标高一致。

（5）按照设计尺寸安装幕墙的金属横梁，在安装过程中要特别注意，横梁一定要与立柱垂直，这是金属骨架安装中要求必须做到的。

（6）钢骨架中的立柱和横梁，一般可采用螺栓连接。如果采用焊接，应对下方和临近的已完工装饰饰面进行成品保护。焊接时要采用对称焊，以减少因焊接产生的变形。

检查焊缝质量合格后，对所有焊点、焊缝均需除去焊渣及做防锈处理，防锈处理一般采用刷防锈漆等方法。

（7）在两种不同金属材料接触处，除不锈钢材料外均应垫好隔离垫片，防止发生接触腐蚀。隔离垫片常采用耐热的环氧树脂玻璃纤维布或尼龙。

（8）待幕墙的金属骨架安装完工后，应通过监理公司对隐蔽工程检查验收后，方可进行下道工序。

（五）金属板制作

金属幕墙所用的金属饰面板种类多，一般是在工厂加工后运至工地现场安装。铝塑复合板组合件一般在工地制作和安装。

现在以铝单板、铝塑复合板、蜂窝铝板、金属幕墙的吊挂件和安装件为例，说明金属板加工制作的要求。

1. 铝单板

铝单板在弯折加工时，弯折外圆弧半径不应小于板厚的 1.5 倍，以防止出现折裂纹和集中应力。板上加劲肋的固定可以采用电栓钉，但应保证铝板外表面不变形、不褪色，固定应牢固。铝单板的折边上要做耳子用于安装，如图 8-2 所示。

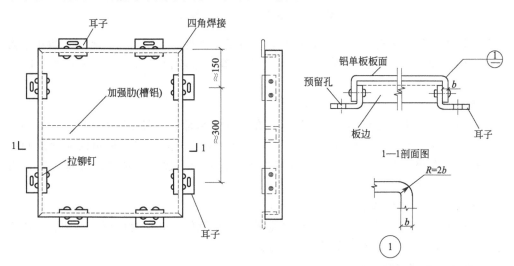

图 8-2　铝单板示意图

耳子的中心间距一般为 300mm 左右，角端为 150mm 左右。表面和耳子的连接可用焊接、铆接或在铝板上直接冲压而成。铝单板组合件的四角开口部位凡是未焊接成型的，必须用硅酮密封胶密封。

2. 铝塑复合板

铝塑复合板面有内外两层铝板，中间复合聚乙烯塑料。在切割内层铝板和聚乙烯塑料时，应保留不小于 0.3mm 厚的聚乙烯塑料，并不得划伤外层铝板的内表面。铝塑复合板面板示意图如图 8-3 所示。

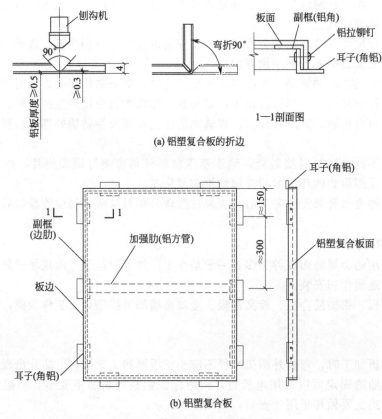

图 8-3 铝塑复合板面板示意图

打孔、切口后外露的聚乙烯塑料及角缝处，应采用中性的硅酮密封胶密封，防止水渗漏到聚乙烯塑料内。加工过程中铝塑复合板严禁与水接触，以确保质量，其耳子材料一般宜采用角铝。

3. 蜂窝铝板

应根据组装要求决定切口的尺寸和形状。在去除铝芯时不得划伤外层铝板的内表面，各部位外层铝板上，应保留 0.3~0.5mm 的铝芯。对于直角部位的加工，折角内应弯成圆弧。对于蜂窝铝板边角和缝隙处，应当采用硅酮密封胶进行密封。边缘的加工，应将外层铝板折合 180°，并将铝芯包封。

4. 金属幕墙的吊挂件和安装件

金属幕墙的吊挂件、安装件应采用铝合金件或不锈钢件，并应有可调整范围。采用铝合金立柱时，立柱连接部位的局部壁厚不得小于 5mm。

（六）防火、保温材料安装

（1）金属幕墙所用的防火材料和保温材料，必须是符合设计要求和现行标准规定的合格材料。在施工前，应对防火材料和保温材料进行质量复检，不合格的材料不得用于工程。

（2）在每层楼板与石材幕墙之间不能有空隙，应用 1.5mm 厚镀锌钢板和防火岩棉形成防火隔离带，用防火胶密封。

（3）在北方寒冷地区，保温层最好应有防水、防潮保护层，在金属骨架内填塞固定，要求严密牢固。

（4）幕墙保温层施工后，保温层最好应有防水、防潮保护层，以便在金属骨架内填塞固定后严密可靠。

（七）金属幕墙的吊挂件、安装件

金属面板安装同有框玻璃幕墙中的玻璃组合件安装。金属面板是经过折边加工、装有耳子（有的还有加劲肋）的组合件，通过铆钉、螺栓等与横竖骨架连接。

（八）注胶密封与清洁

金属幕墙板拼缝的密封处理与有框玻璃幕墙相同，以保证幕墙整体有足够的、符合设计的黏结强度和防渗漏能力。施工时应注意成品保护和防止构件污染，待密封胶完全固化后或在工程竣工验收时再撕去金属板面的保护膜。

（九）施工注意事项

（1）金属面板通常应当由专业工厂加工成型。但因实际工程的需要，部分面板在现场加工是不可避免的。现场加工应使用专业设备和工具，由专业操作人员进行操作，以确保板件的加工质量和操作安全。

（2）为确保施工中的安全，各种电动工具在正式使用前，必须进行性能和绝缘检查，吊篮须做荷载、各种保护装置和运转试验。

（3）金属面板在运输、保管和施工中不要重压，在条件允许时要采取有效的保护措施，以免发生因重压而变形。

（4）由于金属板表面上均有防腐及保护涂层，应注意硅酮密封胶与涂层粘接的相容性问题，事先做好相容性试验，并为业主和监理工程师提供合格成品的试验报告，保证胶缝的施工质量和耐久性。

（5）在金属面板加工和安装时，应当特别注意金属板面的压延纹理方向。通常成品保护膜上印有安装方向的标记，否则会出现纹理不顺、色差较大等现象，严重影响装饰效果和安装质量。

（6）固定金属面板的压板、螺钉，其规格、间距一定要符合规范和设计要求，并要拧紧不松动。

（7）金属板件的四角如果未经焊接处理，应当用硅酮密封胶来进行嵌填，保证密封、防渗漏效果。

（8）其他注意事项同隐框玻璃幕墙和石材幕墙。

第九章

建筑幕墙密封及结构粘接

建筑是多种材料、构件和部件组合的构筑体，各种荷载作用产生的应力和应变可在结构连接部位呈现，连接接缝也可能成为液体、气体、粉尘、声波和热量在建筑物内外流动和交换的通道。为了保证建筑的功能质量，接缝的位置及构造的设定必须考虑接缝的密封，接缝的密封也必须考虑接缝的构造、力学条件和环境。

工程实践充分证明，最佳接缝设计是接缝可靠密封的基础，保证耐久可靠的密封是建筑设计、结构施工、材料供应、质量监理和业主各方的责任，特别是在建筑结构粘接装配体系中，各方都是构成密封链的一个环节，任何一个环节失误都会导致粘接密封的失效。

第一节 建筑接缝的基本特征

建筑渗漏一直是影响建筑质量的顽症，曾被称为"十缝九漏"。实际上，建筑接缝密封本身就是建筑体系杜绝渗漏的一道独立防线，其作用和功能难以用其他材料所替代。在玻璃、金属板等不渗透材料构建的屋面及外墙围护结构中，结构的粘接密封不仅是设防主体，而且是连接结构的重要构成，建筑接缝密封和结构粘接密封装配技术在建筑幕墙、采光顶和门窗的设计、制造和安装中深受关注。

一、接缝的构成和功能

建筑接缝主要包括接缝和裂缝，其中接缝大多是设计中设置的连接不同材料、构件或分割统一构件的规则缝隙；裂缝一般是意外发生的、走向和形状不规则的有害缝隙。在建筑成型和使用寿命期间，由于地震、建筑沉降或倾斜、环境温度及湿度变化、附加荷载或局部应力的传递等因素作用，建筑材料或构件发生膨胀或收缩、拉伸或压缩、剪切或扭曲等形式的运动，构件的体积或形状产生变化并集中在端部或边缘，呈现明显的尺寸位移。这种运动无法加以限制，约束这种形变位移，必将产生一定的应力。当结构难以承受该应力时，构件只能开裂、局部破坏，甚至产生结构性挠曲以求应力释放，产生难以控制的裂缝或更大的危害。

工程实践证明，预防裂缝的发生必须正确设置接缝的位置和接缝的尺寸，保证构件在低应力水平或零应力下不受约束地自由运动。为此，对不同约束条件下构件的长度必须给予限定。

例如，建筑规范规定混凝土及钢筋混凝土墙体接缝的最大间隔距离分别为 20m 和 30m，接缝宽度不小于 20mm，结构设计必须满足这一必要条件。该条件对保证接缝密封必要但不充分，因为必须考虑密封胶对接缝位移的承受能力，一旦接缝的位移量超出所选用密封胶的位移能力，这样的结构设计明显不合理，必须对结构设计进行修改，缩小接缝间隔距离或扩大接缝宽度，减小接缝的相对位移量以及选择适用的密封胶。

二、接缝的类型和特点

（一）收缩（控制）缝和诱发缝

收缩缝又称控制缝，属于变形缝的一种。一般是在面积较大而厚度较薄的构件上设置成规则分布的分割线，将构件分成尺寸较小的板块。

混凝土结构构件的收缩将集中在接缝处变形，以防止裂缝的发生并控制裂缝的位置，避免构件产生有害的裂缝。这种缝可用以分割如路面、地坪、渠道内衬、挡土墙及其他墙体，可在混凝土浇筑时放入金属隔板、塑料或木质隔条，混凝土初凝后取出隔条，从而形成收缩缝，也可在刚凝固的混凝土上锯切。

收缩缝可以是断开贯通的分隔缝，也可以是横截面局部减小的分割多个构件的单元。为保持收缩缝的自由开合运动又保持连续性，可使用插筋，也可成型为台阶状或榫接形。为保证缝隙不渗漏并保证构件的伸缩位移，收缩缝应用具有足够位移能力的密封胶进行密封。

诱发缝是收缩缝的一种形式，又称为假缝。其特点是上部有缝，下部连续（有的也可完全断开），可利用截面上部的缺损，使干燥收缩所引起的拉应力集中，在诱发缝处引发开裂，减少其他部位出现裂缝，造成危害。

（二）膨胀（隔离）缝

结构受热膨胀或在荷载及不均匀的沉降时产生应力导致对接结构单元受压破坏或扭曲（包括位移、起拱和翘曲），为防止这类现象发生必须设置膨胀缝，常用于墙体-屋面或墙体-地面的隔离、柱体与地面或墙面隔离、路面板及平台板同桥台或桥墩的隔离，还用于其他一些不希望发生的对次生应力约束或传递的情况中。膨胀缝的设置一般在墙体方向发生变化处（在 L 形、T 形和 U 形结构中）或墙体截面发生变化处。膨胀缝常用于隔开性状结构不同的结构单元，也被称为隔离缝，属于变形缝的一种。

膨胀缝的做法是在对接结构单元之间的整个截面上形成一个间隙，现浇混凝土结构可安置一个具有规定厚度的填料片，预制构件安装时预先留置一个缝隙。为限制不希望发生的侧向位移或维持连续性，可设置穿通两边的插筋、阶梯或榫槽。接缝密封处理后应保证不渗漏，保证构件位移不产生有害的应力。

（三）施工缝和后浇缝

施工缝应在混凝土浇筑作业中断的表面或在预制构件安装过程中进行设置。混凝土施工过程中有时会出现预想不到的中断，也需要设置施工缝。依据浇筑的顺序不同，施工缝分为水平施工缝和垂直施工缝两大类。根据结构设计要求，有些施工缝在以后可以用于膨胀缝或收缩缝，同时也应进行密封处理。

后浇缝是在现浇整体式钢筋混凝土结构施工期间预留的临时性温度收缩变形缝。该接缝保留一定时间后将再进行填充封闭，浇成连续整体的无伸缩缝结构，是临时性伸缩缝，目的是减少永久性伸缩缝。

（四）特种功能接缝

（1）铰接缝 铰接缝是允许构件发生旋转起铰接作用的缝，常用于路面的纵向接缝上，克服轮压或路基下沉所引起的翘曲。当然，还有其他一些结构也使用这种铰接缝。这种接缝中不能存在插筋等，接缝必须密封处理。

（2）**滑动缝** 滑动缝是使构件能沿着另一构件滑动的缝。如某些水库的墙体允许发生同地面或屋面板相对独立的位移，就需设滑动缝。这种缝的做法是使用阻碍构件之间粘接的材料，如沥青复合物、沥青纸或其他有助于滑动的片材。

（3）**装饰缝** 装饰缝是将外墙装置接缝作为处理建筑立面的一种表现手法，以及其他部位专为装饰设置的接缝。装饰嵌缝用密封胶更应注意颜色和外观效果。

（五）建筑结构密封粘接装配接缝

结构密封粘接装配系统的接缝，不仅具有阻止空气和水通过建筑外墙的密封功能，而且具有结构粘接功能，为结构提供稳定可靠的弹性连接和固定，承受荷载和传递应力，能承受较大位移。

第二节　接缝密封材料分类及性能

建筑工程所用的接缝密封材料主要包括定型材料和不定型材料两大类。接缝密封材料是以不定型状态嵌填接缝实现密封的材料，如液态及半液态流体、团块状塑性体、热熔固体和粉末状等形态的密封材料。接缝密封材料主要包括嵌缝膏和密封胶。嵌缝膏一般为团块状塑性体、半流体、热熔固体，黏结强度不高，无弹性或弹性很小；密封胶一般为液态及半液态流体，黏结强度比较高，呈现明显的弹性。在结构装配中以承受结构荷载为主要功能的弹性密封胶，也称为结构密封胶。

一、"Sealant"的概念

1. "Sealant"的定义

主题词"Sealant"的定义为"密封胶或密封剂"，在化工、机械、航空、轻工及建筑等产业已经普遍采用该主题词。

2. 术语标准对"Sealant"的定义

（1）国际标准《建筑结构·接缝产品·密封胶·术语》（ISO 6927—2012）定义术语"Sealant"为"以非定型状态填充接缝并与接缝对应表面粘接在一起实现接缝密封的材料"。

（2）国家标准《建筑密封材料术语》（GB/T 14682—2006）基本采用国际标准 ISO 6927对"Sealant"的定义，即"以非定型状态填充接缝并与接缝对应表面粘接在一起实现接缝密封的材料"。

（3）国家标准《胶黏剂术语》（GB/T 2943—2008）定义"Sealant"为"具有密封功能的胶黏剂"。

3. 对密封胶的理解和认识

在现行国家标准《胶黏剂术语》（GB/T 2943—2008）中对"Sealant"的定义更突出了密封胶以粘接为基本特征，将其同胶黏剂归为同类，而突出的功能是密封，即嵌填接缝实现封堵和密封。但应当看到胶黏剂和密封胶的渊源是有很大区别的，最早的胶黏剂是树胶、糨糊等，而密封胶源于桐油灰、沥青等。

此外，两者粘接接头的应力-应变特征有较大区别。胶黏剂以实现界面粘接、承受荷载的强度为特征，一般在应力作用下明显呈现刚性，接头直接断裂，基本不发生显著的位移，具有类似刚性材料的特征；密封剂粘接界面并形成密封体，一般在应力作用下呈现弹性或弹塑性，接头密封体能在一定范围内伸缩运动、发生位移而不发生破坏，位移能力高达 25％甚至可以更高，更接近橡胶弹性材料的特征。

在现代建筑工程中，由于密封胶的应用范围越来越广泛，品种和用量都在不断增长，所以行业内一般将两种材料并称为"Adhesives and Sealant"，也可以说密封胶已经成为平行于胶黏剂的独立的一类材料。

二、建筑密封胶分类和分级

密封胶分别有嵌缝膏（Caulk）、密封胶（Sealant）和结构密封胶（Construction Sealant）。它们按照功能和基础聚合物的不同进行名称命名，在各相关产品标准中分别有各自的定义。在建筑工程中，根据国际标准《房屋建筑·连接件·密封胶的分类和要求》（ISO 11600—2002）中的规定，我国及大多数国家基本按产品用途、适用功能（位移能力及模量）及相应的耐久性指标要求，对建筑结构密封胶进行分类和分级；产品也可按组分数、固化机理、适用季节、流动性等划分产品类别，标明产品代号，以便于工程选用；产品还可以按材料基础聚合物类型、产品特征功能等进行分类。

建筑密封胶可以有不同的基础聚合物，主要类型有硅酮（SR）、聚硫（PS）、聚氨酯（PU）、丙烯酸（AC）、丁基（BR）、沥青、油性树脂及各种新发展的改性聚合物，但这种分类并不表征材料在建筑工程应用中的优劣，不能笼统地说硅酮密封胶优于聚氨酯密封胶，也不能说聚硫类产品一定都比丙烯酸类的更优。实际上每一类聚合物都具有优于其他聚合物的特点，所以，密封材料的选材依据应是按使用功能要求进行技术测试和评价。我国按产品的功能用途已建立一系列建筑密封胶标准，如幕墙玻璃接缝密封胶、结构密封胶、中空玻璃密封胶、窗用密封胶、混凝土接缝密封胶、石材接缝密封胶等。以上这些密封胶的性能和用途虽然不同，但产品的基本特性和技术规格应遵守国际标准 ISO 11600—2002 中的规定。

国际标准《房屋建筑·连接件·密封胶的分类和要求》（ISO 11600—2002）对产品进行了分级和分型，并按产品用途提出具体技术要求。在选用密封胶时必须注意产品的性能级别。例如，符合玻璃接缝密封胶标准的"玻璃密封胶"，可以有高模量和低模量之分，又有 7.5 级、12.5 级、20 级、25 级甚至更高级别的位移能力，它们的价格、使用方法和耐久性有明显差别，必须依据具体接缝设计要求选用。

（一）基本分类方法

（1）用途　适用于玻璃，代号为 G 类（仅限于 25 级和 20 级）；其他用途，代号为 F 类（包括 25 级、20 级、12.5 级和 7.5 级）。

（2）级别　建筑密封胶的级别应按其位移能力进行划分。建筑密封胶级别见表 9-1。

表 9-1　建筑密封胶级别

级别	热压-冷拉循环幅度/%	位移能力/%	级别	热压-冷拉循环幅度/%	位移能力/%
25	±25	25	12.5	±12.5	12.5
20	±20	20	7.5	±7.5	7.5

（3）模量　对符合 25 级和 20 级的弹性密封胶划分模量级别：低模量，代号为 LM；高模量，代号为 HM。模量级别技术指标见表 9-2。

表 9-2　模量级别技术指标

模量级别		低模量 LM	高模量 HM
拉伸 100%时的模量/MPa	23℃时	≤0.4 和≤0.6	>0.4 或>0.6
	−20℃时		

（4）弹性　对 12.5 级以下的密封胶按弹性恢复率划分为：弹性体（代号 12.5E），弹性恢复率大于 40%；塑性体（代号 12.5P），弹性恢复率小于 40%；塑性嵌缝膏（代号 7.5P）。

建筑结构接缝密封胶的分级见图 9-1。

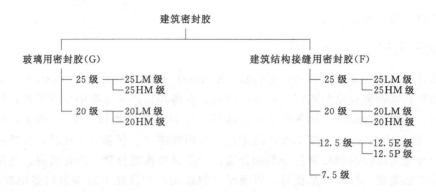

图 9-1　建筑结构接缝密封胶的分级

（二）型别划分原则

型别划分有多种原则，产品外包装的标记含义和标记方法也不尽相同，例如：①按流动性不同可分为非下垂型（N）、自流平型（L）；②按组分数不同可分为单组分型、双组分型或多组分型；③按产品适用的季节不同可分为夏季型（S）、冬季型（W）、全年型（A）；④按固化机理不同可分为湿气固化型（K）、化学固化型（Z）、溶胶型（Y）、乳液干燥固化型（E）。

（三）产品功能类别

目前，我国已经明确且具有相应标准的功能产品有：幕墙玻璃接缝密封胶、结构密封胶、中空玻璃密封胶、窗用密封胶、混凝土接缝密封胶、防霉密封胶、石材接缝密封胶、彩色涂漆钢板用密封胶等，今后还会随着用途的特定技术要求进一步扩展，如可能有钢结构用阻蚀密封胶、防火密封胶、绝缘密封胶、道路接缝密封胶等。这些产品必须具备特殊的功能性，如防霉性、对石材无污染性、低透气率和低发雾性、对涂漆钢板的粘接性和更高的位移能力等，尽管它们已经具备建筑密封胶的基本性能（如施工工艺性、弹性级别、粘接性和力学性能等），也可用于其他密封用途，但必须还应具备特定的功能性。工程实践证明，这样的分类不仅利于产品质量控制，也有利于工程选材。在这一分类中没有"耐候密封胶"，因为所有建筑密封胶都具有耐受环境气候的能力，难以对具体的"耐候性"指标进行量化核定，所以"耐候密封胶"只是商业上的俗称。

三、密封胶基本性能及主要表征

（一）密封胶基本性能

（1）现场嵌填施工性良好，能挤注涂饰、固化，储存期性能稳定，无毒或低毒害。

（2）对流体介质不溶解，无过度溶胀和过度收缩，具有低渗透性。

（3）能承受接缝位移，并能随伸缩运动而变形。

（4）在接缝中经受反复变形后，保证能充分恢复其性能和形状。

（5）有适度的模量，能承受施加的应力并适应结构的变形。

（6）能与接缝基面稳定粘接，不发生剥离和脱胶等质量问题。

（7）用于建筑工程的接缝后，在高温下不过度软化，低温下不产生脆裂。

（8）有较好的耐候性，不过度软化、不粉化龟裂，符合设计的使用寿命。

（9）特定场合使用时具有相应的特定性能，如彩色、耐磨、抗穿刺、耐腐蚀、抗碾压、不燃烧、不污染、绝缘或导电等。

（二）密封胶主要表征

建筑密封胶主要表征为施工操作性、力学性能及耐久性、储存稳定性。

1. 施工操作性

（1）外观　在进行操作时比较容易做到光滑平整，即能使建筑密封胶具有良好的可操作性和外观。

（2）挤出性　建筑密封胶应具有保证挤出涂施的性能，即在规定压力下在单位时间能挤出一定量值的密封胶。

（3）表干期　单组分建筑密封胶挤出后表面固化的最短时间应符合设计要求。

（4）适用期　双组分建筑密封胶能保持施工操作性（易刮平或可挤出）的最长时间也应符合设计要求。

（5）下垂度　接缝密封采用 N 型密封胶时，在垂直接缝中应保证不流淌、不变形。

（6）流平性　接缝密封采用 L 型密封胶时，在水平接缝中应具有自动流平的能力。

2. 力学性能及耐久性

（1）弹性恢复率　建筑密封胶在拉伸变形后，应具有恢复原来形状和尺寸的能力。

（2）粘接拉伸性能　在接缝中受拉破坏时，其最大强度和最大伸长率应符合设计要求。

（3）弹性模量　弹性模量是拉伸变形至规定伸长时的应力表征。

（4）位移能力　接缝密封胶的位移能力是指经受规定幅度反复冷拉伸、热压缩的性能。

（5）低温柔性　接缝密封胶的低温柔性是指在低温下弯折不发生脆断、保持柔软的性能。

（6）热水-光照耐久性　接缝密封胶的热水-光照耐久性以试验后的粘接拉伸性能表征。

（7）热空气-水浸耐久性　接缝密封胶的热空气-水浸耐久性以试验后的粘接拉伸性能表征。

（8）耐化学侵蚀稳定性　接缝密封胶的耐化学侵蚀稳定性是指在酸、碱、盐溶液及油、有机溶剂等化学介质中保持稳定的性能。

3. 储存稳定性

建筑密封胶的储存稳定性是指从制造之日起保证使用性能的最长储存时间，建筑工程中所用的密封胶储存稳定期应大于 6 个月。

四、建筑嵌缝膏的技术要求

建筑嵌缝膏是由天然或合成的油脂、液体树脂、低熔点沥青、焦油或这些材料的复合共混物，加入改性胶，同纤维、矿物填料共混制成的黏稠膏状物。基础材料一般有干性油、橡胶沥青、橡胶焦油、煤焦油、聚丁烯、聚异丁烯、聚氯乙烯及其复合物。

建筑嵌缝膏为塑性或弹塑性体，嵌缝后由于氧化、低分子物挥发或冷却，在表面形成皮膜或随时间延长而硬化，但通常不发生化学固化。建筑嵌缝膏一般可承受接缝位移±3％以下，优质产品可达到±5％左右。建筑嵌缝膏很容易粘灰，易受烃类油软化，易随使用时间延长而失去塑性及弹性，使用寿命较短。材料试验证明，以聚丁烯、聚异丁烯为基础的嵌缝膏成本较高，但耐久性好；可制成自粘性条带用于嵌填接缝，也可用于中空玻璃的一道密封。

（一）油性嵌缝膏

（1）定义　油性嵌缝膏产品是以天然或合成的油脂为基础，掺加碳酸钙、滑石粉等矿物，形成高黏度的塑性膏状物。油性嵌缝膏一般在氧化后表面成膜并随时间延续氧化深入内部逐渐硬化。

（2）品种　油性嵌缝膏产品按含水率、下垂度及附着力高低分为两类。

（3）外观和用途　油性嵌缝膏为团块膏状物，具有明显的塑性，可用手或刮刀嵌填腻缝，成本较低，施工方便，主要用于建筑防水接缝的填充和钢、木门窗玻璃镶装中接缝位移不明显、耐候性要求不高、对油脂渗透污染装饰面无要求的场合。

（4）物理性能　油性嵌缝膏产生的物理性能包括含水率、附着力、针入度、下垂度、结膜时间、龟裂试验、耐寒性和操作性等。门窗用油灰嵌缝膏的物理性能见表9-3。

表 9-3 门窗用油灰嵌缝膏的物理性能

测试项目	性能指标	
	1类	2类
含水率/%	0.6	1.0
附着力/(g/cm²)	2.84×10^4	1.96×10^4
针入度/mm	15	15
下垂度(60℃)/mm	1	3
结膜时间/h	3～7	3～7
龟裂试验(80℃)	不龟裂、无裂纹、不脱框	
耐寒性(−30℃)	不开裂、不脱框	
操作性	不明显粘手，操作时容易做到光滑平整	

(二) 玛碲脂

(1) 定义　玛碲脂是指以石油沥青为基料，同溶剂、复合填料改性制成的冷胶接密封材料。

(2) 外观和用途　玛碲脂为黑色团块状，加热可倾流，不燃烧、易施工、运输方便，主要可用于建筑接缝密封。

(3) 物理性能　玛碲脂的物理性能见表9-4。

表 9-4 玛碲脂的物理性能

测试项目		性能指标
耐热度/℃	1:1斜坡,2h无滑动,无流淌	80
低温柔性/℃	直径20mm棒,2h,弯曲不脆断	−5
粘接力	揭开后检查,粘接面积/总面积	≤1/3

(三) 建筑防水沥青嵌缝油膏

(1) 定义　建筑防水沥青嵌缝油膏是指以石油沥青为基料，加入橡胶（含废橡胶）、SBS树脂等改性材料，热熔共混而制成的嵌缝材料。

(2) 外观和用途　建筑防水沥青嵌缝油膏为黑色黏稠状材料，可冷用嵌填，主要用于建筑接缝、孔洞、管口等部位的防水防渗。

(3) 品种　建筑防水沥青嵌缝油膏按照耐热度、低温柔性分成6个标号：701、702、703、801、802、803。

(4) 物理性能　按现行行业标准《建筑防水沥青嵌缝油膏》(JC/T 207—2011) 中的要求，建筑防水沥青嵌缝油膏物理性能应符合表9-5中的规定。

表 9-5 建筑防水沥青嵌缝油膏物理性能

项目		标号					
		701	702	703	801	802	803
耐热性	温度/℃	70			80		
	下垂度/mm	≤4					
粘接性/mm		≥15					
保油性	渗油幅度/mm	≤5					
	渗油张数	≤4					
挥发性/%		≤2.8					
针入度/mm		≥22					
低温柔性	温度/℃	−10	−20	−30	−10	−20	−30
	粘接状况	合格					
操作性		不明显粘手，操作时容易做到光滑平整					

（四）聚氯乙烯防水接缝嵌缝膏

（1）定义 聚氯乙烯防水接缝嵌缝膏是以聚氯乙烯（含 PVC 废料）和焦油为基料，同增塑剂、稳定剂、填充剂等共混经塑化或热熔制成。

（2）外观和用途 聚氯乙烯防水接缝嵌缝膏为黑色黏稠膏状或块状，其施工方便，价格低廉，主要用于建筑接缝、孔洞、管口等部位防水防渗。此外，还可用于屋面涂膜防水。

（3）品种 聚氯乙烯防水接缝嵌缝膏分为热塑型和热熔型，具有 703 和 803 两个标号。

（4）物理性能 聚氯乙烯防水接缝嵌缝膏的物理性能见表 9-6。

表 9-6 聚氯乙烯防水接缝嵌缝膏的物理性能

项目		标号	
		703	803
耐热度	温度/℃	70	80
	下垂度/mm	≤4	≤4
低温柔性	温度/℃	−20	−30
	柔性	合格	合格
粘接延伸率/%		≥250	
浸水后粘接延伸率/%		≥200	
挥发率/%		≥3	
回弹率/%		≥80	

（五）丁基及聚异丁烯嵌缝膏

（1）定义 丁基及聚异丁烯嵌缝膏是以丁基、氯化丁基橡胶或聚异丁烯为基料，同软化剂、填充剂等混炼制成的。

（2）外观和用途 丁基及聚异丁烯嵌缝膏一般为塑性团块状膏状物，也可制成腻子条带。由于具有耐老化、粘接稳定、透气率低等特点，主要用于嵌填接缝、孔洞密封。其中以聚异丁烯为基础的产品可热挤注，可用于中空玻璃的一道密封。

（3）物理性能 丁基嵌缝膏的技术性能见表 9-7，中空玻璃用聚异丁烯密封膏的技术性能见表 9-8。

表 9-7 丁基嵌缝膏的技术性能

项目	指标	项目	指标
可塑性(23℃)/s	3～20	剪切强度/MPa	≥0.02
耐热性(130℃,2h)	不结皮,保持棱角	耐水粘接性	不脱落
低温柔性(−40℃,2h 弯曲 180°)	不脆断	耐水增重/%	≤6

表 9-8 中空玻璃用聚异丁烯密封膏的技术性能

项目	指标	项目	指标
固含量/%	100	低温柔性/℃	−40
相对密度	1.15～1.25	水蒸气渗透率/[g/(d·m²)]	10
粘接性	与玻璃、钢材兼容	耐紫外-热水(GB/T 7020)	合格
耐热性/℃	130		

五、密封胶的技术性能要求

密封胶是以弹性（弹塑性）聚合物或其溶液、乳液为基础，添加改性剂、固化剂、补强剂、填充剂、颜料等均化混合制成的，在接缝中可依靠化学固化或空气的水分交联固化或依靠溶剂、水蒸发固化，成为接缝粘接密封用的弹性体或弹塑性体。此类产品按聚合物分类，有硅酮、聚氨酯、聚硫、丙烯酸等类型。

近年来，用共聚、接枝、嵌段、共混等方法，发展了改性硅酮、环氧改性聚氨酯、聚硫改性聚氨酯、环氧改性聚硫、硅化丙烯酸等改性型密封胶，技术性能远超出原有类型密封胶，使密封胶分类多样化。

（一）幕墙玻璃接缝密封胶

（1）**定义**　幕墙玻璃接缝密封胶是指用于粘接密封幕墙玻璃接缝的密封胶，在实际工程中最常见的是硅酮型密封胶。

（2）**外观和用途**　幕墙玻璃接缝密封胶的颜色以黑色为主，单组分可挤注的黏稠液体，挤注在玻璃接缝中不变形下垂。这种密封胶用于长期承受日光、雨雪和风压等环境条件的交变作用、承受较大接缝位移的幕墙玻璃-玻璃接缝的粘接密封，也可用于建筑玻璃的其他接缝密封。

（3）**品种和分级**　幕墙玻璃接缝密封胶主要是单组分硅酮型，按位移能力及模量可分为20LM、20HM、25LM、25HM 4 个级别。

（4）**物理性能**　根据现行行业标准《幕墙玻璃接缝用密封胶》（JC/T 882—2001）中的规定，幕墙玻璃接缝密封胶的物理性能见表9-9。

表 9-9　幕墙玻璃接缝密封胶的物理性能

序号	项目		产品级别			
			25LM	25HM	20LM	20HM
1	下垂度/mm	垂直	≤3			
		水平	不变形			
2	挤出性/(mL/min)		≥80			
3	表干时间/h		≤3			
4	弹性恢复率/%		≥80			
5	拉伸100%时模量/MPa	23℃	≤0.4 和≤0.6	>0.4 或>0.6	≤0.4 和≤0.6	>0.4 或>0.6
		−20℃				
6	定伸(100%)粘接性		无破坏			
7	浸水光照后定伸(100%)粘接性		无破坏			
8	循环热压缩(70℃)-冷拉伸(−20℃)后的粘接性		拉压幅度±20%		拉压幅度±25%	
			无破坏			
9	质量损失/%		≤10			

（二）建筑窗用密封胶

（1）**定义**　建筑窗用密封胶是指用于窗洞、窗框及窗玻璃密封镶装的密封胶。

（2）**外观**　建筑窗用密封胶为单组分黏稠流体，属于非下垂型。其颜色主要有透明、半透明、茶色、白色、黑色等。

（3）**分级和用途**　建筑窗用密封胶按模量及位移能力大小可分为 3 个级别。由于有窗框及受力结构件，该类密封胶主要用于接缝密封，不承受结构应力。适应要求的密封胶可以是硅酮、改性硅酮、聚氨酯、聚硫型等。洞口-窗框用的密封胶可以是硅化丙烯酸型或丙烯酸型密封胶。

（4）**物理性能**　建筑窗用密封胶模量较低、弹性好，能适应结构变形而稳定密封。现行行业标准《建筑窗用弹性密封胶》（JC/T 485—2007）中规定的 3 个级别，实际相当于 ISO 11600—2002 中的 20LM、12.5E 及 12.5P 级。建筑窗用弹性密封胶的技术要求见表9-10。

表 9-10　建筑窗用弹性密封胶的技术要求

项目	1级品	2级品	3级品
挤出性/(mL/min)	≥50	≥50	≥50
适用期/h	≥3	≥3	≥3
表干时间/h	≥24	≥48	≥72
下垂度/mm	≤2	≤2	≤
粘接拉伸弹性模量/MPa	≤0.4(100%)	≤0.5(60%)	≤0.6(25%)

续表

项目	1级品	2级品	3级品
热-水循环后定伸性能/%	≥100	≥60	≥25
水-紫外线试验后弹性恢复率/%	≥100	≥60	≥25
热-水循环后弹性恢复率/%	≥60	≥30	≥5
低温柔性/℃	≤−30	≤−20	≤−10
黏附破坏/%	≤25	≤25	≤25
低温储存稳定性①	无凝胶、离析		
初期耐水性①	不产生浑浊		

① 仅对乳胶型密封剂要求。

(三) 混凝土建筑接缝密封胶

(1) 定义　混凝土建筑接缝密封胶是指用于混凝土建筑屋面、混凝土墙体变形缝密封的密封胶。

(2) 外观　混凝土建筑接缝密封胶为单组分黏稠流体。

(3) 分级和用途　由于混凝土构件材质、尺寸、使用温度、结构变形、基础沉降影响等使用条件范围宽，对密封胶接缝位移能力及耐久性要求差别较大，所以这类密封胶包括 25 级至 7.5 级的所有级别。按流动性分为 N 型（非下垂型），用于垂直接缝；S 型（自流平型），用于水平接缝。

混凝土建筑接缝密封胶主要包括聚氨酯、聚硫橡胶型，中性硅酮和改性硅酮密封胶，还包括丙烯酸、硅化丙烯酸、丁基型密封胶、改性沥青嵌缝膏等，后 3 种主要用于建筑内部接缝的密封。

(4) 物理性能　根据现行行业标准《混凝土接缝用建筑密封胶》(JC/T 881—2017) 中的规定，混凝土接缝用建筑密封胶的技术要求见表 9-11。

表 9-11　混凝土接缝用建筑密封胶的技术要求

序号	项目			产品级别						
				25LM	25HM	20LM	20HM	12.5E	12.5P	7.5P
1	下垂度(N 型)/mm		垂直	≤3						
			水平	≤3						
	流平性(S 型)			光滑平整						
2	挤出性/(mL/min)			≥80						
3	弹性恢复率/%			≥80		≥60		≥40		
4	拉伸粘接性	拉伸模量/MPa	23℃	≤0.4 和	>0.4 或	≤0.4 和	>0.4 或	—		
			−20℃	≤0.6 (100%)	>0.6	≤0.6 (60%)	>0.6			
		断裂伸长率/%		—					≥100	≥20
5	定伸粘接性	标准条件		伸长率100%		伸长率100%		—		—
		浸水后		无破坏		无破坏				
6	热压-冷拉后粘接性(反复拉压幅度)/%			±25		±20		±12.5	—	
7	拉压循环后粘接性(循环拉压幅度)/%			—					±12.5	±7.5
8	浸水后断裂伸长率/%			—					≥100	≥20
9	质量损失/%			≤10				≤25	≤25	
10	体积收缩率①/%			≤25				≤25	≤25	

① 仅溶剂型、乳胶型密封胶测定体积收缩率。

(四) 建筑用防霉密封胶

(1) 定义　建筑用防霉密封胶是指自身不长霉菌或能抑制霉菌生长的密封胶。

(2) 外观　建筑用防霉密封胶为单组分黏稠流体。

（3）分级和用途　建筑用防霉密封胶按防霉性可分为 0 级和 1 级，按模量及位移能力可分为 20LM、20HM、12.5E 级 3 个级别。建筑用防霉密封胶主要用于厨房、厕浴间、整体盥洗间、无菌操作间、手术室及生物实验室及卫生洁具等建筑接缝密封。

（4）物理性能　根据现行行业标准《建筑用防霉密封胶》（JC/T 885—2016）中的规定，建筑用防霉密封胶的技术要求见表 9-12。

表 9-12　建筑用防霉密封胶的技术要求

序号	项目		技术指标		
			20LM	20HM	12.5E
1	密度/(g/cm^3)		规定值±0.1		
2	表干时间/h		≤3		
3	挤出性/s		≤10		
4	下垂度/mm		≤3		
5	弹性恢复率/%		≥60		
6	拉伸 60%弹性模量/MPa	(23±2)℃	≤0.4	>0.4	—
		(−20±2)℃	≤0.6	>0.6	—
7	热压缩-冷拉伸后粘接性		不破坏	不破坏	不破坏
8	定伸 160%粘接性		不破坏	不破坏	不破坏
9	定伸 160%浸水粘接性		不破坏	不破坏	不破坏

（五）石材用建筑密封胶

（1）定义　石材用建筑密封胶是指建筑天然石材接缝用的密封胶。

（2）外观　石材用建筑密封胶为单组分黏稠流体。

（3）分级和用途　石材用建筑密封胶按位移能力及模量不同，可分为 25LM、25HM、20LM、20HM 和 12.5E 5 个级别。这类密封胶主要用于花岗岩、大理石等天然石材接缝结构防水、耐候密封及装饰。适用的密封胶主要包括中性硅酮密封胶、聚氨酯密封胶、聚硫型密封胶，还包括丙烯酸型密封胶。

（4）物理性能　石材用建筑密封胶不渗油、不粘灰、不污染石材，并能承受水浸、日光及温度交变作用。根据现行国家标准《石材用建筑密封胶》（GB/T 23261—2009）中的规定，其技术性能应符合表 9-13 的要求。

表 9-13　石材用建筑密封胶技术要求

序号	项目		产品级别				
			25LM	25HM	20LM	20HM	12.5E
1	下垂度/mm	垂直	3				
		水平	1				
2	挤出性/(mL/min)		≥80				
3	弹性恢复率/%		≥60(拉伸 100%后)		≥60(拉伸 60%后)		
4	拉伸模量/MPa	23℃	100%伸长率	100%伸长率	60%伸长率	60%伸长率	—
			≤0.4	>0.4	≤0.4	>0.4	
		−20℃	≤0.6	>0.6	≤0.6	>0.6	
5	定伸粘接性		定伸 100%,无破坏		定伸 60%,无破坏		
6	浸水后定伸粘接性		定伸 100%,无破坏		定伸 60%,无破坏		
7	压缩加热-拉伸冷却循环后的粘接性		±25%	±25%	±20%	±20%	±12.5%
			无破坏				
8	污染性	污染深度/mm	≤1.0				
		污染宽度/mm	≤1.0				
9	紫外线老化后性能		表面无粉化、龟裂，−20℃无裂纹				

（六）彩色涂层钢板用建筑密封胶

（1）定义　彩色涂层钢板用建筑密封胶是指轻钢结构建筑彩色涂层钢板接缝密封用的密

封胶。

（2）**外观**　彩色涂层钢板用建筑密封胶为单组分、可挤注的黏稠流体，具有与钢板颜色接近的各种彩色。

（3）**分级和用途**　彩色涂层钢板用建筑密封胶可分为 7 个级别，工程中常用的是 25LM、25HM、20LM、20HM 和 12.5E。能满足要求的产品主要是中性硅酮密封胶、聚氨酯密封胶和聚硫型弹性密封胶。这类密封胶主要用于轻钢结构建筑彩色涂层钢板屋面或墙体接缝防水、防腐蚀和耐候密封。

（4）**物理性能**　由于钢材温度膨胀系数较大，产品最大位移能力要求可达 ±50%；密封胶的稳定粘接同彩色涂层材质有关，要求产品有良好的粘接剥离强度。根据现行行业标准《金属板用建筑密封胶》（JC/T 884—2016）中的规定，彩色涂层钢板用建筑密封胶技术要求见表 9-14。

表 9-14　彩色涂层钢板用建筑密封胶技术要求

序号	项目		产品级别				
			25LM	25HM	20LM	20HM	12.5E
1	下垂度/mm	垂直	3				
		水平	无变形				
2	挤出性/(mL/min)		≥80				
3	弹性恢复率/%		80		60		40
4	拉伸模量/MPa	23℃	100%伸长率	100%伸长率	60%伸长率	60%伸长率	—
			≤0.4	>0.4	≤0.4	>0.4	
		−20℃	≤0.6	>0.6	≤0.6	>0.6	
5	定伸粘接性		无破坏				
6	浸水后定伸粘接性		无破坏				
7	压缩加热-拉伸冷却循环后的粘接性		±25%	±25%	±20%	±20%	±12.5%
			无破坏				
8	剥离粘接性	强度/(N/mm)	≤1.0				
		粘接破坏面积/%	≤25				
9	紫外线老化后性能		表面无粉化、龟裂，−25℃无裂纹				

六、结构密封胶技术性能要求

结构密封胶是与建筑接缝基材粘接且能承受结构强度的弹性密封胶，在实际工程中常用的主要有硅酮结构密封胶（SR），用于中空玻璃结构粘接的密封胶也可归入此范畴。这类密封胶主要有硅酮密封胶、聚氨酯密封胶和聚硫型密封胶。近几年，新型聚合物发展出的硅酮改性聚氨酯（SPUR）、聚硫改性聚氨酯和环氧改性聚氨酯等高功能密封胶，以高模量、高强度、高伸长率、高抗渗透性和耐久性用于结构粘接，显示出一定的技术经济优势。

（一）建筑用硅酮结构密封胶

（1）**定义**　建筑用硅酮结构密封胶是指用于玻璃结构装配系统（SSG）的密封胶。

（2）**外观**　建筑用硅酮结构密封胶单组分产品为可挤注的黏稠流体，双组分产品为适于挤胶机挤注施工的桶装。

（3）**分类、分级和用途**　建筑用硅酮结构密封胶有酸性密封胶和中性密封胶（包括脱醇型和脱酮肟型）。酸性密封胶可用于同混凝土及金属接触的玻璃结构粘接，中性结构胶可用于隐框和有框玻璃幕墙的玻璃粘接密封。

（4）**物理性能**　建筑用硅酮结构密封胶为高模量硅酮密封胶，粘接稳定、有弹性、耐水、耐湿热及耐老化，主要技术要求在现行国家标准《建筑用硅酮结构密封胶》（GB 16776—2005）中有明确规定。建筑用硅酮结构密封胶技术要求见表 9-15。

不同的幕墙设计和具体结构部位要求不同，结构应力和变形位移也不尽相同，不同模量的结构密封胶在玻璃幕墙结构设计、选材中都会有需求，供方必须测定并报告产品模量值。

表 9-15　建筑用硅酮结构密封胶技术要求

序号	项目		技术指标
1	下垂度/mm	垂直放置	≤3
		水平放置	不变形
2	挤出性①/s		≤10
3	适用期②/min		≥20
4	表干时间/h		≤3
5	硬度（邵氏）		20～60
6	拉伸粘接性	拉伸粘接强度/MPa 23℃	≥0.60
		90℃	≥0.45
		−30℃	≥0.45
		浸水后	≥0.45
		水-紫外线光照后	≥0.45
	粘接破坏面积/%		≤5
	23℃时最大拉伸强度时伸长率/%		≥100
7	热老化	热失重/%	≤10
		龟裂	无
		粉化	无

① 仅适用于单组分产品。

② 仅适用于双组分产品。

(二) 中空玻璃弹性密封胶

（1）定义　中空玻璃弹性密封胶是指中空玻璃单元件结构装配二道密封粘接用的密封胶。

（2）外观　中空玻璃弹性密封胶一般为双组分黏稠非下垂流体，适于自动挤胶机挤注施工。

（3）分类、分级和用途　中空玻璃弹性密封胶用于中空玻璃单元件结构装配二道密封粘接成型，这类密封胶主要有聚硫类（含聚氨酯类）和硅酮类。中空玻璃弹性密封胶按模量和位移能力分为5级。

（4）物理性能　根据现行国家标准《中空玻璃用弹性密封胶》（GB/T 29755—2013）中的要求，中空玻璃弹性密封胶应具有高粘接性、抗湿气渗透、耐湿热、长期紫外线辐照下在中空玻璃内不发雾的特点，组分比例和黏度应满足机械混胶和注胶施工。目前能满足要求的产品主要有抗湿气渗透的双组分聚硫型和聚氨酯型密封胶。

对用于玻璃幕墙的中空玻璃，特别强调玻璃结构粘接的安全性和耐久性，在新的产品标准中，增加了SR类密封胶，降低了对硅酮密封胶透湿性的要求；用于中空玻璃结构的二道密封，但不允许单道使用。中空玻璃弹性密封胶的技术要求见表9-16。

表 9-16　中空玻璃弹性密封胶的技术要求

序号	项目		技术指标			
			PS类		SR类	
			20HM级	12.5E级	25HM级	20HM级	12.5E级
1	密度/(g/cm³)		规定值×(1±10%)			
2	黏度/Pa·s		规定值×(1±10%)			
3	挤出性(单组)/s		≤10			
4	适用期/min		≥30			
5	表干时间/h		≤2			
6	下垂度/mm	垂直放置	≤3			
		水平放置	不变形			

序号	项目		技术指标				
			PS 类		SR 类		
			20HM 级	12.5E 级	25HM 级	20HM 级	12.5E 级
7	弹性恢复率/%		≥60%				
8	拉伸弹性模量/MPa	(23±2)℃	>0.4		>0.4		
		(−20±2)℃	>0.6		>0.6		
9	循环热压缩-冷拉伸粘接性	位移/%	±20	±12.5	±25	±20	±12.5
		破坏性质	无破坏	无破坏	无破坏	无破坏	无破坏
10	热空气-水循环后定伸粘接性	伸长/%	60	10	100	60	60
		破坏性质	无破坏	无破坏	无破坏	无破坏	无破坏
11	紫外线辐照-水浸后定伸粘接性	伸长/%	60	10	100	60	60
		破坏性质	无破坏	无破坏	无破坏	无破坏	无破坏
12	水蒸气渗透率/[g/(m²·d)]		≤15		—		
13	紫外线辐照发雾性(仅单道密封时)		无				

第三节　密封胶的技术性能试验

一、密封胶性能试验的一般规定

建筑密封胶的工艺性能及物理性能对环境温度及湿度均比较敏感，粘接性对基础材料表面状态具有选择性。为保证建筑密封胶技术性能试验具有重复性和可比性，试验必须具备规定的标准试验条件，采用标准基材。

（1）试验室标准试验条件　密封胶技术性能试验的标准条件为：温度（23±2）℃，相对湿度45%~55%。

（2）标准试验基材　密封胶技术性能试验的标准试验基材包括：水泥砂浆基材、玻璃基材和铝合金基材。

① 水泥砂浆基材。水泥质量应符合国家标准《通用硅酸盐水泥》（GB 175—2007）中的规定；砂子质量应符合国家标准《建设用砂》（GB 14684—2011）中细砂的规定。

当试验需用粗糙表面水泥砂浆基材时，应在水泥砂浆成型20h后，用金属丝刷沿长度方向反复用力刷基材表面，直至砂粒暴露，然后按标准条件进行养护。具有粗糙表面的水泥砂浆基材不允许有任何孔洞。

② 玻璃基材。密封胶技术性能试验所用玻璃的厚度应为（6.0±0.1）mm，玻璃板的质量应符合现行国家标准《平板玻璃》（GB 11614—2009）的规定。

③ 铝合金基材。密封胶技术性能试验所用铝合金基材，其化学成分应符合现行国家标准《变形铝及铝合金化学成分》（GB 3190—2008）中6060#或6063#的规定。阳极氧化膜厚度应符合现行国家标准《铝及铝合金阳极氧化膜与有机聚合物膜　第1部分：阳极氧化膜》（GB/T 8013.1—2018）规定的AA15级或AA20级。氧化膜封闭质量为吸附损失率不大于2。

二、密封胶密度的测定

密封胶的密度是确定施工用胶量的依据，对控制密封胶的质量有重要意义，试验原理是测定规定体积密封胶的质量。试验是将密封胶填满已定容积的黄铜或不锈钢环内，测定金属环内等容积密封胶的质量，求得密封胶的密度。试验方法见GB/T 13477中相关内容。

三、密封胶挤出性的测定

按照GB/T 13477方法使用规定的气动注胶枪，测定规定压力下密封胶由规定枪嘴单位时间挤出的体积（mL/min），按 GB 16776—2005 或 ASTM C 1183—1997 方法，测定规定压力下单位时间密封胶挤出规定体积所用的时间（s）。

四、密封胶适用期的测定

测定密封胶达到规定挤出性的时间，用于测定双组分混合后密封胶适于挤注施工的最长期限（h），测定方法见 GB/T 13477 中相关内容。

五、密封胶表干时间的测定

密封胶表干时间的测定是在矩形模框内均匀刮涂 3mm 厚密封胶，晾置一定时间后将聚乙烯薄膜放在表面上，然后加放 19mm×38mm 的金属板（40g），移去板并从垂直方向匀速揭下薄膜，测定密封胶表面不粘的时间；或者用手轻触密封胶，测定不粘手的时间。测定方法见 GB/T 13477 中相关内容。

六、密封胶流动性的测定

密封胶的流动性包括 N 型密封胶下垂度和 S 型密封胶流平性。在下垂度试验器 150mm×20mm×15mm 金属槽内刮涂密封胶，然后垂直悬挂或水平放置试验器，测定密封胶向下垂流的最大距离（mm）为下垂度；将 100g 密封胶注入流平性模具，测定密封胶表面是否光滑平整，报告其流平性。测定方法见 GB/T 13477 中相关内容。

七、密封胶低温柔性的测定

将密封胶（3mm 厚）涂在 0.3mm 厚的铝片上，待密封胶完全固化，在规定的低温下处理后，在直径 6mm 或 25mm 的圆棒上弯曲，检查密封胶是否出现开裂、剥离或粘接破坏。测定方法见 GB/T 13477 中相关内容。

八、密封胶拉伸粘接性的测定

以 5～6mm/min 的速度拉伸粘接试件直至破坏，测定其最大拉伸强度（MPa）和断裂伸长率（%），并记录密封胶粘接破坏的面积，此测定还应包括应力-应变曲线及密封胶的模量。拉伸粘接性试验具体方法步骤见 GB/T 13477 中相关内容。

九、密封胶定伸粘接性的测定

将粘接拉伸试样拉伸（25%、60% 或 100%）并插入垫块固定该伸长，在试验温度（−20℃、23℃）下保持 24h，然后拆去垫块，检查并报告密封胶粘接或内聚破坏情况、破坏深度和部位。定伸粘接性试验具体方法步骤见 GB/T 13477 中相关内容。

十、密封胶拉压循环粘接性的测定

拉压循环粘接性的测定仅适用于具有明显塑性的嵌缝膏和 12.5P、7.5P 级密封胶。试验是将粘接拉伸试样以 1mm/min 的速度拉压 100 次，拉压幅度为 12.5% 或 7.5%，检查并报告密封胶内聚破坏的深度。密封胶拉压循环粘接性试验方法步骤见 GB/T 13477 中相关内容。

十一、密封胶热压-冷拉后粘接性测定

密封胶热压-冷拉后粘接性测定适用于弹性密封胶。试验是在低温−20℃下将粘接拉伸试样拉伸（12.5%、20% 或 25%），保持 21h，然后在 70℃下以同样幅度压缩并保持 21h，拉压两次后在不受力状态下保持 2d 为一个周期，共进行 2 个周期，检查并报告密封胶内聚破坏的深度。密封胶热压-冷拉后粘接性测定的试验方法步骤见 GB/T 13477 中相关内容。

十二、密封胶弹性恢复率的测定

将粘接定伸试样拉伸（25％、60％或100％）后插入定位垫块，在各伸长率下保持24h，然后拆去垫块，在有滑石粉的玻璃板上静置1h，检查试件两端弹性恢复后的百分比。密封胶弹性恢复率测定的试验方法步骤见GB/T 13477中相关内容。

十三、密封胶粘接剥离强度的测定

将密封胶（2mm厚）涂在试验基材上，沿着180°的方向剥离，测定密封胶的剥离强度（N/mm）和粘接-内聚破坏情况。密封胶粘接剥离强度测定的试验方法步骤见GB/T 13477中相关内容。

十四、密封胶污染性的测定

此方法适用于弹性密封胶对多孔材料（如石材、混凝土等）污染性的测定。用密封胶粘接多孔性基材制成试件，按试验密封胶的位移能力等级（如12.5％、20％、25％）压缩试件，分别在常温、70℃及紫外线辐照处理后14d和28d取出，检查并报告试验基材表面变色、污染宽度（mm）和污染深度。密封胶污染性测定的试验方法步骤见GB/T 13477中相关内容。

十五、密封胶渗出性的测定

此方法适用于溶剂型密封胶渗出、扩散程度。将密封胶填入金属环内，然后放在10张叠放的滤纸上，在环上施加300g砝码，放置72h检查并报告渗出的宽度和渗透滤纸的张数。密封胶渗出性测定的试验方法步骤见GB/T 13477中相关内容。

十六、密封胶水浸-紫外线辐照后粘接拉伸性的测定

此方法适用于测定密封胶经受紫外线-热水综合作用后的拉伸粘接性。将拉伸粘接试件的玻璃基材面向上，浸入50℃热水并透过玻璃进行紫外线照射，经300h或600h后测定密封胶粘接拉伸强度和破坏情况。密封胶水浸-紫外线辐照后粘接拉伸性测定的试验方法步骤见GB/T 16776中相关内容。

十七、嵌缝膏耐热度的测定

将嵌缝膏嵌入长100mm、深25mm、宽10mm的钢槽内，放在坡度为11°的支架上，在规定温度下测定其下垂值（mm）。嵌缝膏耐热度测定的方法步骤见JC/T 207中相关内容。

第四节　建筑接缝的粘接密封

20世纪80年代以后，我国城市建筑发生明显变化，建筑高度、跨度明显加大，墙体、楼板大量采用预制构件，大板幕墙、大玻璃窗、金属板件普遍应用，内墙用薄板隔断、配管增多，装饰装修和卫生洁具档次要求提高，结构接缝的处理和密封要求更加突出。工程实践证明，接缝处理不当引起裂缝、渗漏频发，甚至导致结构过早失效，如广场、公路、机场局部过早出现拱起、塌陷、裂缝甚至基础下沉，地下室及建筑物墙体裂缝、渗漏等，大多同接缝处理不当有关。据报道，建筑墙体40％存在接缝渗漏问题。

由于我国尚未建立建筑工程接缝密封设计和施工相关的技术规范及验收标准，缺乏对建筑接缝应力、变形位移及其他因素分析和计算的指导性文件，以致有些建筑规范涉及接缝密封时，往往只简单地规定"嵌填弹塑性密封胶"，似乎不管建筑结构接缝工作环境和尺寸大小，也不管密封胶具有多大的弹性和强度，即使填入最廉价的塑性沥青也能保证密封。工程实践证明，这种简单化的处理方法往往是导致渗漏的重要根源，有效的密封必须依据接缝的具体情况

进行认真处理，应综合各种因素的影响进行必要的设计和验算，合理设定密封接缝的宽度、深度和间隔距离，正确选定密封胶的类型、级别，实现最佳接缝密封设计，这就要求在对密封胶产品的功能特点基本认知的基础上，对接缝位移和有关因素的影响和计算有基本了解，这是建筑接缝密封设计的基础。

一、建筑接缝密封设计程序

为了获得功能优良、外观美观、耐久性好的密封接缝，必须有一个正确的设计方法和程序，接缝密封设计的程序可分为三个大的阶段，即研究方案、调查分析和完成设计图阶段。接缝密封设计的程序如图 9-2 所示。

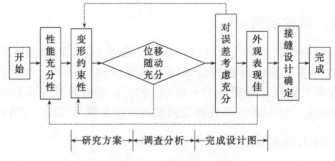

图 9-2　接缝密封设计的程序

第一阶段，主要研究结构对接缝变形的约束，以及对防水性、耐火性、隔声性和耐久性的要求，综合考虑提出接缝密封的设计方案；第二阶段，要对移动的跟踪性和误差的吸收性进行调查分析；第三阶段，对视觉上是否能满足美观要求加以研讨，最终完成接缝设计图。随着工程技术水平的提高和密封材料品种功能的完善，有条件实现成功的接缝设计。值得引起注意的是：在考虑建筑接缝时一些必要的因素可能被忽略，在实际工程中容易出现意外和误差，这时经验和判断在接缝设计中起着重要作用，建议设计人员在这方面多进行调查分析，总结和积累经验，做出最佳的接缝设计。

建筑接缝密封设计时首先确定接缝的构造、位置和接缝宽度，计算出接缝的位移量，然后根据接缝密封材料具有的位移能力进行修正，设计出安全的接缝宽度。如果设定的接缝位移量超出现有密封材料的位移能力，接缝宽度不能满足位移量的要求，就必须重新安排整个结构的接缝布置，以减小各个接缝的位移量。

二、接缝位移量的确定

(一) 影响接缝位移的因素

为确定接缝的位移量，设计时必须首先给定构件的长度（或体积），确定在接缝部位可能发生的位移变化，即接缝的位移量。造成接缝移动的原因是多方面的，除材料自身收缩而产生的固有变形外，还有温度、湿度（长期位移）和风荷载、地震（短期位移）等。引起接缝移动的原因和特点，不论是长期的还是短期的，都必须给予充分考虑，由此提出计算位移量的原则和值得重视的注意事项。如果考虑不充分，将可能导致接缝密封设计的失败。根据工程经验，必须考虑的因素主要包括以下方面。

(1) 热位移　大气温度变化、太阳光照射及雨水浸入或蒸发等，都会引起建筑物构件的温度变化，引起构件长度方向的尺寸伸缩变化，表现为构件接缝的扩张-闭合产生热位移作用。材料试验结果表明，热位移是引起材料尺寸变化的主要影响因素。限制或约束构件尺寸的这种变化是很危险的，必然产生极大的热应力甚至导致材料断裂，所以必须正确估计建筑使用期不同阶段的温度变化导致的热位移，预留尺寸足够的接缝以保证构件的自由伸缩。为保证构件的自由伸缩，避免接缝被异物填塞或避免接缝成为渗漏通道，粘接密封接缝的弹性密封胶必须能承受构件伸缩时产生的拉-压位移。

建筑物温度变化应考虑的过程主要包括：施工中的温度变化；未使用和未装配时的温度变化；使用和装配后的温度变化。在这些过程中，不同的建筑有不同的环境条件，应根据不同的建筑材料和建筑体系，考虑这些过程中产生热位移的最大值。根据建筑过程和材料及构件系统种类，确定所要求的接缝位置和接缝尺寸。

（2）潮湿溶胀　有些建筑材料的性能会随着内部水分或水蒸气含量的多少发生变化，有的材料吸水后尺寸会增长，干燥后尺寸又会缩短；有些伸缩变化可能是可逆的，有些可能是不可逆的。由这些材料组成的建筑构件必然湿胀-干缩，从而会导致接缝扩张-闭合运动。

（3）荷载运动　荷载运动包括动荷载和固定荷载运动。风荷载运动和地震产生的动荷载等均会引起建筑构件的变形运动，导致接缝扩张-闭合变化产生位移。

（4）密封胶固化期间的运动　密封胶固化期间所发生的位移运动，可能会改变密封胶的性能，包括密封胶的拉伸强度、压缩强度、弹性模量及与基材的粘接性，也包括外观的变化，如密封胶表面或内部产生裂缝、内部产生气泡等，都会对密封胶最终承受位移的能力产生不利影响。建筑接缝计算和设计是建立在已固化密封胶的基础上的。如果施工时不能避免密封胶固化期间发生位移，那么应该进行适当的补偿工作，包括施工时施加保护措施，使密封胶尽可能在不发生位移的期间固化，或测试密封胶在固化期间发生位移导致的性能变化，在接缝设计中采取必要的措施进行必要的补偿。

（5）框架弹性变形　建筑结构监测结果表明，多层混凝土结构和钢结构在承受荷载后，会发生不同程度的弹性变形，产生层间变位并导致建筑接缝尺寸变化。

（6）蠕变　材料试验结果证明，建筑材料在施加荷载后会随着时间的延长而发生一定的形变。

（7）建筑公差　建筑公差包括各种构件各自的公差以及制造、装配时形成的累积公差。工地现场施工和车间制作的构件、组合件及子系统的结合体，多是复杂排列下的组合。现行的建筑标准给出的公差范围有些比较宽，有些不适用于接缝密封设计，应给予仔细斟酌。对某些材料或系统来说，可能还没有认可的公差，或者其公差不适合直接应用于接缝密封设计，密封接缝专业设计应依据接缝施工及条件建立适用的公差范围。如果密封接缝设计时忽视建筑公差的影响，会造成接缝粘接密封失败，或者由于接缝过于狭窄导致相邻材料或系统之间接触不良、粘接失败。此外，不同的建筑公差要求不同的施工精度，直接影响接缝施工的价位，所以设计应具体标明待密封接缝的尺寸公差。

（8）收缩　工程监测结果表明，建筑结构或构件在浇筑成型后几个月内会产生不同程度的收缩，对建筑密封接缝会产生一定影响。

（二）接缝位移量的评估

1. 影响接缝位移量主要因素的分析

（1）端部位移量取决于构件的有效长度，即该构件在相近方向上自由移动的长度。

（2）除设计中设有足够的锚固者外，必须假定结构接缝要承担两单元的全部位移量，这样考虑较为安全。

（3）在计算接缝温差位移量时必须采用构件的实际温度，不能简单地采用环境温度计算。

（4）当被连接的两个构件使用不同类型的材料时，计算它们对接缝位移量的影响，应分别使用不同材料相应的计算系数。此外，按照接缝的形状不同，还应考虑不同材料发生的位移量差异可能引起接缝构造的次生变形。

（5）在进行接缝位移量计算和确定时，可参照类似结构中类似接缝实际的位移量资料。

（6）在确定构件的尺寸公差时，必须考虑其间隙构成及浇筑或安装构件所产生的实际误差。

（7）在对接缝中，密封材料主要考虑适应垂直于接缝面的位移量能力，即伸缩位移能力。

2. 接缝密封胶变形位移的基本类型

当建筑接缝发生相对错动产生相对位移时，接缝密封胶的变形位移类型基本有四种：压缩（C）、拉伸（E）、竖向切变（E_L）和水平切变（E_T）。

（1）在拉伸或压缩应力的作用下，接缝两面发生相对位移时，密封胶被拉伸或压缩承受拉伸-压缩位移。接缝典型拉伸-压缩位移如图 9-3 所示。

（2）当接缝两个面发生竖向或水平切变时，密封胶承受剪切位移。切变在接缝表面的位移如图 9-4 所示。

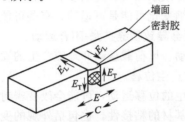 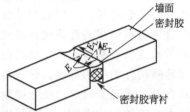

图 9-3　接缝典型拉伸-压缩位移　　　　图 9-4　切变在接缝表面的位移

（3）接缝拉伸-压缩的同时产生水平切变时，密封胶产生如图 9-5 所示的交叉变形组合位移（W_R 为接缝宽度）。

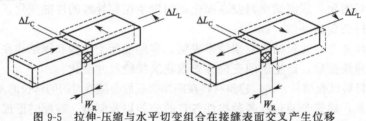

图 9-5　拉伸-压缩与水平切变组合在接缝表面交叉产生位移

（4）接缝拉伸-压缩的同时产生竖向切变时，密封胶产生如图 9-6 所示的交叉变形组合位移。

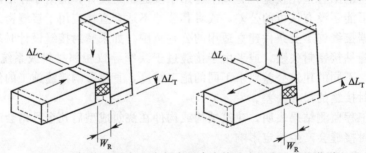

图 9-6　拉伸-压缩与竖向切变组合在接缝表面交叉产生位移

密封胶在接缝中要适应上述位移或其中几种组合位移，包括拉伸-压缩位移、拉伸-压缩同竖向切变组合位移，或者拉伸-压缩同水平切变组合位移。设计的接缝应对密封胶可能遇到的各种类型的位移进行充分的分析和评估，考虑产生这些位移对接缝密封胶的作用，保证选用密封胶的位移能力能够充分适应这些位移。

三、接缝密封深度尺寸的确定

密封胶的形状系数在密封接缝的设计中也很重要，即接缝宽度和深度的比例应限定在一定范围内，保证密封胶处于合适的受力状态，否则将会减弱密封胶适应位移的能力。

（一）对接接缝

一般接缝最佳的宽深比为 2：1。在有足够密封性的基础上考虑经济性，实际应用中往往参考接缝的特征需要，如具体接缝的宽度范围。接缝宽度为 6～12mm 时，深度一般不超过 6mm；接缝宽度为 12～18mm 时，密封深度一般取宽度的 1/2；接缝宽度为 18～50mm 时，最大深度可取 9mm。当接缝宽度超过 50mm 时，应征求密封胶生产商的意见。施工后密封接缝，接缝中部密封胶的厚度应不小于 3mm，以保证密封的安全性。

（二）斜接、搭接和其他形式接缝

基材表面密封胶粘接尺寸通常应不小于 6mm。对于多样化或粗糙的粘接表面，或施工时不宜接近的情况，要达到设计的接缝密封，就需要更大的密封面积。密封胶在基材表面或粘接胶条表面的粘接密封深度（厚度）应为 6mm。根据密封胶种类和施工水平不同，密封胶层的最小厚度应达到 3mm。

四、接缝尺寸公差和接缝尺寸计算

（一）制造及施工装配公差的影响

对所有密封胶接缝设计来说，不能忽视接缝尺寸的负公差，必须将该值加入密封胶位移能力的选择和接缝宽度尺寸设定计算中。接缝尺寸的负公差引起接缝缩小，设计时要重点考虑，否则接缝尺寸过于狭窄，密封胶的位移能力将不能满足预计的位移；正公差则引起接缝开口变大，较宽的接缝对密封胶的性能没什么影响，但会影响美观。因此，在确定密封胶接缝宽度值并完成设计验算之后，应归纳比较数据，选择一个工程中可实际应用的值，作为最终设计的接缝宽度，并以"±"值表示接缝尺寸的正负公差。

（二）对接接缝公差的确定和表示

建筑接缝中最为多见的是对接接缝，如砖石墙面上的竖缝和横缝。为保证密封胶粘接密封接缝的可靠性和耐久性，接缝宽度尺寸必须限定合理的公差，接缝的最终设计宽度应由密封胶位移能力和接缝位移量计算确定，同时增加建筑施工的负公差（C_X），可用下式表示。

$$W = W_R + C_X \tag{9-1}$$

式中　W——接缝的最终设计宽度，mm；

　　　W_R——设计拟采用的接缝宽度，mm；

　　　C_X——建筑施工的负公差，mm。

五、接缝密封的施工

经设计分析的计量确定接缝尺寸和选定密封材料之后，成功和可靠的建筑接缝密封完全依赖接缝施工和密封作业质量。密封作业不仅需要正确熟练的操作技巧，而且必须认真负责地对待，从而才能避免缺陷隐患。工程实践充分表明，接缝施工缺陷和密封施工不慎是造成渗透的重要原因。建筑接缝一旦发生渗漏，漏源的检查和处理十分费力，恢复密封有时需要剥离装饰层，破坏邻近的附加结构，不仅费时、费工，而且增加工程费用。

我国建筑工程实行保修制度，在保修期内为维护业主的合法权益，施工方将负责检漏和修理工程，并负责可能引起连带损失的赔偿。所以，建立并运行有效的施工程序质量控制和管理，精心进行施工，认真检验并完成质量记录，是实现最佳接缝密封的重要保证。

（一）密封施工准备

（1）**施工条件保证**　在正式施工前应首先检查所采购的密封胶是否符合设计要求的类型和级别，熟悉供方提供的储存、混合、使用条件和使用方法及安全注意事项。施工时的气温以接近年平均气温为最佳，施工温度一般应控制在 4～32℃范围内，并随时注意环境温度及湿度对施工质量的影响，必要时应采取有效措施加以调节。

（2）**建筑接缝检查**　检查制作或安装接缝的形状和尺寸是否符合设计要求，检查"预定接缝"外表面裂缝和缺陷，必要时应及时进行处理。建筑接缝主要存在如下缺陷：

① 对接或锯切接缝时，深度、宽度和位置不符合设计要求。

② 接缝与连缝未对齐，妨碍了建筑构件的自由运动。

③ 锯切预制接缝的时机不妥，锯切时间过早造成接缝边缘缺损、干裂，锯切时间过迟因混凝土收缩使构件早期产生裂缝。

④ 接缝处的金属嵌件、附件产生错位或偏移。

（3）涂施密封胶前接缝的表面处理　接缝的表面必须干净，没有影响密封胶粘接的尘沙、污物和夹杂物。玻璃及金属等无孔材料的表面，可用溶胶进行去污，混凝土则用经过滤的压缩空气吹净或用真空吸尘器吸附，然后根据要求涂施底胶或表面处理剂。接缝应保持干燥，即使是用乳胶型密封胶及湿气固化型密封胶，仍是以干燥表面的密封效果最佳。

（4）预填防粘衬垫材料　预填的防粘泡沫棒形状、深度和防粘带的位置应符合设计要求，保证密封胶嵌填尺寸系数，防止三面粘接。

（二）密封胶混合和涂覆施工

（1）密封胶的混合和装填　装填在适于挤注枪使用的密闭管中的单组分密封胶不需要进行混合；双组分密封胶必须在使用前进行混合，使用专用的注胶机械或另行装填入枪管内注胶。密封胶混合方式可根据工程大小采用刮刀拌和、手持电动搅拌叶片混合或双组合气动压注静态紊流混合等。密封胶组分的均匀混合和避免空气过多混入十分重要，以免直接影响施工和密封质量。

（2）充分注意密封胶工艺性能和施工的关系

① 挤出性。密封胶的挤出性直接影响密封施工的速度。挤出性差将造成操作费力、费时，难以充满接缝全部空间并渗透粘接表面。如果施工环境温度过低，也会造成挤出性下降。

② 适用期。双组分密封胶的挤注、涂覆、整形必须在适用期内完成。该期限受施工气温的影响：温度高，适用期缩短；温度低，适用期将延长，如果温度过低密封胶可能难以固化。在特别需要时，也可以将混合好的密封胶装入枪管放入 $-4℃$ 以下冷冻，现场熔化后使用，以获得更长的适用期。

③ 表干时间。密封胶在未达到表干时间前，其表面很容易附着尘沙，触摸会破坏密封的形状，因此表干时间是密封胶施工中非常重要的技术参数。

④ 下垂度。密封胶的下垂度不合格，难以保证密封胶在垂直缝、顶缝上的涂覆形状。但施工温度过高或一次堆胶量过厚，也会造成密封胶下垂。

⑤ 流平度。密封胶的流平度合格可保证密封胶在水平缝中自流平并充满接缝，如果施工温度过低就很难流平和充满。

（3）密封施工的具体操作　根据建筑工程的施工经验，密封胶主要采用挤胶枪挤注嵌填，很少用刮刀填缝密封。挤注枪有手动型和气动型，注胶口的大小可由剪口长度确定。挤胶操作应平稳，枪嘴应对准接缝底部，倾角掌握在 45°左右，移动枪嘴应均匀，使挤出的密封胶始终处于由枪嘴推动状态，保证挤出的密封胶对缝内有挤压力，使接缝内空间充实，胶缝表面连续、光滑；尺寸较宽的接缝可分别涂两道或多道密封胶，但每次挤注都应形成密实的密封层。为保证密封胶充满并渗透接缝的表面，在嵌填完成后应进行整形，即用适宜的工具压实、修饰密封胶，排出混入的气泡和空隙，使密封形成光滑、流线的表面。

工程实践证明，控制施工过程是保证密封质量的关键。最终进行质量检查验收只能检视外观质量，要求密封胶嵌填深度一致、表面平整无缺陷、表面无多余胶溢出和污染等。为获得规整的密封缝，一般在接缝两侧粘贴遮蔽胶带，挤注、整形操作后将其揭除。

（三）密封胶施工技术安全

在进行密封胶的施工过程中，应注意供应方关于安全使用的要求，使用溶剂型密封胶应注意防火、防蒸气中毒；对铅、锰、铬、有机锡等有毒物质含量超标的密封胶，应避免与皮肤过多接触，更不能入口、溅入眼睛，必要时应戴防护用具，施工后应注意及时清洗。

第十章

玻璃幕墙工程现场检验

为确保玻璃幕墙工程的设计目标和施工质量,在施工的过程中必须进行一系列现场检验工作,玻璃幕墙的现场检验工作主要包括:工程材料的现场检验、幕墙的防火检验、幕墙的防雷检验、节点与连接的检验等。

第一节 玻璃幕墙所用材料的现场检验

在现场检验玻璃幕墙工程中所使用的各种材料,是确保幕墙工程质量的一项非常重要的工作。在进行材料的现场检验中,应将同一厂家生产的同一型号、规格、批号的材料作为一个检验批,每批应随机抽取 3%且不得少于 5 件。

材料检验应做好记录工作,检验记录应按现行行业标准《玻璃幕墙工程质量检验标准》(JGJ/T 139—2001) 中附录 A 规定的表格进行。玻璃幕墙工程质量检验记录表的格式见表 10-1。

表 10-1 玻璃幕墙工程质量检验记录表的格式

编号:　　　　　　　　　　　　　　　　　　　　　　　　　　　　　　　　共　　页　第　　页

委托单位		工程名称			工程地点					
设计单位		施工单位			工程编号					
检验依据				检验类别		检验时间				

序号	检验项目	检验设备名称、编号	抽样部位、数量	检验结果					备注
				1	2	3	4	5	

校核:　　　　　　　　　　　　记录:　　　　　　　　　　　　检验:

玻璃幕墙工程材料的现场检验，主要包括铝合金型材、钢材、玻璃、密封材料、其他配件等。以上所有材料的质量必须符合国家或行业现行的标准。

一、铝合金型材的质量检验

玻璃幕墙工程使用的铝合金型材，应符合现行国家及行业标准《铝合金建筑型材　第 1 部分：基材》（GB/T 5237.1—2017）、《建筑门窗幕墙用钢化玻璃》（JG/T 455—2014）、《建筑用硅酮结构密封胶》（GB 16776—2005）及《玻璃幕墙工程技术规范》（JGJ 102—2003）中的规定。为确保玻璃幕墙的施工质量符合设计要求，在建筑幕墙工程的施工现场，应进行铝合金型材壁厚、硬度和表面质量的检验。

（一）铝合金型材壁厚的检验

（1）用于横梁、立柱等主要受力杆件，其截面受力部位的铝合金型材壁厚的实测值不得小于 3mm。

（2）铝合金型材壁厚的检验，应采用分辨率为 0.05mm 的游标卡尺或分辨率为 0.1mm 的金属测厚仪，并在杆件同一截面的不同部位测量，测点不应少于 5 个并取最小值。

（3）铝合金型材膜厚的检验指标，应当符合下列规定：

① 阳极氧化膜的最小平均膜厚不应小于 $15\mu m$，最小局部的膜厚不应小于 $12\mu m$。

② 粉末静电喷涂涂层厚度的平均值不应小于 $60\mu m$，其局部最大厚度不应大于 $120\mu m$，也不应小于 $40\mu m$。

③ 电泳涂漆复合膜的局部膜厚不应小于 $21\mu m$。

④ 氟碳喷涂涂层的最小平均厚度不应小于 $30\mu m$，最小局部厚度不应小于 $25\mu m$。

（4）铝合金表面膜厚的检验，应采用分辨率为 $0.5\mu m$ 的膜厚检测仪进行检测。每个杆件在不同部位的测点不应少于 5 个，同一个测点应测量 5 次，取平均值，精确至整数。

（二）铝合金型材硬度的检验

（1）玻璃幕墙工程使用的铝合金 6063T5 型材的韦氏硬度值不得小于 8，使用的铝合金 6063AT5 型材的韦氏硬度值不得小于 10。

（2）铝合金型材硬度的检验，应采用韦氏硬度计测其表面硬度。型材表面的涂层应清除干净，测点不应少于 3 个，并应以至少 3 点的测量值取其平均值，精确至 0.5 个单位值。

（三）铝合金型材表面质量检验

铝合金型材的表面质量，应当符合下列规定：

（1）铝合金型材的表面应清洁，色泽应均匀。

（2）铝合金型材的表面不应有皱纹、裂纹、起皮、腐蚀斑点、气泡、电灼伤、流痕、发黏以及膜（涂）层脱落等质量缺陷存在。

二、建筑钢材的质量检验

玻璃幕墙工程中所使用的钢材，应当进行膜厚和表面质量的检验。

（1）幕墙工程用钢材表面应进行防腐处理。当采用热浸镀锌处理时，钢材表面的膜厚应大于 $45\mu m$；当采用静电喷涂处理时，钢材表面的膜厚应大于 $40\mu m$。

（2）钢材表面膜厚的检验，应采用分辨率为 $0.5\mu m$ 的膜厚检测仪进行检测。每个杆件在不同部位的测点不应少于 5 个，同一个测点应测量 5 次，取平均值，精确至整数。

（3）钢材的表面不得有裂纹、气泡、结疤、泛锈、夹杂和折叠等质量缺陷。

（4）钢材表面质量的检验，应在自然散射光的条件下进行，不得使用放大镜检查和观察检查。

三、玻璃材料的质量检验

对于玻璃幕墙工程所用的玻璃材料，应当进行厚度、边长、外观质量、应力和边缘处理情况的检验。

(一) 玻璃厚度的检验

玻璃幕墙工程所用玻璃的厚度允许偏差，应当符合表 10-2 中的规定。在进行玻璃厚度检验时，应采用以下方法：

① 玻璃在安装或组装之前，可用分辨率为 0.02mm 的游标卡尺测量被检验玻璃每边的中点，测量结果取平均值，精确至小数点后二位。

② 对已安装的玻璃幕墙，可用分辨率为 0.1mm 的玻璃测厚仪在被检验玻璃上随机取 4 点进行检测，测量结果取平均值，精确至小数点后一位。

表 10-2　玻璃幕墙厚度允许偏差

玻璃厚度/mm	允许偏差/mm		
	单片玻璃	中空玻璃	夹层玻璃
5	±0.2	当 $\delta<17$ 时，为±1.0；当 $\delta=17\sim22$ 时，为±1.5；当 $\delta>22$ 时，为±2.0	厚度偏差不大于玻璃原片允许偏差和中间层允许偏差之和；中间层的总厚度小于 2mm 时，允许偏差为零；中间层的总厚度大于或等于 2mm 时，允许偏差为±0.2mm
6			
8	±0.3		
10			
12	±0.4		
15	±0.6		
19	±1.0		

(二) 玻璃边长的检验

玻璃幕墙工程所用玻璃的边长检验，应在玻璃安装或组装之前，用分度值为 1mm 的钢卷尺沿玻璃周边测量，取其最大偏差值。玻璃边长的检验指标，应符合以下规定：

(1) 单片玻璃边长的允许偏差，应符合表 10-3 中的规定。

(2) 中空玻璃边长的允许偏差，应符合表 10-4 中的规定。

(3) 夹层玻璃边长的允许偏差，应符合表 10-5 中的规定。

表 10-3　单片玻璃边长的允许偏差

玻璃厚度/mm	允许偏差/mm		
	长度 $L\leqslant1000$	$1000<L\leqslant2000$	$2000<L\leqslant3000$
5,6	+1,−1	+1,−2	+1,−3
8,10,12	+1,−2	+1,−3	+2,−4

表 10-4　中空玻璃边长的允许偏差

玻璃长度/mm	允许偏差/mm	玻璃长度/mm	允许偏差/mm	玻璃长度/mm	允许偏差/mm
<1000	+1.0,−2.0	1000~2000	+1.0,−2.5	>2000	+1.0,−3.0

表 10-5　夹层玻璃边长的允许偏差

总厚度 D/mm	允许偏差/mm		总厚度 D/mm	允许偏差/mm	
	$L\leqslant1200$	$1200<L\leqslant2400$		$L\leqslant1200$	$1200<L\leqslant2400$
$4\leqslant D<6$	±1	—	$11\leqslant D<17$	±2	±2
$6\leqslant D<11$	±1	±1	$17\leqslant D<24$	±3	±3

（三）玻璃外观质量检验

对于玻璃外观质量的检验，应在良好的自然光或散射光照条件下，距离玻璃正面约600mm处，观察玻璃的表面；其缺陷尺寸，应采用精度为0.1mm的读数显微镜进行测量。玻璃外观质量的检验指标，应符合下列规定：

（1）钢化玻璃、半钢化玻璃的外观质量，应符合表10-6中的规定。

表 10-6　钢化玻璃、半钢化玻璃的外观质量

外观缺陷名称	检验指标	备　注
爆边	不允许存在	
划伤	每平方米允许 6 条，$a \leqslant 100mm$，$b \leqslant 0.1mm$	a 为玻璃划伤的长度；b 为玻璃划伤的宽度
	每平方米允许 3 条，$a \leqslant 100mm$，$b \leqslant 0.5mm$	
裂纹、缺角	不允许存在	

（2）热反射玻璃的外观质量，应符合表10-7中的规定。

表 10-7　热反射玻璃的外观质量

缺陷名称	检验指标	备　注
针眼	距边部 75mm 内，每平方米允许 8 处或中部每平方米允许 3 处，$1.6mm < d \leqslant 2.5mm$	a 为玻璃划伤的长度；b 为玻璃划伤的宽度；d 为玻璃缺陷的直径
	不允许存在 $d > 2.5mm$	
斑纹	不允许存在	
斑点	每平方米允许 8 处，$1.6mm < d \leqslant 5.0mm$	
划伤	每平方米允许 2 条，$a \leqslant 100mm$，$b \leqslant 0.8mm$	

（3）夹层玻璃的外观质量，应符合表10-8中的规定。

表 10-8　夹层玻璃的外观质量

缺陷名称	检验指标	缺陷名称	检验指标
胶合层气泡	直径 300mm 圆内，允许长度为 1～2mm 的胶合层气泡 2 个	胶合层杂质	直径 500mm 圆内，允许长度小于 3mm 的胶合层杂质 2 个
爆边	长度或宽度不得超过玻璃的厚度	划伤、磨伤	不得影响使用
裂纹	不允许存在	脱胶	不允许存在

（四）玻璃应力的检验

幕墙工程所用玻璃的应力检验指标，应符合下列规定：

（1）玻璃幕墙所用玻璃的品种，应符合设计要求，一般应选用质量较好的安全玻璃。

（2）用于幕墙的钢化玻璃和半钢化玻璃的表面应力，应符合以下规定：如果采用钢化玻璃，其表面应力应大于或等于95MPa；如果采用半钢化玻璃，其表面应力应大于24MPa、小于或等于69MPa。

（3）玻璃表面应力的检验，应采用以下方法：①用偏振片确定玻璃是否经过钢化处理；②用表面应力检测仪测量玻璃的表面应力。

（五）幕墙玻璃边缘处理情况的检验

对于玻璃幕墙所用玻璃的边缘，应进行机械磨边、倒棱、倒角等方面处理，处理精度应符合设计要求。对玻璃边缘处理结果进行检验时，应采用观察检查和手试检查的方法。

（六）中空玻璃的质量检验

1. 中空玻璃质量检验指标

幕墙工程所用中空玻璃质量检验的指标，应符合下列规定：

（1）中空玻璃的厚度及空气隔层的厚度，应符合设计及有关标准的要求。

（2）中空玻璃的两条对角线之差，不应大于对角线平均长度的 0.2%。

（3）胶层应采用双道密封，外层密封胶胶层宽度不应小于 5mm。半隐框和隐框幕墙的中空玻璃的外层应采用硅酮结构胶密封，胶层宽度应符合结构计算的要求。内层密封采用丁基密封腻子，注胶应均匀、饱满、无空隙。

（4）中空玻璃的内表面，不得有妨碍透视的污迹及胶黏剂飞溅现象。

2. 中空玻璃质量检验方法

在进行中空玻璃质量检验时，应采用下列方法：

（1）在玻璃安装或组装之前，以分度值为 1mm 的直尺或分辨率为 0.05mm 的游标卡尺在被检验玻璃的周边各取两个点，测量玻璃厚度、空气隔层厚度和胶层厚度。

（2）以分度值为 1mm 的钢卷尺测量中空玻璃的两条对角线，以此求得两对角线之差。

（3）以观察的方式检查玻璃的外观质量和注胶的质量情况。

四、密封材料的质量检验

玻璃幕墙工程所用密封材料的检验，主要包括硅酮结构胶的检验、密封胶的检验及其他密封材料和衬垫材料的检验等。

（一）硅酮结构胶的检验

1. 硅酮结构胶的检验指标

硅酮结构胶的检验指标，应符合以下规定：

（1）硅酮结构胶必须是内聚性破坏。

（2）硅酮结构胶被切开的截面，应当颜色均匀，注胶应饱满、密实。

（3）硅酮结构胶的注胶宽度、厚度应当符合设计要求，且宽度不得小于 7mm，厚度不得小于 6mm。

2. 硅酮结构胶的检验方法

在进行硅酮结构胶的检验时，应采取以下方法：

（1）垂直于胶条做一个切割面，由该切割面沿基材面切出两个长度约 50mm 的垂直切割面，并在大于 90°方向手拉硅酮结构胶块，观察剥离面的破坏情况。

（2）观察检查注胶的质量，用分度值为 1mm 的钢直尺测量胶的厚度和宽度。

（二）密封胶的检验

1. 密封胶的检验指标

密封胶的检验指标，应符合以下规定：

（1）密封胶的表面应光滑，不得有裂缝现象，接口处的厚度和颜色应一致。

（2）注胶应当饱满、平整、密实、无缝隙。

（3）密封胶的黏结形式、宽度应符合设计要求，其厚度不应小于 3.5mm。

2. 密封胶的检验方法

密封胶的检验应采用观察检查、切割检查的方法，并采用分辨率为 0.05mm 的游标卡尺测量密封胶的宽度和厚度。

（三）其他密封材料和衬垫材料的检验

1. 其他密封材料和衬垫材料的检验指标

其他密封材料和衬垫材料的检验，应符合下列规定：

（1）玻璃幕墙应采用有弹性、耐老化的密封材料，所用的橡胶密封条不应有硬化龟裂现象。

（2）幕墙所用的衬垫材料与硅酮结构胶、密封胶，应当具有良好的相容性。

（3）玻璃幕墙所用的双面胶带的黏结性能，应符合设计要求。

2. 其他密封材料和衬垫材料的检验方法

其他密封材料和衬垫材料的检验，应采用观察检查的方法；密封材料的延伸性应以手工拉伸的方法进行。

五、其他配件的质量检验

玻璃幕墙工程所用的其他配件，主要包括五金件、转接件、连接件、紧固件、滑撑、限位器、门窗及其他配件。

（一）五金件的质量检验

1. 五金件的检验指标

五金件外观的质量检验，应符合以下规定：

（1）玻璃幕墙中与铝合金型材接触的五金件，应采用不锈钢材料或铝合金制品，否则应加设绝缘的垫片。

（2）玻璃幕墙中所用的五金件，除不锈钢外，其他钢材均应进行表面热浸镀锌或其他防腐处理，未经如此处理的不得用于工程。

2. 五金件的检验方法

五金件外观的质量检验，应采用观察检查的方法，即以人的肉眼观察评价其质量如何。

（二）转接件和连接件的质量检验

1. 转接件和连接件的质量检验指标

转接件和连接件的质量检验指标，应符合以下规定：

（1）转接件和连接件的外观应平整，不得有裂纹、毛刺、凹坑、变形等质量缺陷。

（2）转接件和连接件的开孔长度不应小于开孔宽度加 40mm，开孔至边缘的距离不应小于开孔宽度的 1.5 倍。转接件和连接件的壁厚不得有负偏差。

（3）当采用碳素钢的转接件和连接件时，其表面应进行热浸镀锌处理。

2. 转接件和连接件的质量检验方法

转接件和连接件的质量检验，一般应采用以下方法：

（1）用观察的方法检验转接件和连接件的外观质量，其外观质量应当符合设计要求。

（2）用分度值为 1mm 的钢直尺测量构造尺寸，用分辨率为 0.05mm 的游标卡尺测量转接件和连接件的壁厚。

（三）紧固件的质量检验

紧固件的质量检验指标，应符合以下规定：

（1）紧固件宜采用不锈钢六角螺栓，不锈钢六角螺栓应带有弹簧垫圈。当未采用弹簧垫圈时，应有防止松脱的措施，如拧紧后对明露的螺栓进行敲击处理。主要受力杆件不应采用自攻螺钉。

（2）当紧固件采用铆钉时，宜采用不锈钢铆钉或抽芯铝铆钉，作为结构受力的铆钉应进行应力验算，构件之间的受力连接不得采用抽芯铝铆钉。

（四）滑撑和限位器的质量检验

1. 滑撑和限位器的检验指标

滑撑和限位器的质量检验指标，应符合以下规定：

（1）滑撑和限位器应采用奥氏体不锈钢制作，其表面应光滑，不应有斑点、砂眼及明显的划痕。金属层应色泽均匀，不应有气泡、露底、泛黄及龟裂等质量缺陷，强度和刚度应符合设计要求。

（2）滑撑和限位器的紧固铆接处不得出现松动，转动和滑动的连接处应灵活、无卡阻。

2. 滑撑和限位器的检验方法

滑撑和限位器的质量检验，应采用以下方法：

（1）用磁铁检查滑撑和限位器的材质，其质量必须符合有关规定。

（2）采用观察检查和手动试验的方法，检验滑撑和限位器的外观质量和使用功能。

（五）门窗及其他配件的质量检验

门窗及其他配件的质量检验指标，应符合以下规定：

（1）门窗及其他配件应开关灵活、组装牢固，多点联动锁配件的联动性应当完全一致。

（2）门窗及其他配件的防腐处理应符合设计要求，镀层不得有气泡、露底、脱落等明显的质量缺陷。

第二节　玻璃幕墙工程的防火检验

玻璃幕墙工程防火构造的检验，是一项非常重要的检验项目，关系到玻璃幕墙工程的使用安全。根据现行规范的规定，对于玻璃幕墙工程防火构造检验，应按防火分区的总数抽查5%，并不得少于3处；要求提供设计文件、图纸资料、防火材料产品合格证或材料耐火检测报告、防火构造节点隐蔽工程记录等质量保证资料。

一、幕墙防火构造的检验

检验玻璃幕墙的防火构造，应在玻璃幕墙与楼板、墙、柱、楼梯间隔断处，采用观察的方法进行检查。玻璃幕墙防火构造的检验指标，应符合下列规定：

（1）玻璃幕墙与楼板、墙、柱之间，应当按照设计要求设置横向、竖向连续的防火隔断。

（2）对于高层建筑无窗间墙和窗槛墙的玻璃幕墙，应在每层楼板外沿设置耐火极限不低于1h、高度不小于 0.8m 的不燃烧实体裙墙。

（3）同一块玻璃不宜跨两个分区的防火区域。

二、幕墙防火节点的检验

检验玻璃幕墙的防火节点，应在玻璃幕墙与楼板、墙、柱、楼梯间隔断处，采用观察、触摸的方法进行检查。玻璃幕墙防火节点的检验指标，应符合下列规定：

（1）玻璃幕墙的防火节点构造必须符合设计要求，在施工过程中不得擅自改变。

（2）玻璃幕墙所用防火材料的品种、耐火等级，均应符合设计要求和现行标准的规定，不合格和不符合设计要求的防火材料，不得用于玻璃幕墙工程。

（3）玻璃幕墙所用的防火材料应安装牢固，不得出现遗漏并应严密无缝隙。

（4）镀锌钢衬板不得与铝合金型材直接接触，衬板就位后应进行密封处理。

（5）防火层与玻璃幕墙和主体结构之间的缝隙，必须用防火密封胶严密封闭。

三、幕墙防火材料铺设的检验

检验玻璃幕墙防火材料的铺设，应在玻璃幕墙与楼板和主体结构之间用观察、触摸的方法进行检查，并采用分度值为 1mm 的钢直尺和分辨率为 0.05mm 的游标卡尺测量。防火材料铺设的检验指标，应符合下列规定：

（1）玻璃幕墙所用防火材料的品种、规格、材质、耐火等级和铺设厚度，必须符合设计的规定。

（2）搁置防火材料所用的镀锌钢板，其厚度不宜小于 1.2mm。

（3）玻璃幕墙防火材料的铺设应饱满、均匀、无遗漏，厚度不宜小于 70mm。

（4）防火材料不得与幕墙玻璃直接进行接触，防火材料朝玻璃面处宜采用装饰材料进行覆盖。

第三节　玻璃幕墙工程的防雷检验

玻璃幕墙工程的防雷检验也与防火检验一样，是一项关系到幕墙工程使用安全的重要工作，必须按照有关规定认真进行。玻璃幕墙工程的防雷检验主要包括：防雷检验抽样、防雷检验项目和质量保证资料等。

一、防雷检验抽样

玻璃幕墙工程的防雷措施的检验抽样，应符合以下规定：

（1）有均压环的楼层数少于 3 层时，应当全数进行检查；当多于 3 层时，抽查不得少于 3 层；对有女儿墙盖顶的必须检查，每层至少应检查 3 处。

（2）无均压环的楼层抽查不得少于 2 层，每层至少应检查 3 处。

二、防雷检验项目

玻璃幕墙的防雷检验项目，主要包括玻璃幕墙金属框架连接及幕墙与主体结构防雷装置连接的检验指标和检验方法。

（一）玻璃幕墙金属框架连接的检验

1. 玻璃幕墙金属框架连接的检验指标

（1）玻璃幕墙所有的金属框架应互相连接，从而形成一个导电的通路，这是玻璃幕墙工程防雷的关键。

（2）玻璃幕墙所用连接材料的材质、截面尺寸、连接长度等，均必须符合设计要求。

（3）玻璃幕墙所有的连接接触面，均应紧密可靠，不得有松动现象。

2. 玻璃幕墙金属框架连接的检验方法

（1）玻璃幕墙金属框架连接的检验，可用接地电阻仪或兆欧表进行测量检查。

（2）玻璃幕墙金属框架连接的检验，也可用观察、手动试验方法检查，并用分度值为 1mm 的钢卷尺和分辨率为 0.05mm 的游标卡尺测量。

（二）玻璃幕墙与主体结构防雷装置连接的检验

玻璃幕墙与主体结构防雷装置连接的检验指标，应符合下列规定：

（1）玻璃幕墙与主体结构防雷装置的连接材料材质、截面尺寸和连接方式，必须符合设计的要求。

（2）玻璃幕墙金属框架与防雷装置的连接应紧密可靠，一般应采用焊接或机械连接的方式，形成导电的通路。连接点水平间距不应大于防雷引下线的间距，垂直间距不应大于均压环的间距。

（3）女儿墙压顶罩板应当与女儿墙部位幕墙构架连接，女儿墙部位幕墙构架与防雷装置的连接节点宜明露，其连接应符合设计的规定。

（4）检查玻璃幕墙与主体结构装置之间的连接，应在幕墙框架与防雷装置连接部位进行，采用接地电阻仪或兆欧表测量和观察检查。

三、质量保证资料

为确保玻璃幕墙防雷工程的质量和安全，在进行玻璃幕墙的防雷检验时，应提供设计图纸资料、防雷装置连接测试记录和隐蔽工程检查记录等质量保证资料。

第四节 玻璃幕墙工程节点与连接的检验

玻璃幕墙工程节点与连接的检验也是确保玻璃幕墙工程安全的重要措施，主要包括节点的检验抽样规定和检验项目等。

一、玻璃幕墙节点的检验抽样规定

玻璃幕墙工程节点的检验，应符合以下规定：

（1）每幅玻璃幕墙应按各类节点总数的5％抽样进行检验，且每类节点不应少于3个；锚栓的抽样应按5％，且每种锚栓不得少于5根。

（2）对于已完成的玻璃幕墙金属框架，应提供隐蔽工程的检查验收记录。当隐蔽工程检查记录不完整时，应对该幕墙工程的节点拆开进行检验。

二、玻璃幕墙节点的检验项目

对于玻璃幕墙节点的检验项目，主要包括预埋件与幕墙的连接节点、锚栓的锚固连接节点、幕墙顶部的连接、幕墙底部的连接、幕墙立柱的连接、幕墙梁与柱连接节点、变形缝连接节点、幕墙内排水构造、幕墙玻璃与吊夹具的连接、拉杆（索）结构的节点和点支承装置等项目的检验。

（一）玻璃幕墙预埋件与幕墙的连接节点

幕墙受到的荷载及其本身的自重，主要是通过该节点传递到主体结构上，因而该节点是幕墙受力最大的节点。由于施工中产生的偏差，连接件（固定支座）的孔位留边宽度过小，甚至出现破口孔，直接影响该节点强度，会造成结构隐患。因此，连接件的调节范围及其材质等，均应符合设计要求和有关标准指标。

在进行检验时，应在预埋件与幕墙连接节点处观察、手动检查，并应采用分度值为1mm的钢直尺和焊缝量规进行测量。预埋件与幕墙的连接节点的检验指标，应符合以下规定：

（1）玻璃幕墙的连接件、绝缘件和紧固件的规格、数量、质量，应符合设计的要求。

（2）玻璃幕墙的连接件应安装牢固，螺栓应有防止松脱的措施。

（3）玻璃幕墙连接件的可调节构造应用螺栓牢固连接，并有防止滑动的措施。角码的调节范围，应符合使用要求。

（4）玻璃幕墙连接件与预埋件之间的位置偏差，当采用钢板或型钢焊接调整时，构造形式和焊缝应符合使用要求。

（5）玻璃幕墙的预埋件、连接件表面的防腐层，应当非常完整，不得有破损现象。

（二）玻璃幕墙锚栓的锚固连接节点

1. 锚栓锚固连接节点检验的指标

锚栓锚固连接节点检验的指标，应符合以下规定：

（1）使用锚栓进行锚固连接时，锚栓的类型、规格、数量、布置位置和锚固深度，必须符合设计要求和有关标准的规定。

（2）锚栓的埋设必须符合设计和施工规范的要求，应当牢固、可靠，不得露出管套。

2. 锚栓锚固连接节点检验的方法

当进行锚栓连接检验时，应采用下列方法：

（1）用精度不大于全量程2％的锚栓拉拔仪、分辨率为0.01mm的位移计和记录仪，详细检验和记录锚栓的锚固性能。

（2）观察检查锚栓埋设的外观质量，并用分辨率为0.05mm的深度尺测量锚固深度。

（三）玻璃幕墙顶部的连接

玻璃幕墙顶部的处理直接影响到幕墙的雨水渗漏。由于幕墙受到外力环境的影响，其缝隙会发生较大变化。对于朝上及侧向的空隙或缝隙，如果采用硬性材料进行填充，受力后容易产生细缝而造成雨水渗漏。在检验幕墙顶部的连接时，应在幕墙顶部和女儿墙压顶部位手动及观察检查，必要时也可进行淋水试验。

对于玻璃幕墙顶部的处理，必须要保证不渗漏，其检验指标应符合以下规定：

（1）女儿墙压顶的坡度要正确，罩板安装要牢固，不松动、无空隙、不渗漏。女儿墙内侧罩板深度不应小于 150mm，罩板与女儿墙之间的缝隙应使用密封胶进行密封。

（2）缝隙间的密封胶注胶应严密平顺，粘接应牢固，无渗漏现象，不得污染相邻部位的表面。

（四）玻璃幕墙底部的连接

玻璃幕墙作为一种悬挂式围护结构，其底部节点的连接处理非常重要，在实际施工中也是最容易被疏忽的部位。如立柱底部节点与不同材料之间的处理、底部伸缩缝的设置等，都会直接影响幕墙的安全和使用功能。

玻璃幕墙底部连接处的检验，应在幕墙底部采用分度值为 1mm 的钢直尺进行测量和观察检查。玻璃幕墙底部连接的检验指标，应符合以下规定：

（1）玻璃幕墙采用的镀锌钢材连接件，不得与铝合金立柱直接接触。

（2）立柱、底部横梁、幕墙板块与主体结构之间，应有伸缩空隙。空隙宽度不应小于 15mm，并用弹性密封材料进行嵌填，不得用水泥砂浆或其他硬质材料嵌填。

（3）玻璃幕墙底部连接处缝隙注入的密封胶，应当平顺严密、粘接牢固。

（五）玻璃幕墙立柱的连接

玻璃幕墙立柱连接的检验应在其连接处观察检查，并应采用分辨率为 0.05mm 的游标卡尺和分度值为 1mm 的钢直尺进行测量。玻璃幕墙立柱的检验指标，应符合下列规定：

（1）玻璃幕墙所用立柱芯管材料的材质、规格和尺寸等，均应符合设计要求。

（2）玻璃幕墙工程中的立柱芯管插入上下立柱的长度，均不得小于 200mm。

（3）上下两立柱之间的空隙，不应小于 10mm。

（4）立柱的上端应与主体结构固定连接，下端应为可上下活动的连接。

（六）玻璃幕墙梁与柱连接节点

玻璃幕墙梁与柱连接节点的检验，应在梁与柱节点处进行观察检查和手动检查，并应采用分度值为 1mm 的钢直尺和分辨率为 0.02mm 的塞尺测量，其检验指标应符合下列规定：

（1）玻璃幕墙梁与柱连接件和螺栓的规格、品种、数量，均应符合设计要求；螺栓应有防止松脱的措施；同一连接处的连接螺栓不应少于 2 个，且不应采用自攻螺钉。

（2）玻璃幕墙梁与柱的连接应当牢固、不得松动，两端连接处应设弹性橡胶垫片或用密封胶密封。

（3）玻璃幕墙梁与柱和铝合金接触的螺钉及金属配件，应采用不锈钢或铝合金制品。

（七）玻璃幕墙变形缝连接节点

变形缝连接节点的检验，应采取在变形缝处观察和检查的方法，并采用淋水试验检查其渗漏情况，其检验指标应符合下列规定：

（1）变形缝的构造和施工处理，应符合设计要求。

（2）玻璃幕墙的罩面应平整、宽窄一致，无凹陷和变形现象。

（3）变形缝罩面与两侧幕墙结合处应严密，不得有渗漏。

（八）玻璃幕墙内排水构造

玻璃幕墙内排水构造的检验，应在设置内排水的部位进行观察检查，其检验指标应符合下列规定：

（1）玻璃幕墙内排水的排水孔、排水槽应畅通，接缝应严密，设置应符合设计要求，不得出现堵塞现象。

（2）玻璃幕墙排水构造中的排水管及附件，应与水平构件预留孔连接严密，与内衬板出水孔连接处应设置橡胶密封圈。

（九）玻璃幕墙玻璃与吊夹具的连接

玻璃幕墙的玻璃与吊夹具连接的检验，应在玻璃的吊夹具处进行观察检查，并应对夹具进行力学性能检验，其检验指标应符合下列规定：

（1）玻璃幕墙所用的吊夹具和衬垫材料的规格、色泽及外观，应符合设计要求和现行标准的规定。

（2）玻璃幕墙所用的吊夹具应安装牢固、位置正确。

（3）玻璃幕墙所用的夹具，不得与玻璃直接接触。

（4）玻璃幕墙所用的夹具衬垫材料，与玻璃应平整结合、紧密牢固。

（十）玻璃幕墙拉杆（索）结构的节点

幕墙拉杆（索）结构的检验，应在幕墙拉（索）杆部位进行观察检查，也可采用应力测定仪对拉（索）杆的应力进行测试，其检验指标应符合下列规定：

（1）玻璃幕墙所用的所有拉（索）杆受力状态，应符合设计要求。

（2）玻璃幕墙所用的拉（索）杆焊接节点焊缝，应当饱满、平整、光滑。

（3）玻璃幕墙所用的拉（索）杆节点应牢固，不得松动；紧固件应有防止松动的措施。

（十一）玻璃幕墙点支承装置

幕墙点支承装置的检验，应在幕墙点支承装置处进行观察检查，其检验指标应符合下列规定：

（1）玻璃幕墙中的点支承装置和衬垫材料的规格、色泽及外观，应符合设计要求和现行标准的规定。

（2）玻璃幕墙中的点支承装置不得与玻璃直接接触，衬垫材料的面积不应小于点支承装置与玻璃的结合面。

（3）玻璃幕墙中的点支承装置应安装牢固，配合严密。

第**十一**章 ▶▶▶

建筑幕墙性能检测

建筑幕墙是建筑物的外围结构，是体现建筑师设计观念的重要手段。建筑幕墙的性能如何直接影响到建筑物的美观、安全、节能、环保等诸多方面。建筑幕墙的性能主要分为两大类：一类是建筑幕墙的力学性能，涉及建筑幕墙使用的安全与可靠性，与其抗风压、抗震紧密联系，主要包括建筑幕墙抗风压性能、平面内变形性能和耐撞击性能、防弹防爆性能等；另一类是建筑幕墙的物理性能，涉及建筑幕墙及整个建筑物的正常使用与节能环保，与建筑物理相联系，具体包括建筑幕墙气密性能、水密性能、热工性能、隔声性能和光学性能等。

谈到建筑幕墙的性能，就必须了解建筑幕墙性能检测，它是将建筑幕墙性能进行测定并量化的过程，从而科学准确地对建筑幕墙的性能作出评价。本章仅对建筑幕墙抗风压性能、气密性能、水密性能、热工性能、隔声性能和光学性能进行介绍。

第一节 建筑幕墙抗风压性能检测

一、建筑幕墙上的风荷载

（一）风对建筑幕墙的作用

建筑工程设计实践证明，风荷载是建筑结构的重要设计荷载，更是建筑玻璃幕墙体系的主要侧向荷载之一。在通常情况下，建筑幕墙作为建筑外围护结构，一般不承担建筑物的重力荷载。当风以一定的速度向前运动遇到建筑幕墙阻碍时，建筑幕墙结构就会承受风压。在顺风向，风压常分成平均风压和脉动风压，平均风压使幕墙体系受到一个比较稳定的风压力，而脉动风压则会使幕墙体系产生风致振动。因此，风对于建筑幕墙的作用具有静力和动力的双重性。风的静力作用大多是顺风向的，但是动力作用却不一定。建筑幕墙在风的作用下不仅会产生顺风向的振动，而且往往还伴随着横向风振动和扭转振动。此外，当风的涡流不对称时，横向风的振动会引发涡流激振现象。因此，建筑幕墙结构的风压及风的分析和计算是建筑幕墙设计中的重要环节。

（二）风荷载的标准值计算

对于建筑幕墙中的主要承重结构，风荷载标准值的表达采用平均风压乘以风振系数的形式；所采用的风振系数 β_z 综合考虑了建筑结构在风荷载作用下的动力响应，其中包括风速随时间、空间的变异性和结构的阻尼特性等因素。

对于建筑的围护结构，由于其刚性一般都比较大，在结构效应中可不必考虑其共振分量，此时可仅在平均风压的基础上，近似考虑脉动风瞬间的增大因素，通过阵风系数 β_{gz} 来计算其风荷载。

依据现行国家标准《建筑结构荷载规范》（GB 50009—2012）中的规定，当计算主要承重构件时，其风荷载标准值 w_k 可按下式计算：

$$w_k = \beta_z \mu_s \mu_z w_0 \tag{11-1}$$

式中　w_k——风荷载标准值，kN/m^2；

　　　β_z——高度 z 处的风振系数；

　　　μ_s——风荷载体形系数；

　　　μ_z——风压高度变化系数；

　　　w_0——基本风压，kN/m^2。

当计算围护结构时，其风荷载标准值 w_k 可按下式计算：

$$w_k = \beta_{gz} \mu_s \mu_z w_0 \tag{11-2}$$

式中　w_k——风荷载标准值，kN/m^2；

　　　β_{gz}——阵风系数；

　　　μ_s——风荷载体形系数；

　　　μ_z——风压高度变化系数；

　　　w_0——基本风压，kN/m^2。

对于建筑幕墙的面板、横梁和立柱，一般跨度较小，刚度较大，自振周期短，阵风的影响比较大，可依据《玻璃幕墙工程技术规范》（JGJ 102—2003），应采用式（11-2）进行计算。而对于跨度较大的支承结构，其承载的面积较大，阵风的瞬时作用相对较小，但由于跨度大、刚度小、自振周期相对较长，风致振动成为主要影响因素，可通过风振系数 β_{gz} 加以考虑。

1. 基本风压 w_0 的计算

基本风压为当地比较空旷平坦的地面上，离地 10m 高处统计所得的 50 年一遇 10min 平均最大风速 v_0（m/s）为标准确定的风压值。由流体力学中的贝努利方程可知，风速为 v_0 的自由气流产生的单位面积上的风压力为：

$$w_0 = 0.5\rho v_0^2 \tag{11-3}$$

式中，ρ 为空气密度，我国规范统一取 $1.25 kg/m^3$。

根据以上规定，得基本风压计算公式为：

$$w_0 = v_0^2/1600 \tag{11-4}$$

对于基本风压的大小，可参照现行国家标准《建筑结构荷载规范》（GB 50009—2012）中的规定采用。需要说明的是，对于属于围护结构的玻璃幕墙一般采用 50 年的重现期。

2. 风压高度变化系数 μ_z 的计算

在大气边界层内，风速随着离地面的高度而变化。平均风速沿高度的变化规律，称为平均风速梯度，在工程上也称为风剖面，它是风的重要特性之一。由于受地表摩擦的影响，接近地表的风速随着离地面高度的减小而降低。测定结果表明，只有在离地面 300～500m 以上的地方，风才不受地表的影响，能够在气压梯度的作用下自由流动，从而达到所谓梯度速度，出现这种速度的高度称为梯度风高度。梯度风高度以下的近地面层则称为摩擦层，地表的粗糙度不同，近地面层风速变化的快慢也不相同，因此即使在同一高度，不同地表的风速值也不相同。

试验结果表明，风压与风速的平方成正比，因而风压沿高度的变化规律是风速的平方。设任意高度处的风压与10m高度处的风压之比为风压高度变化系数，对于任意地貌情况，前者用 w_a 来表示，后者用 w_{0a} 来表示，其风压高度变化系数见式（11-5）；对于空旷平坦地区的地貌，前者用 w 来表示，后者用 w_0 来表示，其风压高度变化系数见式（11-6）。

$$\mu_{za}(z) = w_a/w_{0a} \tag{11-5}$$

$$\mu_{za}(z) = w/w_0 \tag{11-6}$$

风压沿高度的变化规律由风压高度变化系数确定，后者由地面粗糙度和离地面高度确定。地面粗糙度类别的规定见表11-1；风压高度变化系数 μ_z 见表11-2。

表 11-1　地面粗糙度类别的规定

地面粗糙度类别	所在地区
A	近海海面、海岛、海岸、湖岸及沙漠地区
B	田野、乡村、丛林、丘陵以及房屋比较稀疏的乡镇和城市郊区
C	密集建筑群的城市市区
D	有密集建筑群且房屋较高的城市市区

表 11-2　风压高度变化系数 μ_z

离地面或海平面高度/m	地面粗糙度类别			
	A	B	C	D
5	1.17	1.09	0.74	0.62
10	1.38	1.00	0.74	0.62
15	1.52	1.14	0.74	0.62
20	1.63	1.25	0.84	0.62
30	1.80	1.42	1.00	0.62
40	1.92	1.56	1.13	0.73
50	2.03	1.67	1.25	0.84
60	2.12	1.77	1.35	0.93
70	2.20	1.86	1.45	1.02
80	2.27	1.95	1.54	1.11
90	2.34	2.02	1.62	1.19
100	2.40	2.09	1.70	1.27
150	2.64	2.38	2.03	1.61
200	2.83	2.61	2.30	1.92
250	2.99	2.80	2.54	2.19
300	3.12	2.97	2.75	2.45
350	3.12	3.12	2.94	2.68
400	3.12	3.12	3.12	2.91
≥450	3.12	3.12	3.12	3.12

3. 风荷载体形系数 μ_s 的计算

风荷载体形系数 μ_s 是指风作用在建筑物表面上所引起的实际压力（或吸力）与来流风的速度压的比值，它描述的是建筑物表面在稳定风压作用下的静态压力的分布规律，主要与建筑物的体形和尺度有关，而与空气的动力作用无关。依据国内外的试验资料和规范建议，我国《建筑结构荷载规范》（GB 50009—2012）中列出了 38 项不同类型的建筑物和各类结构体形及其体形系数，但这种体形系数主要是用于结构整体设计和分析的，对于建筑幕墙结构分析常采用局部风压体形系数。因此，在进行主体结构整体内力与位移计算时，对迎风面与背风面应取一个平均体形系数；当验算建筑幕墙一类围护结构的承载能力和刚度时，应按最大的体形系数来考虑。

我国在早期行业标准《玻璃幕墙工程技术规范》（JGJ 102—1996）中规定，竖直建筑幕墙外表面体形系数可按 ±1.5 取用，现行行业标准《玻璃幕墙工程技术规范》（JGJ 102—2003）则要求按国家标准《建筑结构荷载规范》（GB 50009—2012）采用，这与以前的规范有一定区别。按照《建筑结构荷载规范》（GB 50009—2012）计算围护结构的规定，建筑幕墙的抗风分析应采用局部风压体形系数。

（1）外表面 ①正压区，与一般建筑物相同，竖直幕墙外表面风压体形系数可取 0.8。②负压区，由于风荷载在建筑物表面分布是不均匀的，在檐口附近、边角部位较大，根据风洞试验和有关资料，在上述区域风吸力系数可取 −1.8，其余墙面可取 −1.0。

（2）内表面 对封闭式建筑物，按外表面风压的正、负情况，取 −0.2 或 0.2。对于建筑幕墙，由于建筑物实际存在的个别孔口和缝隙，以及通风要求，室内可能存在正、负不同的气压，现行规范中规定取 ±0.2。因此，建筑幕墙的风荷载体形系数可分别按 −2.0 和 −1.2 采用。

4. 风振系数 β_s 的计算

参考国内外现行规范及我国抗风工程设计理论研究的实践情况，当结构基本自振周期为 $T \geq 0.25s$ 时，以及对高度 $H > 30m$ 且高宽比为 $H/B > 1.5$ 的房屋，由于风引起的振动比较明显，因而随着结构自振周期的增长，风振也随之增强，因此在设计中应考虑风振的影响。

对于房屋结构，仅考虑第一振型，采用风振系数 β_s 来计量风振的影响，建筑结构在 z 高度处的风振系数 β_s 可按下式进行计算：

$$\beta_s = 1 + \zeta \nu \varphi_z / \mu_z \tag{11-7}$$

式中 ζ ——脉动增大系数；

ν ——脉动影响系数；

φ_z ——振型系数；

μ_z ——风压高度变化系数。

5. 阵风系数 β_{gs} 的计算

阵风系数是瞬时风压峰值与 10min 平均风压（基本风压 w_0）的比值，取决于场地粗糙度类别和建筑物高度。计算围护结构的风荷载，考虑瞬时风压的阵风风压作用，依据《建筑结构荷载规范》（GB 50009—2012），阵风系数 β_{gs} 由离地面高度 z 和地面粗糙度类别决定。阵风系数 β_{gs} 见表 11-3。

二、建筑幕墙的抗风压性能及分级

抗风压性能是指可开启部分处于关闭状态时，建筑幕墙在风压（风荷载标准值）的作用下，变形不超过允许值且不发生结构损坏（如裂缝、面板破损、局部屈服、五金件松动、开启功能障碍、粘接失效等）的能力。与建筑幕墙抗风压有关的气候参数主要为风速值和相应的风压值。对于建筑幕墙这种薄壁外围护构件，既要考虑长期使用过程中保证其平均风荷载作用下正常功能不受影响，又要注意到在阵风袭击下不被损坏。

表 11-3　阵风系数 β_{gs}

离地面或海平面 高度/m	地面粗糙度类别			
	A	B	C	D
5	1.69	1.88	2.30	3.21
10	1.63	1.78	2.10	2.76
15	1.60	1.72	1.99	2.54
20	1.58	1.69	1.92	2.39
30	1.54	1.64	1.83	2.21
40	1.52	1.60	1.77	2.09
50	1.51	1.58	1.73	2.01
60	1.49	1.56	1.69	1.94
70	1.48	1.54	1.66	1.89
80	1.47	1.53	1.64	1.85
90	1.47	1.52	1.62	1.81
100	1.46	1.51	1.60	1.78
150	1.43	1.47	1.54	1.67
200	1.42	1.44	1.50	1.60
250	1.40	1.42	1.46	1.55
300	1.39	1.41	1.44	1.51

（一）面法线挠度与分级指标

在建筑幕墙的抗风压试验中，试件受力构件或面板上任意一点沿面法线方向的线位移量，称为面法线位移。试件受力构件或面板表面上某一点沿面法线方向的线位移量的最大差值，称为面法线挠度。在试验过程中，面法线挠度和两端测点间距离 l 的比值，称为相对面法线挠度，主要构件在正常使用极限状态时的相对面法线挠度的限值称为允许挠度（用符号 f_0 表示）。新修订的建筑幕墙试验方法标准，是按照试验通过 $f_0/2.5$ 所对应的风荷载来确定 P_1 值，然后换算到 $P_3 = 2.5P_1$ 来进行幕墙抗风压性能分级。建筑幕墙标准风荷载作用下最大允许相对面法线挠度 f_0 见表 11-4。

表 11-4　建筑幕墙标准风荷载作用下最大允许相对面法线挠度 f_0

建筑幕墙类型	材料	最大挠度发生部位	允许挠度
有框玻璃幕墙	杆件	跨中	铝合金型材 1/180，钢型材 1/250
	玻璃	短边边长中点	1/60
全玻璃幕墙	支承结构	钢架钢梁的跨中	1/250
	玻璃面板	玻璃面板的中上部	1/60
	玻璃肋	玻璃肋跨中	1/200
点支式玻璃幕墙	支承结构	钢管、桁架及空腹桁架跨中	1/250
		张拉索杆体系跨中	1/200
	玻璃面板	点支承跨中	1/60

在线形结构假设的前提下，结构的挠度和荷载存在着一一对应的关系，建筑幕墙的抗风压试验正是利用挠度所对应的荷载来进行建筑幕墙抗风压性能分级的。但是必须注意到，工程检测和定级检测所采用的最大风压值是不一样的。在定级检测中，P_3 对应着建筑幕墙结构变形的允许挠度 f_0，这个 P_3 也同样对应着建筑幕墙抗风压性能的分级指标；而在工程检测时，则采用风荷载标准值 w_k 作为衡量标准，要求"在风荷载标准值作用下对应的相对法线挠度小于或等于允许挠度 f_0"。

在试验中进行建筑幕墙面法线挠度测量时，典型框架式建筑幕墙的主要受力构件比较容易判断，其他如带玻璃肋的全玻璃幕墙、采用钢桁架或索支承体系的点支式玻璃幕墙等位移计的布置见图 11-1～图 11-3。自平衡索杆结构加载及测点布置示意图见图 11-4。

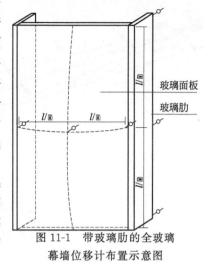

图 11-1 带玻璃肋的全玻璃幕墙位移计布置示意图

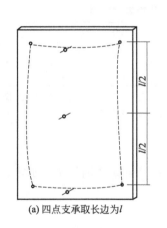

(a) 四点支承取长边为 l

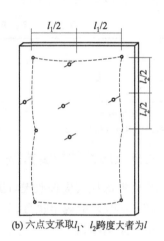

(b) 六点支承取 l_1、l_2 跨度大者为 l

图 11-2 点支式玻璃幕墙位移计布置示意图

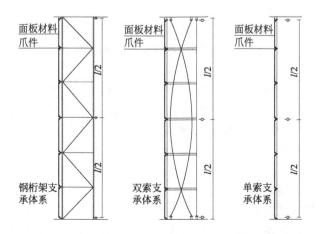

图 11-3 采用钢桁架或索支承体系位移计布置示意图

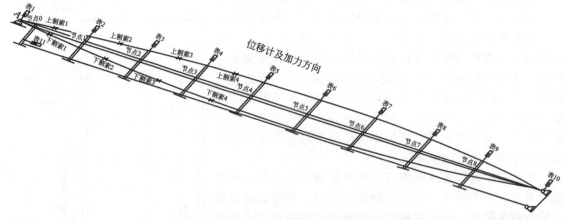

图 11-4　自平衡索杆结构加载及测点布置示意图

（二）抗风压性能分级

建筑幕墙抗风压性能分级值规定见表 11-5。

表 11-5　建筑幕墙抗风压性能分级值　　　　　　单位：kPa

性能	分级指标	分　　级				
		I	II	III	IV	V
抗风压性能	P_3	$P_3 \geqslant 5$	$4 \leqslant P_3 < 5$	$3 \leqslant P_3 < 4$	$2 \leqslant P_3 < 3$	$1 \leqslant P_3 < 2$

注：表中分级值 P_3 与安全检测压力值相对应，表示在此风压的作用下，建筑幕墙受力构件的相对挠度值应在 $l/180$ 以下，其绝对值在 20mm 以内，当绝对挠度值超过 20mm 时，以 20mm 所对应的压力值为分级值。

三、建筑幕墙抗风压性能检测方法

建筑幕墙抗风压性能的检测应按照现行国家标准《建筑幕墙气密、水密、抗风压性能检测方法》（GB/T 15227—2007）的规定执行。

（一）抗风压性能检测项目

建筑幕墙试件的抗风压性能，检测变形不超过允许值且不发生结构损坏所对应的最大压力差值，主要包括：变形检测、反复加压检测、安全检测。

（二）抗风压性能检测装置

（1）抗风压性能检测装置由压力箱、供压系统、测量系统及试件安装系统组成。

（2）压力箱的开口尺寸应能满足试件安装的要求，箱体应能承受检测过程中可能出现的压力差。

（3）试件安装系统用于固定幕墙试件，并将试件与压力箱开口部位密封，支承幕墙的试件安装系统宜与工程实际相符，并具有满足试验要求的面外变形刚度和强度。

（4）构件式幕墙、单元式幕墙应通过连接件固定在安装横架上，在建筑幕墙的自重作用下，横架的面内变形不应超过 5mm；安装横架在最大试验风荷载作用下，面外变形应小于其跨度的 1/1000。

（5）点支式幕墙和全玻璃幕墙宜有独立的安装框架，在最大检测压力差的作用下，安装框架的变形不得影响建筑幕墙的性能。吊挂处在幕墙重力作用下的面内变形不应大于 5mm；采用张拉索杆体系的点支式幕墙在最大预拉力作用下，安装框架的受力部位在预拉力方向的最大变形应小于 3mm。

（6）供风设备应能施加正负双向的压力，并能达到检测所需要的最大压力差；压力控制装置应能调节出稳定的气流，并应能在规定时间达到检测风压。

（7）差压计的两个探测点应在试件两侧就近布置，精度应达到示值的 1％，响应速度应满足波动风压测量的要求。差压计的输出信号应由图表记录仪或可显示压力变化的设备记录。

（8）位移计的精度应达到满量程的 0.25％；位移测量仪表的安装支架在测试过程中应有足够的紧固性，并应保证位移的测量不受试件及其支承设施的变形、移动带来的影响。

（9）试件的外侧应设置安全防护网或采取其他安全措施。

（三）抗风压性能检测试件要求

（1）试件的规格、型号和材料等，应与生产厂家所提供的图样一致，试件的安装应符合设计要求，不得加设任何特殊附件或采取其他措施。

（2）试件应有足够的尺寸和配置，代表典型部分的性能。

（3）试件必须包括典型的垂直接缝和水平接缝。试件的组装、安装方向和受力状况应和工程实际相符。

（4）构件式建筑幕墙试件的宽度，至少应包括 1 个承受设计荷载的典型垂直承力构件。试件的高度不宜少于 1 个层高，并应在垂直方向上有 2 处或 2 处以上与支承结构相连接。

（5）单元式建筑幕墙试件应至少有 1 个与实际工程相符的典型十字接缝，并应用 1 个单元的四边形成与实际工程相同的接缝。

（6）全玻璃幕墙试件应有 1 个完整跨距高度，宽度应至少有 2 个完整的玻璃宽度或 3 个玻璃肋。

（7）点支式建筑幕墙试件应满足以下要求

① 至少应有 4 个与实际工程相符的玻璃板块或 1 个完整的十字接缝，支承结构至少应有 1 个典型的承力单元。

② 张拉索杆体系支承结构应按照实际支承跨度进行测试，预张力应与设计相符，张拉索杆体系宜检测拉索的预张力。

③ 当支承跨度大于 8m 时，可用玻璃及其支承装置的性能测试和支承结构的结构静力试验模拟建筑幕墙系统的测试。玻璃及其支承装置的性能测试至少应检测 4 块与实际工程相符的玻璃板块及 1 个典型十字接缝。

④ 采用玻璃肋支承的点支式建筑幕墙，同时应满足全玻璃幕墙的规定。

（四）幕墙抗风压性能检测步骤

幕墙抗风压性能检测加压顺序见图 11-5。

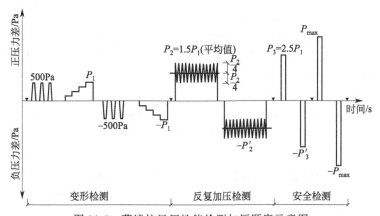

图 11-5 幕墙抗风压性能检测加压顺序示意图

[当工程有要求时，可进行 P_{max} 的检测（$P_{max} > P_3$）]

（1）**试件的安装** 试件安装完毕后，应进行认真检查，符合设计图样要求后才可进行检测。在正式检测前，应将试件可开启部分开关不少于 5 次，最后将其关紧。

（2）**位移计安装** 安装检测位移的测量仪器，位移计宜安装在构件的支承处和较大位移处，测点布置有以下要求：

① 采用简支梁形式的构件式幕墙测点布置见图 11-6，两端的位移计应靠近支承点。

② 单元式幕墙采用拼接式受力杆件且单元高度为一个层高时，宜同时检测相邻板块的杆件变形，取变形大者为检测结果；当单元板块较大时，其内部的受力杆件也应布置测点。

③ 全玻璃建筑幕墙的玻璃板块，应按照支承于玻璃肋的单向简支板检测跨中变形；玻璃肋按照简支梁检测变形。

④ 点支式建筑幕墙应检测面板的变形，测点应布置在支点跨距较长方向的玻璃上。

⑤点支式建筑幕墙支承结构应分别测试结构支承点和挠度最大节点的位移，多于一个承受荷载的受力杆件时可分别检测变形，取大者为检测结果；支承结构采用双向受力体系时，应分别检测两个方向上的变形。

⑥ 其他类型建筑幕墙的受力支承构件，根据有关标准规范的技术要求或设计要求确定。

⑦ 点支式玻璃幕墙支承结构的结构静力试验应取一个跨度的支承单元，支承单元的结构应与实际工程相同，张拉索拉体系的预张力应与设计相符；在玻璃支承装置同步施加与风荷载方向一致且大小相同的荷载，测试各个玻璃支承点的变形。

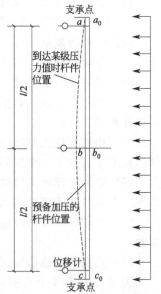

图 11-6 简支梁形式的构件式幕墙测点布置示意图

（3）**预备加压** 在正负压检测前，分别施加 3 个压力脉冲。压力差绝对值为 500Pa，加压速度为 100Pa/s，持续时间为 3s，待压力回零后开始进行检测。

（4）**变形检测**

① 定级检测时检测压力分级升降。每级升、降压力不超过 250Pa，加压级数不少于 4 级，每级压力持续时间不少于 10s。压力的升、降直到任一受力构件的相对面法线挠度值达到 $f_0/2.5$ 或最大检测压力达到 2000Pa 时停止检测，记录每级压力差作用下各个测点的面法线位移量，并计算面法线挠度值 f_{max}。采用线性方法推算出面法线挠度对应于 $f_0/2.5$ 时的压力值 $\pm P_1$。以正负压检测中较小的绝对值作为 P_1 值。

② 工程检测时检测压力分级升降。每级升、降压力不超过风荷载标准值的 10%，每级压力作用时间不少于 10s。压力的升、降达到幕墙风荷载标准值的 40% 时停止检测，记录每级压力差作用下各个测点的面法线位移量。

（5）**反复加压检测** 以检测压力 P_2（$P_2=1.5P_1$）为平均值，以平均值的 1/4 为波幅，进行波动检测，先后进行正负压检测。波动压力周期为 5~7s，波动次数不少于 10 次。记录反复检测压力值 $\pm P_2$，并记录出现的功能障碍或损坏的状况和部位。

（6）**安全检测**

① 当反复加压未出现功能障碍或损坏时，应进行安全检测。安全检测过程中加正、负压后将各试件可开关部分开关不少于 3 次，最后将其关紧。升、降压的速度为 300~500 Pa/s，压力持续时间不少于 3s。

② 定级检测。使检测压力升至 P_3（$P_3=2.5P_1$），随后降至零，再降至 $-P_3$，然后升至零。记录面法线位移量、功能障碍或损坏的状况和部位。

③ 工程检测。P_3 对应于设计要求的风荷载标准值。检测压力升至 P_3，随后降至零，再降至 $-P_3$，然后升至零。记录面法线位移量、功能障碍或损坏的状况和部位。当有特殊要求时，可进行压力为 P_{max} 的检测，并记录在该压力作用下试件的功能状态。

（五）检测结果的评定

（1）计算 变形检测中求取受力构件的面法线挠度的方法，按式（11-8）计算：

$$f_{max} = (b - b_0) - [(a - a_0) + (c - c_0)]/2 \tag{11-8}$$

式中 f_{max}——面法线挠度值，mm；

a_0，b_0，c_0——各测点在预备加压后的稳定初始读数值，mm；

a，b，c——某级检测压力作用过程中各测点的面法线位移，mm。

（2）评定

① 变形检测的评定。定级检测时，注明相对面法线挠度达到 $f_0/2.5$ 时的压力差值 $\pm P_1$。工程检测时，在 40% 风荷载标准值的作用下，相对面法线挠度应小于或等于 $f_0/2.5$，否则应判为不满足工程使用要求。

② 反复加压检测的评定。按要求经检测，试件未出现功能障碍和损坏时，注明 $\pm P_1$ 值；检测中试件出现功能障碍和损坏时，应注明出现的功能障碍、损坏情况以及发生部位，并以发生功能障碍和损坏时压力差的前一级检测压力值作为安全检测压力 $\pm P_3$ 值进行评价。

③ 安全检测的评定。定级检测时，经检测试件未出现功能障碍和损坏，注明相对面法线挠度达到 f_0 时的压力差值 $\pm P_3$，并按 $\pm P_3$ 的较小绝对值作为建筑幕墙抗风压性能的定级值；检测中试件出现功能障碍和损坏时，应注明出现的功能障碍、损坏情况以及发生部位，并以试件出现功能障碍或损坏所对应的压力差值的前一级压力差值作为定级值。

在工程检测时，在风荷载标准值作用下对应的相对面法线挠度小于或等于允许挠度 f_0，且检测时未出现功能障碍和损坏，应判为满足工程使用要求；在风荷载标准值作用下对应的相对面法线挠度大于允许挠度 f_0 或试件出现功能障碍和损坏，应注明出现功能障碍或损坏的情况及其发生部位，应判为不满足工程使用要求。

（六）检测报告的内容

建筑幕墙抗风压性能检测报告至少应包括以下内容：

（1）试件的名称、系列、型号、主要尺寸及图样（包括试件立面、剖面和主要节点，型材和密封条的截面，排水构造及排水孔的位置，试件的支承体系，主要受力构件的尺寸以及可开启部分的开启方式，五金件的种类、数量及位置）。

（2）面板的品种、厚度、最大尺寸和安装方法。

（3）密封材料的材质和牌号；附件的名称、材质和配置。

（4）试件可开启部分与试件总面积的比例。

（5）点支式玻璃幕墙的拉索预拉力设计值。

（6）水密性检测的加压方法，出现渗漏时的状态及部位。定级检测时应注明所属级别，工程检测时应注明检测结论。

（7）检测用的主要仪器设备，检测室的温度和气压。

（8）试件单位面积和单位开启缝长的空气渗透量正负压计算结果及所属级别。

（9）主要受力构件在变形检测、反复受荷载检测、安全检测时的挠度和状况。

（10）对试件所进行的任何修改应注明，试件检测日期和检测人员也应注明。

建筑幕墙抗风压性能检测报告可以参照表 11-6、表 11-7 的格式编写。

表 11-6　建筑幕墙抗风压性能检测报告（1）

报告编号：　　　　　　　　　　　　　　　　　　　　　　　共　页　第　页

委托单位				
地址			电话	
送样/抽样日期				
抽样地点				
工程名称				
生产单位				
样品	名称		状态	
	商标		规格型号	
检测	项目		数量	
	地点		日期	
	依据			
	设备			
检测结论				

批准：　　　　　　　审核：　　　　　　　主检：　　　　　　　报告日期：

表 11-7　建筑幕墙抗风压性能检测报告（2）

报告编号：　　　　　　　　　　　　　　　　　　　　　　　共　页　第　页

缝长/m	可开启部分：		
面积/m²	可开启部分：		固定部分：
面板品种			
面板材料			
检测室温度/℃			
面板最大尺寸/mm	宽：　　　　　　长：　　　　　　厚：		

抗风压性能　变形检测结果为：正压　　　kPa 负压

　　　　　　　　　　　　　　　　　　kPa

反复加压检测结果为：正压　　　　　kPa 负压

　　　　　　　　　　　　　　　　　kPa

安全检测结果为：正压　　　　kPa（3s 阵风风压）负压

　　　　　　　　　　　　　kPa

工程检测结果为：正压　　　　kPa 负压

　　　　　　　　　　　　kPa

第二节　建筑幕墙气密性能检测

一、建筑幕墙气密性能及分级

建筑幕墙气密性能是指在风压作用下，幕墙在关闭状态时，可开启部分以及建筑幕墙整体阻止空气渗透的能力。与建筑幕墙空气渗透性能有关的气候参数主要为室外风速和温度，影响建筑幕墙气密性能检测的气候因素主要是检测室气压和温度。

从建筑幕墙缝隙渗入室内的空气量多少，对建筑节能与隔声都具有较大影响。据工程实际统计，由缝隙渗入室内的冷空气的耗热量，可以达到全部采暖耗热量的 20%～40%，必须引起高度重视。按照国家标准《工业建筑采暖通风与空气调节设计规范》（GB 50019—2015）中的规定，由建筑幕墙缝隙渗入室内的冷空气耗热量计算公式为：

$$Q = \alpha c_p L l (t_n - t_{wn}) \rho_{wn} \qquad (11\text{-}9)$$

式中　Q——由建筑幕墙缝隙渗入室内的冷空气的耗热量，W；

α——单位换算系数，对于法定单位 $\alpha=0.28$，对于非法定单位 $\alpha=1$；

c_p——空气的定压比热容，kJ/（kg·℃）；

L——在基准高度（10m）风压的单独作用下，通过每米建筑幕墙缝隙进入室内的空气量，m^3/（m·h）；

l——建筑幕墙缝隙的计算长度，m，应分别按各朝向可开启的幕墙全部缝隙长度计算；

t_n——采暖室内的计算温度，℃；

t_{wn}——采暖室外的计算温度，℃；

ρ_{wn}——采暖室外计算温度下的空气密度，kg/m^3。

在原来的国家标准《建筑幕墙空气渗透性能检测方法》（GB/T 15226—1994）中，均以标准状态下单位缝长的空气渗透量作为幕墙固定部分和开启部分气密性能的分级指标。气密性能分级值见表 11-8。在新编制的《建筑幕墙气密、水密、抗风压性能检测方法》（GB/T 15227—2007）中，则采用 q_A（10Pa 作用压力差下试件单位面积空气渗透量值）、q_1（10Pa 作用压力差下试件单位开启缝长空气渗透量值）作为分级指标。因此，建筑幕墙的气密性要求，以 10Pa 压力差下可开启部分的单位缝长空气渗透量和整体幕墙试件（含可开启部分）单位面积空气渗透量作为分级指标。

表 11-8　气密性能分级值　　　　　　　单位：m^3/（m·h）

分级指标		分级				
		I	II	III	IV	V
q	可开启部分	≤0.5	＞0.5	＞1.5	＞2.5	＞4.0
			≤1.5	≤2.5	≤4.0	≤6.0
	固定部分	≤0.1	＞0.01	＞0.05	＞0.10	＞0.20
			≤0.05	≤0.10	≤0.20	≤0.50

现行行业标准《玻璃幕墙工程技术规范》（JGJ 102—2003）中规定，有采暖、通气、空气调节要求时，玻璃幕墙的气密性能分级不应低于 3 级。

为了更好地了解建筑幕墙的气密性能试验和分级标准，必须注意以下几点：

（1）区分试验状态和标准状态。试验状态是幕墙检测试验时，试件所处的环境，包括一定的温度、气压、空气密度等。标准状态则是指温度为 293K（20℃）、压力为 101.3kPa（760mmHg）、空气密度为 1.202 kg/m^3 的试验条件。每一次试验所测定的空气渗透量都要转化为标准状态下的空气渗透量。

（2）注意：无论试验状态或标准状态，所取的大气压力值都是 100Pa，而定级标准则是 10Pa，两者之间要进行一次转化。

（3）在原来的《建筑幕墙空气渗透性能检测方法》（GB/T 15226—1994）中，对于幕墙气密性能的评定，固定部分和可开启部分是分开评价的，而不是采用总面积综合评定；在现行的国家标准《建筑幕墙气密、水密、抗风压性能检测方法》（GB/T 15227—2007）

中，则以针对总面积的单位面积空气渗透量值和针对固定部分的开启缝长空气渗透量值作为分级标准。

（4）在进行建筑幕墙气密性能检测中，应注意以下几个定义：

① 总空气渗透量：在标准状态下，每小时通过整个建筑幕墙试件的空气流量。

② 附加空气渗透量：除幕墙试件本身的空气渗透量以外，通过设备和试件与测试箱连接部分的空气渗透量。

③ 单位开启缝长空气渗透量：在标准状态下，单位时间通过单位开启缝长的空气量。

④ 单位面积空气渗透量：在标准状态下，单位时间通过幕墙单位面积的空气量。

准确把握上述几个定义，有助于对建筑幕墙气密性能检测标准及其分级的理解。

二、建筑幕墙气密性能检测方法

建筑幕墙气密性能的检测应按照现行国家标准《建筑幕墙气密、水密、抗风压性能检测方法》（GB/T 15227—2007）的规定执行。

（一）检测项目

建筑幕墙试件的气密性能，检测 100Pa 压力差下可开启部分的单位缝长空气渗透量和整体建筑幕墙试件（含可开启部分）单位面积空气渗透量。

（二）检测装置

① 检测装置由压力箱、供压系统、测量系统及试件安装系统组成。气密性能检测装置示意图如图 11-7 所示。

② 压力箱的开口尺寸应能满足试件安装的要求，箱体应能承受检测过程中可能出现的压力差。

③ 支承建筑幕墙的安装横架应有足够的刚度，并固定在有足够刚度的支承结构上。

④ 供风设备应能施加正负双向的压力差，并能达到检测所需要的最大压力差；压力控制装置应能调节出稳定的气流。

⑤ 差压计的两个探测点应在试件两侧就近布置，差压计的精度应达到示值的 2%。

⑥ 空气流量测量装置的测量误差不应大于示值的 5%。

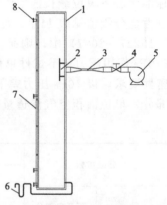

图 11-7 气密性能检测装置示意图
1—压力箱；2—进气口挡板；
3—空气计量；4—压力控制装置；
5—供风设备；6—差压计；
7—试件；8—安装横架

（三）试件要求

（1）试件规格、型号和材料等，应与生产厂家所提供的图样一致，试件的安装应符合设计要求，不得加设任何特殊附件或采取其他措施，试件应干燥。

（2）试件宽度至少应包括一个承受设计荷载的垂直构件。试件高度至少应包括一个层高，并在垂直方向上应有两处或两处以上和承重结构相连，试件组装和安装的受力状况应和实际情况相符。

（3）单元式建筑幕墙应至少包括一个与实际工程相符的典型十字缝，并有一个单元的四边形成与实际工程相同的接缝。

（4）幕墙试件应包括典型的垂直接缝、水平接缝和可开启部分，并使试件上可开启部分占试件总面积的比例与实际工程接近。

（四）检测步骤

幕墙试件安装完毕后需经检查，符合设计要求后才可进行检测。在开始检测前，应将试件的可开启部分开关不少于 5 次，最后关紧。建筑幕墙气密性能检测加压顺序示意图如图 11-8 所示。

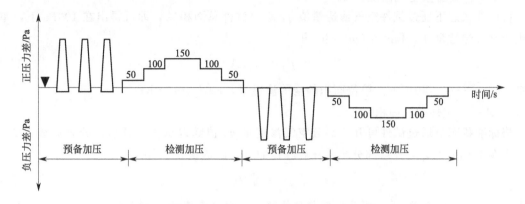

图 11-8　建筑幕墙气密性能检测加压顺序示意图

(图中符号▼表示将试件的可开启部分开关不少于 5 次)

（1）**预备加压**　在正负压检测前分别施加 3 个压力脉冲，压力差绝对值为 500Pa，持续时间为 3s，加压速度宜为 100Pa/s，然后待压力回零后再开始进行检测。

（2）**渗透量的检测**

① 附加渗透量 q_f 的测定。充分密封试件上的可开启缝隙和镶嵌缝隙，或用不透气的材料将箱体开口部分密封，然后按照图 11-8 逐级加压，每级压力作用时间大于 10s，先逐级加正压，后逐级加负压，记录各级的检测值。箱体的附加空气渗透量应不高于幕墙试件总渗透量的 20%，否则应处理后重新进行检测。

② 总渗透量 q_z 的测定。去除幕墙试件上所加密封措施后进行检测，检测顺序同①。

③ 固定部分空气渗透量 q_g 的测定。将试件上的可开启部分的开启缝隙密封起来后进行检测，检测顺序同①。

（五）检测值的处理

（1）**计算**　分别计算出正压检测升压和降压过程中在 100Pa 压力差下的两次附加渗透量检测值平均值 q_{1f}、两个总渗透量检测值的平均值 q_{1z}、两个固定部分空气渗透量检测值的平均值 q_{1g}，则 100Pa 压力差下整体幕墙试件（含可开启部分）的空气渗透量 q_t 和可开启部分空气渗透量 q_k 可按下式进行计算：

$$q_t = q_{1z} - q_{1f} \tag{11-10}$$
$$q_k = q_t - q_{1g} \tag{11-11}$$

式中　q_t——试件空气渗透量值，m^3/h；

$\quad\quad q_{1z}$——两次总渗透量检测值的均值；

$\quad\quad q_{1f}$——两个附加渗透量检测值的平均值；

$\quad\quad q_{1g}$——两个固定部分渗透量检测值的平均值；

$\quad\quad q_k$——试件可开启部分空气渗透量值，m^3/h。

将以上计算结果，再利用式（11-12）和式（11-13）将 q_t 和 q_k 分别换算成标准状态下的渗透量值 q_1 和 q_2 值。

$$q_1 = 293 q_t P / (101.3 T) \tag{11-12}$$
$$q_2 = 293 q_k P / (101.3 T) \tag{11-13}$$

式中　q_t——标准状态下通过试件空气渗透量值，m^3/h；

$\quad\quad q_k$——标准状态下通过试件的可开启部分空气渗透量值，m^3/h；

$\quad\quad P$——实验室气压值，kPa；

T——实验室空气温度，K。

将标准状态下通过试件空气渗透量值 q_1 除以试件总面积 A，即可得出在 100Pa 下，单位面积的空气渗透量 q'_1 [m³/（m²·h）]：

$$q'_1 = q_1/A \tag{11-14}$$

式中　q'_1——在 100Pa 下，单位面积的空气渗透量，m³/（m²·h）；

　　　　A——试件的总面积，m²。

将标准状态下通过试件可开启部分空气渗透量 q_2 值除以试件可开启部分开启缝长 l，即可得出在 100Pa 下，可开启部分单位开启缝长的空气渗透量 q'_2 [m³/（m·h）]：

$$q'_2 = q_2/l \tag{11-15}$$

式中　q'_2——在 100Pa 下，可开启部分单位缝长的空气渗透量，m³/（m·h）；

　　　　l——试件可开启部分开启缝长，m。

对于负压检测时的结果，也采用同样方法，分别按式（11-11）～式（11-15）进行计算。

（2）分级指标值的确定　采用由 100Pa 检测压力差下的计算值 $\pm q'_1$ 值或 $\pm q'_2$ 值，按式（11-16）或式（11-17）换算为 10Pa 压力差下的相应值 $\pm q_A$ 或 $\pm q_1$。以试件的 $\pm q_A$ 值和 $\pm q_1$ 值确定按面积和按缝长各自所属的级别，取最不利的级别定级。

$$\pm q_A = \pm q'_1/4.65 \tag{11-16}$$

$$\pm q_1 = \pm q'_2/4.65 \tag{11-17}$$

式中　q'_1——100Pa 作用压力差下试件单位面积的空气渗透量值，m³/（m²·h）；

　　　　q_A——10Pa 作用压力差下试件单位面积的空气渗透量值，m³/（m²·h）；

　　　　q'_2——100Pa 作用压力差下可开启部分单位开启缝长的空气渗透量值，m³/（m·h）；

　　　　q_1——10Pa 作用压力差下试件单位开启缝长的空气渗透量值，m³/（m·h）。

（3）检测报告　建筑幕墙气密性能检测报告可参照表 11-9 和表 11-10 的格式编写。

表 11-9　建筑幕墙气密性能检测报告（1）

报告编号：　　　　　　　　　　　　　　　　　　　　　　　　　　　　　　共　页　第　页

委托单位				
地址		电话		
送样/抽样日期				
抽样地点				
工程名称				
生产单位				
样品	名称		状态	
	商标		规格型号	
检测	项目		数量	
	地点		日期	
	依据			
	设备			
检测结论				

批准：　　　　　　审核：　　　　　　主检：　　　　　　报告日期：

表 11-10 建筑幕墙气密性能检测报告 (2)

报告编号： 共 页 第 页

可开启部分缝长/m			
面积/m²	整体	其中可开启部分	
面板品种		安装方式	
面板镶嵌材料		框扇密封材料	
检测室温度/℃		检测室气压/kPa	
面板最大尺寸/mm	宽：	长：	厚：
气密性能：可开启部分单位缝长每小时渗透量为 m³/(m·h)			
幕墙整体单位面积每小时渗透量为 m³/(m·h)			
备注：			

第三节 建筑幕墙水密性能检测

建筑幕墙水密性能是指在风雨的同时作用下，幕墙透过雨水的能力。与幕墙水密性能有关的气候因素主要是指暴风雨时的风速和降雨强度。工程实践证明，水密性能一直是建筑幕墙设计和施工中的重要问题。据不完全统计，在实验室中有 90％的幕墙样品需经修复后才能通过试验。在实际工程应用中，也存在同样问题。

在建筑幕墙的使用过程中，风雨交加的天气状况时有发生，尤其在我国的沿海城市，台风、暴雨更是常见的天气状况：雨水通过建筑幕墙的孔缝渗入室内，会侵染室内的装修和陈设物品，不仅影响室内的正常活动，而且使居民在心理上形成不能满足建筑基本要求的不舒适感和不安全感；雨水流入幕墙中如不能及时排出，在冬季有将幕墙冻坏的可能；长期滞留在型材腔内的积水还会腐蚀金属材料和五金件，严重影响正常使用，从而缩短幕墙的寿命；由此可见，幕墙水密性能是十分重要的。

一、幕墙水密性能分级

建筑幕墙在风雨的同时作用下应保持不渗漏。在工程上以雨水不进入幕墙内表面的临界压力差 P 为水密性能的分级值，雨水渗透性能分级值见表 11-11。根据现行标准的规定，建筑幕墙雨水渗漏试验的淋水量为 4L/（m²·min）。

表 11-11 雨水渗透性能分级值 单位：Pa

分级指标		分级				
		Ⅰ	Ⅱ	Ⅲ	Ⅳ	Ⅴ
P	可开启部分	≥500	＜500	＜350	＜250	＜150
			＞350	＞250	＞150	＞100
	固定部分	≥2500	＜2500	＜1600	＜1000	＜700
			＞1600	＞1000	＞700	＞500

二、建筑幕墙水密性能检测方法

建筑幕墙水密性能的检测应按照现行国家标准《建筑幕墙气密、水密、抗风压性能检测方法》（GB/T 15227 —2007）的规定执行。

(一) 检测项目

对于建筑幕墙试件的水密性能，检测幕墙试件发生严重渗漏时的最大压力差值。

(二) 检测装置

① 建筑幕墙试件的水密性能检测装置,由压力箱、供压系统、测量系统、淋水装置及试件安装系统组成。水密性能检测装置示意图见图11-9。

② 压力箱的开口尺寸应能满足试件安装的要求;箱体应具有良好的水密性能,以不影响观察试件的水密性能为最低要求;箱体应能承受检测过程中可能出现的压力差。

③ 支承幕墙的安装横架应有足够的刚度和强度,并固定在有足够刚度和强度的支承结构上。

④ 供风设备应能施加正负双向的压力差,并能达到检测所需要的最大压力差;压力控制装置应能调节出稳定的气流,并能稳定地提供 3 ~ 5s 周期的波动风压,波动风压的波峰值、波谷值应满足检测要求。

⑤ 差压计的两个探测点应在试件两侧就近布置,精度应达到示值的 2%,供风系统的响应速度应满足波动风压测量的要求。差压计的输出信号应由图表记录仪或可显示压力变化的设备记录。

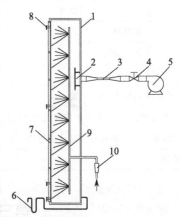

图 11-9 水密性能检测装置示意图
1—压力箱;2—进气口挡板;
3—空气流量计;4—压力控制装置;
5—供风设备;6—差压计;
7—试件;8—安装横架;
9—淋水装置;10—水流量计

⑥ 喷淋装置应能以不小于 4L/(m² · min) 的淋水量均匀地喷淋到试件的室外表面上,喷嘴应布置均匀,各喷嘴与试件的距离宜相等;喷淋装置的喷水量应能调节,并有措施保证喷水量的均匀性。

(三) 试件要求

(1) 试件的规格、型号和材料等应与生产厂家所提供的图样一致,试件的安装应符合设计要求,不得加设任何特殊附件或采取其他措施,试件应干燥。

(2) 试件宽度至少应包括一个承受设计荷载的垂直构件;试件高度至少应包括一个层高,并在垂直方向上应有两处或两处以上和承重结构相连,试件组装和安装的受力状况应和实际情况相符。

(3) 单元式建筑幕墙应至少包括一个与实际工程相符的典型十字缝,并有一个单元的四边形成与实际工程相同的接缝。

(4) 幕墙试件应包括典型的垂直接缝、水平接缝和可开启部分,并使试件上可开启部分占试件总面积的比例与实际工程接近。

(四) 检测步骤

试件安装完毕后应进行检查,符合设计要求后才可进行检测。在进行检查前,应将试件可开启部分开关不少于 5 次,最后关紧。

检测可分别采用稳定加压法或波动加压法。幕墙工程所在地为热带风暴和台风地区的工程检测,应采用波动加压法;定级检测和工程所在地为非热带风暴和台风地区的工程检测,应采用稳定加压法。已进行波动加压法检测的可不再进行稳定加压法检测。热带风暴和台风地区的划分按照现行国家标准《建筑气候区划标准》(GB 50178—1993) 中的规定执行。

建筑幕墙的水密性能最大检测压力峰值应不大于抗风压安全检测压力值。

(1) 稳定加压法　建筑幕墙水密性能的稳定加压法,应按表11-12、图11-10的顺序加压。

表 11-12　稳定加压顺序

加压顺序	1	2	3	4	5	6	7	8
检测压力/Pa	0	250	350	500	700	1000	1500	2000
持续时间/min	10	5	5	5	5	5	5	5

注:水密设计指标值超过 2000Pa 时,按照水密设计压力值进行加压。

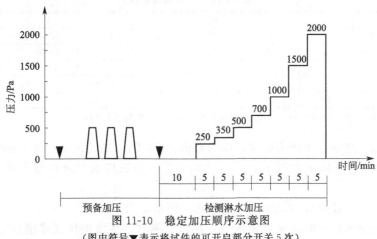

图 11-10　稳定加压顺序示意图

(图中符号▼表示将试件的可开启部分开关 5 次)

① 预备加压。施加 3 个压力脉冲。压力差值为 500Pa，加压速度约为 100Pa/s，压力持续作用时间为 3s，泄压时间不少于 1s。待压力回零后，将试件所有开启部分开关不少于 5 次，最后关紧。

② 淋水。对整个建筑幕墙试件均匀地淋水，淋水量为 3L/(m² · min)。

③ 加压。在淋水的同时施加稳定压力。定级检测时，逐级加压至幕墙固定部位出现严重渗漏为止。工程检测时，首先加压至可开启部分水密性能指标值、压力稳定作用时间为 15min 或幕墙可开启部分产生严重的渗漏为止，然后加压至幕墙固定部位水密性能指标值、压力稳定作用时间为 15min 或幕墙固定部分产生严重的渗漏为止；无开启结构的幕墙试件稳定作用时间为 30min 或产生严重渗漏为止。

④ 观察记录。在逐级升压及持续作用过程中，认真观察并记录渗漏状态及部位。渗漏状态符号见表 11-13。

表 11-13　渗漏状态符号

渗漏状态	符号	渗漏状态	符号
试件内侧出现水滴	○	持续喷溅出试件界面	▲
水珠连成线,但未渗出试件的界面	□	持续流出试件的界面	●
局部有少量喷溅	△		

(2) 波动加压法　建筑幕墙水密性能的波动加压法，应按图 11-11、表 11-14 的顺序加压。

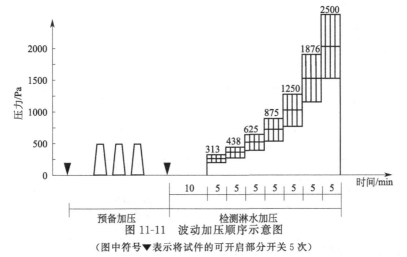

图 11-11　波动加压顺序示意图

(图中符号▼表示将试件的可开启部分开关 5 次)

表 11-14　波动加压顺序

加压顺序		1	2	3	4	5	6	7	8
波动压力值	上限值/Pa	—	313	438	625	875	1250	1875	2500
	平均值/Pa	0	250	350	500	700	1000	1500	2000
	下限值/Pa	—	187	262	375	525	750	1125	1500
波动周期/s		—	3～5						
每级加压时间/min		10	5						

注：水密设计指标值超过 2000Pa 时，以该压力为平均值，波幅为实际压力的 1/4。

① 预备加压。施加 3 个压力脉冲，压力差值为 500Pa，加压速度约为 100Pa/s，压力持续作用时间为 3s，泄压时间不少于 1s。待压力回零后，将试件所有开启部分开关不少于 5 次，最后关紧。

② 淋水。对整个建筑幕墙试件均匀地淋水，淋水量为 $4L/(m^2 \cdot min)$。

③ 加压。在淋水的同时施加稳定压力。定级检测时，逐级加压至幕墙固定部位出现严重渗漏为止。工程检测时，首先加压至可开启部分水密性能指标值、压力稳定作用时间为 15min 或幕墙可开启部分产生严重的渗漏为止，然后加压至幕墙固定部位水密性能指标值、波动压力作用时间为 15min 或幕墙固定部分产生严重的渗漏为止；无开启结构的幕墙试件稳定作用时间为 30min 或产生严重渗漏为止。

④ 观察记录。在逐级升压及持续作用过程中，认真观察并记录渗漏状态及部位。

（五）分级指标值的确定

以未发生严重渗漏时的最高压力差值进行评定。检测报告可以参照表 11-15、表 11-16 的格式进行编写。

表 11-15　建筑幕墙水密性能检测报告（1）

报告编号：　　　　　　　　　　　　　　　　　　　　　　　　　　　共　页　第　页

委托单位					
地址			电话		
送样/抽样日期					
抽样地点					
工程名称					
生产单位					
样品	名称			状态	
	商标			规格型号	
检测	项目			数量	
	地点			日期	
	依据				
	设备				
检测结论					

批准：　　　　　审核：　　　　　主检：　　　　　报告日期：

表 11-16　建筑幕墙水密性能检测报告（2）

报告编号：　　　　　　　　　　　　　　　　　　　　　　　　　　　共　页　第　页

缝长/m	可开启部分：	固定部分：	
面积/m²	可开启部分：	固定部分：	
面板品种		安装方式	
玻璃镶嵌材料		框扇密封材料	
气温/℃		气压/kPa	
面板最大尺寸/mm	宽：	长：	高：

检测结果	稳定加压法	固定部分保持未发生渗漏的最高压力为：	Pa
		可开启部分保持未发生渗漏的最高压力为：	Pa
	波动加压法	固定部分保持未发生渗漏的最高压力为：	Pa
		可开启部分保持未发生渗漏的最高压力为：	Pa
备注：			

第四节　建筑幕墙热工性能检测

建筑节能标准中确定的建筑节能目标是在确保室内热环境的前提下，降低采暖与空调的能耗。达到这个目标需从两个方面入手：一方面要提高建筑围护结构的热工性能；另一方面要采用高效率的空调采暖设备和系统。对于北方严寒及寒冷地区及夏热冬冷地区，建筑幕墙是以保温为主，主要衡量指标为传热系数；对于南方夏热冬暖地区，建筑幕墙的隔热则十分重要，主要衡量指标为遮阳系数。因此，传热系数和遮阳系数是衡量建筑幕墙热工性能最重要的两个指标。

一、建筑幕墙热工性能要求

（一）热工性能相关的术语

（1）**热导率（λ）**　在稳态条件下，两侧表面温差为 1℃，单位时间（1h）里流过单位面积（$1m^2$）、单位厚度（1m）的垂直于均质单一材料表面的热流。假设材料是均质的，热导率不受材料厚度以及尺寸的影响。

（2）**导温系数（C）**　在稳态条件下，两侧表面温差为 10℃时，单位时间里流过物体单位表面积的热量。

（3）**表面换热系数（h）**　当围护结构和周围空气之间温差为 10℃时，由于辐射、传热、对流的作用，单位时间内流过围护结构单位表面积的热量，包括室内表面换热系数和室外表面换热系数。

（4）**传热系数（K）**　在稳态条件下，当围护结构两侧的空气温差为 1℃时，单位时间里流过围护结构单位表面积的热量。

（5）**传热阻（R_0）**　表征建筑围护结构（包括两侧表面空气边界层）阻抗传热能力的物理量，为传热系数的倒数。

（6）**抗结露系数（CRF）**　由加权的窗框温度或者玻璃的平均温度分别按照一定的公式与冷室的空气温度和热室的空气温度进行计算，所得的两个数值中最低的一个就是抗结露系数。

（7）**遮阳系数（SC）**　以一定条件下透过 3mm 普通透明玻璃的太阳辐射总量为基础，将在相同条件下透过其他玻璃的太阳辐射总量与这个基础相比，得到的比值就称为这种玻璃的遮阳系数。这个遮阳系数乘以透明部分占幕墙总面积的百分比称为该幕墙的遮阳系数。

需要特别强调的是，热导率和传热系数是两个完全不同的概念。首先，热导率是指材料两边温差，通过材料本身传热性能来传导热量，是材料本身的特性，与材料的大小、形状无关；而传热系数实质是总传热系数，它是指围护结构两侧空气存在温差，从高温一侧空气向低温一侧空气传热的性能，它包括高温一侧空气边界层向幕墙表面传热，这种传热过程非常复杂，包括传导、对流、辐射等方式，再通过幕墙传导至另一表面，再由此表面向另一侧空气边界层传热。

(二) 幕墙热工性能指标的分级

保温性能是指在幕墙两侧存在空气温差的条件下，幕墙阻抗从高温一侧向低温一侧传热的能力，不包括从缝隙中渗入空气的传热和太阳辐射传热。幕墙保温性能可以用传热系数 K 表示，也可用传热阻 R_0 表示。传热系数衡量保温性能分级值见表 11-17，传热阻衡量保温性能分级值见表 11-18。

表 11-17　传热系数衡量保温性能分级值　　　　单位：W/ $(m^2 \cdot K)$

分级指标	分级			
	Ⅰ	Ⅱ	Ⅲ	Ⅳ
K	$K \leqslant 0.70$	$0.70 < K \leqslant 1.25$	$1.25 < K \leqslant 2.00$	$2.00 < K \leqslant 3.30$

表 11-18　传热阻衡量保温性能分级值　　　　单位：$m^2 \cdot K/W$

分级指标	分级			
	Ⅰ	Ⅱ	Ⅲ	Ⅳ
R_0	$R_0 \geqslant 1.43$	$1.43 < R_0 \leqslant 0.80$	$0.80 < R_0 \leqslant 0.50$	$0.50 < R_0 \leqslant 0.30$

二、建筑幕墙热工性能检测方法

根据我国现行规定，目前建筑幕墙热工性能的检测仍采用门窗的标准，即按照国家标准《建筑外门窗保温性能分级及检测方法》（GB/T 8484—2008）中的规定执行。

(一) 检测范围

在《建筑外门窗保温性能分级及检测方法》（GB/T 8484—2008）中，规定了建筑外窗保温性能分级及检测方法，明确说明该方法适用于建筑外门窗（包括天窗）传热系数和抗结露因子的分级及检测。由于建筑幕墙的规模通常比较大，按建筑外窗的检测方法选取的试件可能不满足建筑层高的要求，所以目前采用的折中方法是选取典型连接构造（通常是十字缝）的杆件分别测试，然后采用加权平均的方法计算得到建筑幕墙的综合传热系数。

(二) 性能分级

建筑外门窗保温性能按外窗传热系数 K 值分为 10 级，外窗保温性能分级见表 11-19。

表 11-19　外窗保温性能分级　　　　单位：W/ $(m^2 \cdot K)$

分级	1	2	3	4	5
分级指标值	$K \geqslant 5.0$	$5.0 > K \geqslant 4.0$	$4.0 > K \geqslant 3.5$	$3.5 > K \geqslant 3.0$	$3.0 > K \geqslant 2.5$
分级	6	7	8	9	10
分级指标值	$2.5 > K \geqslant 2.0$	$2.0 > K \geqslant 1.6$	$1.6 > K \geqslant 1.3$	$1.3 > K \geqslant 1.1$	$K \leqslant 1.1$

(三) 检测原理

1. 传热系数检测原理

此标准基于稳定传热原理，采用标定热箱法检测建筑门窗传热系数。试件一侧为热箱，模拟采暖建筑冬季室内气候条件；另一侧为冷箱，模拟冬季室外气候条件。在对试件缝隙进行密封处理时，在试件两侧各自保持稳定的空气温度、气流速度和热辐射条件下，测量热箱中加热器的发热量，减去通过热箱外壁和试件框的热损失，除以试件面积与两侧空气温差的乘积，即可计算出试件的传热系数 K 值。

2. 抗结露因子检测原理

基于稳定传热的基本原理，采用标定热箱法检测建筑门窗抗结露因子。试件一侧为热箱，模拟采暖建筑冬季室内气候条件，同时控制相对湿度不大于 20%；试件另一侧为冷箱，模拟冬季室外气候条件。在稳定传热状态下，测量冷热箱空气平均温度和试件热侧表面温度，计算试件的抗结露因子。抗结露因子是由试件框表面温度的加权值或玻璃的平均温度与冷箱空气温

度 (t_c) 的差值除以热箱空气温度 (t_h) 与冷箱空气温度 (t_c) 的差值计算得到的，再乘以 100 后，取所得的两个数值中较低的一个值。

（四）检测装置

建筑幕墙热工性能检测装置主要由热箱、冷箱、试件框、控湿系统和环境空间等组成，建筑幕墙热工性能检测装置如图 11-12 所示。

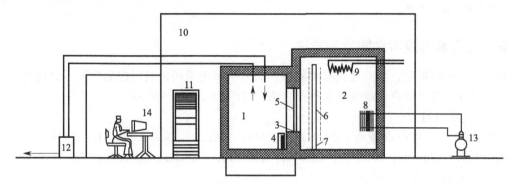

图 11-12 建筑幕墙热工性能检测装置

1—热箱；2—冷箱；3—试件框；4—电加热器；5—试件；6—隔风板；7—风机；8—蒸发器；9—加热器；
10—环境空间；11—空调器；12—控温装置；13—冷冻机；14—温度控制与数据采集系统

第五节　建筑幕墙隔声性能检测

建筑幕墙的隔声性能是指通过空气传到建筑幕墙外表面的噪声，经幕墙反射、吸收及其他能量转化后的减少量。随着建筑幕墙设计面积的增大，其隔声性能的好坏对室内声环境有很大的影响，现已成为建筑幕墙设计和施工中的一项重要控制指标。

一、隔声性能的术语

（1）**声透射系数**　声透射系数是指透过试件的透射声功率与入射到试件上的入射声功率的比值。

（2）**隔声量**　隔声量是指入射到试件上的声功率与透过试件的透射声功率的比值，取以 10 为底的对数乘以 10，用 R 表示，单位为分贝（dB）。

（3）**计权隔声量**　计权隔声量是指将测得的构件空气隔声频率特性曲线与《建筑隔声评价标准》（GB/T 50121—2005）规定的空气隔声参考曲线，按照规定的方法相比较而得出的单值评价量，用 R_w 表示，单位为分贝（dB）。

（4）**粉红噪声频谱修正量**　粉红噪声频谱修正量是指将计权隔声量值转换为试件隔绝粉红噪声时，试件两侧空间的 A 计权声压级差所需的修正值，用 C 表示，单位为分贝（dB）。

（5）**交通噪声频谱修正量**　交通噪声频谱修正量是指将计权隔声量值转换为试件隔绝交通噪声时，试件两侧空间的 A 计权声压级差所需的修正值，用 C_{tr} 表示，单位为分贝（dB）。

二、建筑幕墙隔声性能的分级

根据我国现行标准中的规定，外门、外窗以"计权隔声量和交通噪声频谱修正量之和（$R_w + C_{tr}$）"作为分级指标；内门、内窗以"计权隔声量和粉红噪声频谱修正量之和（$R_w + C$）"作为分级指标。建筑门窗的空气隔声性能分级见表 11-20。

表 11-20　建筑门窗的空气隔声性能分级　　　　　　　单位：dB

分级	外门外窗的分级指标值	内门内窗的分级指标值	分级	外门外窗的分级指标值	内门内窗的分级指标值
1	$20{\leqslant}R_w+C_{tr}{<}25$	$20{\leqslant}R_w+C{<}25$	4	$35{\leqslant}R_w+C_{tr}{<}40$	$35{\leqslant}R_w+C{<}40$
2	$25{\leqslant}R_w+C_{tr}{<}30$	$25{\leqslant}R_w+C{<}30$	5	$40{\leqslant}R_w+C_{tr}{<}45$	$40{\leqslant}R_w+C{<}45$
3	$30{\leqslant}R_w+C_{tr}{<}35$	$30{\leqslant}R_w+C{<}35$	6	$R_w+C_{tr}{\geqslant}45$	$R_w+C{\geqslant}45$

注：用于对建筑内机器、设备噪声源隔声的建筑内门窗，对中低频噪声宜用外门窗的指标值进行分级，对中高频噪声可采用内门窗的指标值进行分级。

三、建筑幕墙隔声性能检测方法

根据我国现行规定，目前建筑幕墙隔声性能的检测仍采用建筑门窗的标准，即现行国家标准《建筑门窗空气声隔声性能分级及检测方法》（GB/T 8485—2008）。

（一）检测项目

检测试件为下列中心频率：100Hz、125Hz、160Hz、200Hz、250Hz、315Hz、400Hz、500Hz、630Hz、800Hz、1000Hz、1250Hz、1600Hz、2000Hz、2500Hz、3150Hz、4000Hz、5000Hz 1/3 倍频程的隔声量。

（二）检测装置

建筑幕墙隔声性能检测装置由实验室和测试设备两部分组成，如图 11-13 所示。

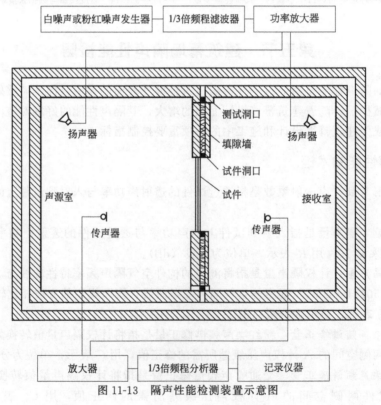

图 11-13　隔声性能检测装置示意图

1. 实验室

实验室由两间相邻的混响室（声源室和接收室）组成，两室之间为测试洞口。实验室应符合国家标准《声学　建筑和建筑构件隔声测量　第 1 部分：侧向传声受抑制的实验室测试设施要求》（GB/T 19889.1—2005）规定的技术要求。

2. 测量设备

测量设备包括声源系统和接收系统。声源系统由白噪声或粉红噪声发生器、1/3 倍频程滤波器、功率放大器和扬声器组成；接收系统由传声器、放大器、1/3 倍频程分析器和记录仪器等组成。测量设备应符合国家标准《声学　建筑和建筑构件隔声测量　第 1 部分：侧向传声受抑制的实验室测试设施要求》（GB/T 19889.1—2005）中第 4 章、第 6 章的规定。

四、建筑幕墙隔声性能检测报告

建筑幕墙隔声性能检测报告应包括下列内容：

（1）委托单位和生产单位名称。

（2）试件的生产厂名、品种、型号、规格及有关的图示（试件的立面图和剖面图等）。

（3）试件的单位面积重量、总面积、可开启面积、密封条状况、密封材料的材质，五金件中锁点、锁座的数量和安装位置，门窗玻璃或镶板的种类、结构、厚度、装配或镶嵌方式。

（4）试件的安装情况、试件周边的密封处理和试件洞口的说明。

（5）建筑幕墙隔声性能的检测依据和仪器设备。

（6）接收室的温度和相对湿度，声源室和接收室的容积。

（7）用表格和曲线图的形式绘出每一樘试件隔声量与频率的关系，以及该组试件平均隔声量与频率的关系。曲线图的横坐标表示频率，纵坐标表示隔声量（保留一位小数），并宜采用以下尺度，5mm 表示一个 1/3 倍频程，20mm 表示 10dB。

（8）对高隔声量（隔声等级 6 级）的特殊试件，如果个别频带隔声量受间接传声或背景噪声的影响只能测出低限值时，测量结果按 R 不小于若干分贝（dB）的形式给出。

（9）每樘试件的计权隔声量、频谱修正量及该组试件的平均计权隔声量 R_w、粉红噪声频谱修正量 C 和交通噪声频谱修正量 C_{tr}。

（10）建筑幕墙试件的隔声性能等级（当试件不足 3 樘时，则无此项）。

（11）检测单位的名称和地址、检测报告编号、检测日期、主检人员和审核人员的签名、检测单位盖章。

第六节　建筑幕墙光学性能检测

光是人们日常工作、学习、生活和文化娱乐活动中不可缺少的条件。光，特别是天然光，对于人们的生理和心理健康还有着重要影响。随着社会和科学技术的发展，人们对建筑光环境质量的要求越来越高。因此，如何创造良好的室内外光环境，并满足和协调其他方面的要求，是建筑幕墙光学性能设计和检测中需要考虑的重要问题。

建筑幕墙光环境评价指标主要包括数量和质量两个方面的要求。数量是指建筑照明的水平，包括采光系数、照度、亮度等指标；质量则包括均匀度、显色性和眩光等指标。不同的视觉作业，需要提供不同的照明水平和良好的照明质量。特别是对采用了大面积透明围护结构的建筑而言，必须对其幕墙的光学性能指标进行详细规定并进行精心设计以满足室内的采光；对直射太阳光和眩光进行良好的控制，保证室内的视觉舒适以及避免光线对物体的损害等。

在建筑幕墙特别是玻璃幕墙的设计过程中，要关注幕墙的光学性能：一方面，要满足建筑采光的数量和质量的要求，营造舒适的室内光环境；另一方面，还应控制有害的反射光，避免对周围环境造成光污染。

一、建筑幕墙对光学性能的要求

（一）光学性能的术语及定义

（1）光学辐射　波长位于向 X 射线过渡区与向无线电波过渡区之间的电磁辐射，简称光辐射。根据波长范围的不同，光辐射可分为可见辐射、红外辐射和紫外辐射。

（2）光度测量　光度测量的参数包括：可见光反射比、可见光透射比、透射折减系数、太阳能直接反射比、太阳能直接透射比、太阳能直接吸收比、太阳能总透射比、遮蔽系数、紫外线反射比、紫外线透射比、辐射率。

（3）色度测量　色度测量的参数主要包括色品、色差和颜色透视指数。

（4）光气候　由直射日光、天空（漫射）光和地面反射光形成的天然光平均状况。

（5）光环境　光环境是指从生理和心理效果来评价的照明环境。

（6）采光性能　建筑外窗在漫射光照射下透过光的能力。

（7）透光折减系数　光通过窗框和采光材料与窗相组合的挡光部件后减弱的系数。

（8）玻璃幕墙的有害光反射　对人引起视觉累积损害或干扰的玻璃幕墙光反射，包括失能眩光或不舒适眩光。

（9）光污染　广义的光污染指干扰光或过量的光辐射（含可见光、红外辐射和紫外辐射）对人体健康和人类生存环境造成的负面影响；狭义的光污染指干扰光对人和环境的负面影响。

（10）失能眩光　失能眩光是指降低视觉对象的可见度，但并不一定产生不舒适感觉的眩光。

（11）不舒适眩光　产生不舒适感觉，但不一定降低视觉对象可见度的眩光。

（12）可视　当头和眼睛不动时，人眼能察觉到的空间角度范围。

（13）畸变　物体经成像后发生扭曲的现象。

（二）我国对幕墙光学性能的要求

玻璃幕墙的设置应符合城市规划的要求，应满足采光、保温、隔热的要求，还应符合有关光学性能的要求。我国现行国家标准《玻璃幕墙光热性能》（GB/T 18091—2015）对玻璃幕墙的光学性能有如下规定：

（1）一般幕墙玻璃产品应提供可见光透射比、可见光反射比、太阳能反射比、太阳能总透射比、遮蔽系数、色差。对有特殊要求的博物馆、展览馆、图书馆、商厦的幕墙玻璃产品还应提供紫外线透射比、颜色透视指数。幕墙玻璃的光学性能参数应符合《玻璃幕墙光热性能》（GB/T 18091—2015）附录 A、附录 B 和附录 C 的规定。

（2）为限制玻璃幕墙的有害光反射，玻璃幕墙应采用反射比不大于 0.30 的幕墙玻璃。

（3）幕墙玻璃的颜色的均匀性用"CIELAB 系统"色差 ΔE 表示，同一玻璃产品的色差 ΔE 应不大于 3CIELAB 色差单位，此标准规定的色差为反射色差。

（4）为减少玻璃幕墙的影像畸变，玻璃幕墙的组装与安装应符合《建筑幕墙》（GB/T 21086—2007）规定的平直度要求，所选用的玻璃符合相应现行国家行业标准的要求。

（5）对有采光功能要求的玻璃幕墙，其透光折减系数一般不低于 0.20。

为了限制玻璃幕墙有害光反射，玻璃幕墙的设计与设置应符合以下规定：

（1）在城市主干道、立交桥、高架路两侧的建筑物 20m 以下，其余路段 10m 以下不宜设置玻璃幕墙的部位，应采用反射比不大于 0.16 的低反射玻璃。若反射比高于此值应控制玻璃幕墙的面积或采用其他材料对建筑立面加以分隔。

（2）在居住区内应限制设置玻璃幕墙；历史文化名城中划定的历史街区、风景名胜区应慎用玻璃幕墙。

（3）在 T 形路正对直线路段处不应设置玻璃幕墙；在十字路口或多路交叉路口不宜设置玻璃幕墙。

（4）道路两侧玻璃幕墙设计成凹形弧面时，应避免反射光进入行人与驾驶员的视场内，凹形弧面玻璃幕墙的设计与设置，应控制反射光聚焦点的位置，其幕墙弧面的曲率半径 R_p，一般应大于或等于幕墙至对面建筑物立面的最大距离 R_s，即 $R_p \geqslant R_s$。

（5）南北向玻璃幕墙做成向后倾斜某一角度时，应避免太阳反射光进入行人与驾驶员的视场内，其向后与垂直面的倾角 θ 应大于 $h/2$；当幕墙离地面高度大于 36m 时可不受此限制。h 为当地夏至正午时的太阳高度角。

（6）现行国家标准《公共建筑节能设计标准》（GB 50189—2015）中规定（强制性条文）：当窗（包括透明幕墙）墙面积比小于 0.40 时，玻璃（或其他透明材料）的可见光透射比不应小于 0.4。

（三）透明幕墙光学性能的分级

对于有采光要求的透明幕墙，应保证其具有相应的采光性能。采用窗的透光折减系数 T_r 作为采光性能的分级指标，窗或幕墙的采光性能分级指标值及分级应按照表 11-21 的规定。窗或幕墙的颜色透视指数分级指标值及分级应按照表 11-22 的规定。

表 11-21　窗或幕墙的采光性能分级指标值及分级

分级	透光折减系数 T_r	分级	透光折减系数 T_r
1	$0.20 \leqslant T_r < 0.30$	4	$0.50 \leqslant T_r < 0.60$
2	$0.30 \leqslant T_r < 0.40$	5	$T_r \geqslant 0.60$
3	$0.40 \leqslant T_r < 0.50$		

表 11-22　窗或幕墙的颜色透视指数分级指标值及分级

分级	透视指数（R_a）	评判	分级	透视指数（R_a）	评判
Ⅰ	$R_a \geqslant 80$	好	Ⅲ	$40 \leqslant R_a < 60$	一般
Ⅱ	$60 \leqslant R_a < 80$	较好	Ⅳ	$R_a < 40$	较差

二、建筑幕墙光学性能检测方法

建筑幕墙光学性能的检测应按照《玻璃幕墙光热性能》（GB/T 18091—2015）、《建筑玻璃可见光透射比、太阳光直接透射比、太阳能总透射比、紫外线透射比及有关窗玻璃参数的测定》（GB/T 2680—1994）、《彩色建筑材料色度测量方法》（GB/T 11942—1989）及《采光测量方法》（GB 5699—2017）的规定执行。

（一）建筑外窗及幕墙采光性能检测

建筑外窗及幕墙采光性能的检测，应按照现行国家标准《建筑外窗采光性能分级及检测方法》（GB/T 11976—2015）的规定执行。

（1）**检测项目**　建筑外窗的采光性能，适用于各种材料的建筑外窗，包括天窗和阳台门上部的透光部分。检测对象包括窗试件本身及与窗组合的挡光部件。对于尺寸大小不超过检测装置尺寸限制的幕墙单元，也可用该方法进行检测。

（2）**检测装置**　建筑外窗及幕墙采光性能的检测装置，主要由光源室、光源、接收室、试件框和试件洞口等部分组成，检测装置如图 11-14 所示。

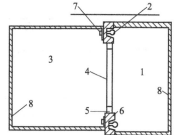

图 11-14　检测装置示意图
1—光源室；2—光源；3—接收室；
4—试件洞口；5—试件框；6—灯槽；
7—接收器；8—漫反射层

（3）**检测方法**

① 检测程序：a. 试件安装应按试件要求执行；b. 关闭接收室，开启检测仪表，待光源点燃 15min 后，采集各光接收器数据 E_{wi}，采集次数不得少于 3 次；c. 打开接收室，卸下窗试件，保留堵塞缝隙材料，合上接收室，采集各光接收器数据 E_{oi}，E_{oi} 采集次数应当与 E_{wi} 采集次数相同。

② 数据处理。根据每次采集的数据 E_{wi} 和 E_{oi}，并按规定进行数据处理，最后计算透光折减系数 T_r。

（4）**检测报告** 建筑外窗及幕墙采光性能的检测报告应包括以下内容：①试件的类型、尺寸和构造简图；②采光材料的特性，如玻璃的种类、厚度和颜色；③窗框材料及颜色；④检测条件：光源类型、漫射光照射试件；⑤检测结果：窗的透光折减系数 T_r、所属级别；⑥检测人和审核人签名；⑦检测单位名称、检测日期。

建筑外窗及幕墙采光性能的检测报告格式可参照表 11-23 进行编写。

表 11-23　建筑外窗及幕墙采光性能检测报告

报告编号：　　　　　　　　　　　　　　　　　　　　　　　　　　　　　共　页　第　页

	委托单位				
	通信地址			电话	
样品	名称			状态	
	规格型号			商标	
样品生产单位					
送样日期				地点	
工程名称					
检验	项目			数量	
	地点			日期	
	依据	参照《建筑外窗采光性能分级及检测方法》(GB/T 11976—2015)			
	设备	采光性能检验装置			

检测结论

透光折减系数：

采光性能分级：

批准：　　　　　审核：　　　　　主检：　　　　　报告日期：

（二）幕墙材料的光学特性

幕墙材料的可见光反射比、可见光透射比、太阳能直接反射比、太阳能直接透射比、太阳能直接吸收比、太阳能总透射比、遮蔽系数、紫外反射比、紫外透射比、辐射率应按照现行国家标准 GB/T 2680—1994 的规定执行。

（1）**检测项目** 幕墙材料的光学特性检测项目，主要包括可见光反射比、可见光透射比、太阳能直接反射比、太阳能直接透射比、太阳能直接吸收比、太阳能总透射比、遮蔽系数、紫外反射比、紫外透射比、颜色透视指数。

（2）**检测装置** 幕墙材料的光学特性检测装置，主要包括分光光度计、参比白板、积分球。仪器的各项要求见表 11-24。

表 11-24　仪器的各项要求

区域	波长范围	波长准确度	光度测量准确度	谱带半宽带	波长间隔
紫外区	300～380nm	±1nm 以内	1%以内 重复性 0.5%	10nm 以下	5nm
可见区	380～780nm	±1nm 以内	1%以内 重复性 0.5%	10nm 以下	10nm
太阳光区	300～2500nm	±5nm 以内	2%以内 重复性 1%	50nm 以下	50nm
远红外区	4.5～25μm	±0.2μm 以内	2%以内 重复性 1%	0.1μm 以下	0.5μm

（3）**试件要求** 幕墙材料的光学特性检测试件应满足以下要求：

① 试件表应保持清洁，无污染。

② 试件必须和产品设计、加工和实际使用要求完全一致，不得有多余附件或采用特殊加工方法。

③ 一般建筑玻璃和单层窗玻璃构件的试样，均采用同材质玻璃的切片。

④ 多层玻璃构件的试样，采用同材质单片玻璃切片的组合体。

（4）**检测方法** 光谱特性参数的测定是在准平行、几乎垂直入射的条件下进行的。在测试中，照明光束的光轴与试样表面法线的夹角不超过 10°，照明光束中任一光线与光轴的夹角不超过 5°。在整个检测过程中应注意以下方面：

① 在光谱透射比测定中，采用与试样同样厚度的空气层作为参比标准。

② 在光谱反射比测定中，采用仪器配置的参比白板作为参比标准。

③ 对于多层玻璃的构件，应对每层玻璃的光谱参数分别进行测试后，计算得到多层玻璃的光学性能。

（5）**检测报告** 幕墙材料的光学特性检测报告中需要注明以下内容：

① 材料的类型和特性，如规格、型号、厚度和颜色。

② 各项检测的结果。

③ 材料的光谱特性曲线。

④ 一般颜色透视指数的结果应给出两位有效数字。

⑤ 检测人和审核人签名。

⑥ 检测单位名称，检测日期。

幕墙材料光学特性检测报告见表 11-25。

表 11-25 幕墙材料光学特性检测报告

报告编号： 共 页 第 页

	委托单位				
	通信地址			电话	
样品	名称			状态	
	规格型号			商标	
	生产单位				
	送样/抽样日期			地点	
	工程名称				
检验	项目			数量	
	地点			日期	
	依据	参照《建筑外窗采光性能分级及检测方法》(GB/T 11976—2015)			
	设备	采光性能检验装置			

检测结论

紫外线透射比：

紫外线反射比：

可见光透射比：

可见光反射比：

太阳能直接透射比：

太阳能直接反射比：

太阳能总透射比：

遮蔽系数：

批准： 审核： 主检： 报告日期：

（三）幕墙材料的其他光学性能

幕墙材料的其他光学性能包括透光系数、色差和影像畸变。颜色透射指数应按《建筑玻璃可见光透射比、太阳光直接透射比、太阳能总透射比、紫外线透射比及有关窗玻璃参数的测定》（GB/T 2680—1994）和《光源显色性评价方法》（GB/T 5702—2019）的规定执行；色差应按《彩色建筑材料色度测量方法》（GB/T 11942—1989）的规定执行。

第十二章

装饰幕墙质量要求与验收方法

装饰幕墙工程是位于建筑物外围的一种大面积结构，由于长期处于露天的工作状态，经常受到风雨、雪霜、阳光、温湿变化和各种侵蚀介质的作用，对于其制作加工、结构组成和安装质量等方面，均有一定的规定和较高要求。

玻璃幕墙、金属幕墙、石材幕墙等分项工程的质量验收，是确保幕墙工程施工质量极其重要的环节。在进行工程质量验收中，应遵循现行国家标准《建筑装饰装修工程质量验收标准》（GB 50210—2018）中的规定。

第一节　装饰幕墙施工的一般规定

为确保幕墙工程的施工质量和使用功能，在装饰幕墙施工中应当进行文件和记录检查、工程材料的复验、隐蔽工程的验收等工作，在检查验收中应按照规定的检验批划分和检查数量进行检验。

一、文件和记录检查

幕墙工程在进行验收时，应当检查下列文件和记录：

（1）幕墙工程的施工图、结构计算书、设计说明及其他设计文件。

（2）建筑设计单位对幕墙工程设计的确认文件。

（3）幕墙工程所用各种材料、五金配件、构件及组件的产品合格证书、性能检测报告、进场验收记录和复验报告。

（4）幕墙工程所用硅酮结构胶的认定证书和抽查合格证明；进口硅酮结构胶的商检证；国家指定检测机构出具的硅酮结构胶相容性和剥离黏结性试验报告；石材用密封胶的耐污染性试验报告。

（5）后置埋件的现场拉拔强度检测报告。

（6）幕墙的抗风压性能、空气渗透性能、雨水渗漏性能及平面变形性能检测报告。

（7）打胶、养护环境的温度、湿度记录；双组分硅酮结构胶的混匀性试验记录及拉断试验记录。

（8）防雷装置测试记录。

（9）隐蔽工程验收记录。

（10）幕墙构件和组件的加工制作记录，幕墙的安装施工记录。

二、工程材料复验

幕墙工程在正式施工前，应对下列材料及其性能指标进行复验：

（1）铝塑复合板的剥离强度。

（2）石材的弯曲强度，寒冷地区石材的耐冻融性，室内用花岗石的放射性。

（3）玻璃幕墙用结构胶的邵氏硬度、标准条件拉伸黏结强度、相容性试验；石材用结构胶的黏结强度；石材用密封胶的污染性。

三、隐蔽工程验收

在正式施工前，应对下列隐蔽工程项目进行验收：

（1）预埋件（或后置埋件）。

（2）构件的连接节点。

（3）变形缝及墙面转角处的构造节点。

（4）幕墙防雷装置。

（5）幕墙防火构造。

四、检验批的划分

幕墙工程各分项工程的检验批，应按下列规定进行划分：

（1）相同设计、材料、工艺和施工条件的幕墙工程，每 $500\sim1000\mathrm{m}^2$ 应划为一个检验批，小于 $500\mathrm{m}^2$ 的也应划为一个检验批。

（2）同一单位工程的不连续幕墙工程，与连续的幕墙工程的检验批划分不同，应当单独划分检验批。

（3）对于异形或有特殊要求的幕墙，检验批的划分应根据幕墙的结构、工艺特点及幕墙工程规模，由监理单位（或建设单位）和施工单位协商确定。

五、幕墙检查数量

幕墙工程完成后，应对施工质量进行抽查，其检查数量应符合下列规定：

（1）每个检验批每 $100\mathrm{m}^2$ 应至少抽查一处，每处面积应大于或等于 $10\mathrm{m}^2$。

（2）对于异形或有特殊要求的幕墙工程，应根据幕墙的结构和工艺特点，由监理单位（或建设单位）和施工单位协商确定。

六、幕墙其他方面的检查

（1）幕墙及其连接件应具有足够的承载力、刚度和相对于主体结构的位移能力。幕墙构架立柱的连接金属角码与其他连接件应采用螺栓连接，并应有防松动的措施。

（2）隐框、半隐框幕墙所采用的结构黏结材料必须是中性硅酮胶，其性能必须符合国家标准《建筑用硅酮结构密封胶》（GB 16776—2005）中的规定，硅酮结构密封胶必须在有效期内使用。

（3）立柱和横梁等是幕墙中的主要受力构件，其截面受力部分的壁厚应经计算确定，且铝合金型材的壁厚不应小于 3.0mm，钢型材的壁厚不应小于 3.5mm。

（4）在隐框、半隐框幕墙构件中，对于板材与金属框之间硅酮结构密封胶的粘接宽度，应分别计算风荷载标准值和板材自重标准值作用下硅酮结构密封胶的粘接宽度，并取其较大值，且不得小于 7.0mm。

（5）在注入硅酮结构密封胶时应当饱满，并应在温度 15～30℃、相对湿度 50％以上、洁净的室内进行；不得在现场墙上进行注胶。

（6）幕墙的防火除应符合现行国家标准 2018 年版《建筑设计防火规范》（GB 50016—2014）中的有关规定外，还应符合下列规定：①应根据所用防火材料的耐火极限决定防火层的厚度和宽度，并应在楼板处形成防火带；②防火层应采取隔离措施，防火层的衬板应采用经防腐处理且厚度不小于 1.5mm 的钢板，不得采用铝板；③防火层的密封材料应采用防火密封胶密封；④防火层与玻璃不能直接接触，一块玻璃不应跨两个防火区。

（7）主体结构与幕墙连接的各种预埋件，其数量、规格、位置和防腐处理等，必须符合设计要求。

（8）幕墙的金属框架与主体结构预埋件的连接、立柱与横梁的连接及幕墙面板的安装，必须符合设计的要求，连接和安装必须牢固。

（9）单元幕墙连接处和吊挂处的铝合金型材的壁厚，应当通过计算确定，并且不得小于 5.0mm。

（10）幕墙的金属框架与主体结构应通过预埋件进行连接，预埋件应在主体结构混凝土施工时插入，预埋件的位置应正确；当没有条件采用预埋件连接时，应采用其他可靠的连接措施，并应通过试验确定其承载力。

（11）立柱应采用螺栓与角码连接，螺栓的直径应通过计算确定，并不应小于 10mm；不同金属材料在接触时，应采用绝缘垫片加以分隔。

（12）幕墙中的抗震缝、伸缩缝和沉降缝等部位的处理，应保证缝具有的使用功能和装饰面的完整性。

（13）幕墙工程的设计应满足清洁和维护的要求。

第二节　玻璃幕墙的质量标准及检验方法

一、玻璃幕墙加工制作的一般规定

玻璃幕墙的质量如何，不仅与所用工程材料的质量有关，而且与加工制作也有着直接关系。如果加工制作质量不符合设计要求，在玻璃幕墙安装中则非常困难，安装质量不符合规范规定，必将使玻璃幕墙的最终质量不合格。

为确保玻璃幕墙的整体质量，在其加工制作的过程中，应当遵守以下一般规定：

（1）玻璃幕墙在正式加工制作前，首先应当与土建设计施工图进行核对，对于安装玻璃幕墙的部位主体结构进行复测，不符合设计施工图部分但能进行修理者，应按设计进行必要的修改；对于不能进行修理的部分，应按实测结果对玻璃幕墙进行适当调整。

（2）玻璃幕墙中各构件的加工精度，对幕墙安装质量起着关键性作用。在加工玻璃幕墙构件时，具体加工人员应技术熟练、水平较高，所用的设备、机具应满足幕墙构件加工精度的要求，所用的量具应定期进行计量认证。

（3）采用硅酮结构密封胶粘接固定隐框玻璃幕墙的构件时，应当在洁净、通风的室内进行注胶，并且施工的环境温度、湿度条件应符合硅酮结构密封胶产品的规定；幕墙的注胶宽度和厚度应符合设计要求。

（4）为确保玻璃幕墙的注胶质量，除全玻璃幕墙外，其他结构形式的玻璃幕墙，均不应在施工现场注硅酮结构密封胶。

（5）单元式玻璃幕墙的单元构件、隐框玻璃幕墙的装配组件，均应在工厂加工组装，然后再运至现场进行安装。

（6）低辐射镀膜玻璃应根据其镀膜材料的黏结性能和其他技术要求，确定加工制作施工工艺；当镀膜与硅酮结构密封胶相容性不良时，应除去镀膜层，然后再注入硅酮结构密封胶。

（7）硅酮结构密封胶与硅酮建筑密封胶的技术性能不同，它们的用途和作用也不一样，两者不能混用，尤其是硅酮结构密封胶不宜作为硅酮建筑密封胶使用。

二、玻璃幕墙质量预控要点

（1）安装玻璃幕墙的主体结构，应符合《混凝土结构工程施工质量验收规范》（GB 50204—2015）等有关规范的要求。

（2）进场安装玻璃幕墙的构件及附件的材料品种、规格、色泽和性能，应符合设计要求。

（3）玻璃幕墙的安装施工，应单独编制施工组织设计，并应包括下列内容：工程进度计划；与其他施工单位协调配合方案；搬运和吊装方案；施工测量方法；安装方法与安装顺序；构件、组件和成品现场保护方法；检查验收；施工安全措施等。

（4）单元式玻璃幕墙的安装施工组织设计应包括以下内容：①采用的吊具类型和吊具移动方法，单元组件起吊地点、垂直运输与楼层上水平运输方法和机具；②收口单元的位置、收口闭合工艺及操作方法；③单元组件吊装顺序以及吊装、调整、定位固定等方法和措施；④幕墙施工组织设计与主体工程施工组织设计的衔接，单位幕墙收口部位与总施工平面图中施工机具的布置协调，如果采用吊车直接吊装单元组件时，应使吊车臂覆盖全部安装位置。

（5）点支承玻璃幕墙的安装施工组织设计应包括以下内容：①支承钢结构的运输、现场拼装和吊装方案；②拉杆、拉索体系预拉力的施加、测量、调整方案及"索杆"的定位、固定方法；③玻璃的运输、就位、调整和固定方案及胶缝的充填及质量保证措施。

（6）采用脚手架施工时，玻璃幕墙安装施工单位与土建工程施工单位协商幕墙施工所用脚手架方案。悬挂式脚手架宜为3层层高，落地式脚手架应为双排布置。

（7）玻璃幕墙的施工测量应符合下列要求：①玻璃幕墙分格轴线的测量应与主体结构的测量相配合，其偏差应及时进行调整，不得积累；②应按照设计要求对玻璃幕墙的安装定位进行校核，以便发现问题后及时纠正；③对于高层建筑的测量应在风力不大于4级时进行，以防止出现较大误差。

（8）在玻璃幕墙安装过程中，构件存放、搬运、吊装时不得碰撞和损坏；半成品应及时进行保护，对型材的保护膜也应采取保管措施。

（9）在安装镀膜玻璃时，镀膜层的朝向应符合设计要求。镀膜层不能暴露在室外，以免因外界原因破坏镀膜层。

（10）在进行焊接作业时，应采取可靠的保护措施，防止烧伤型材或玻璃镀膜。

三、玻璃幕墙施工质量控制要点

1. 构件式玻璃幕墙安装质量控制要点

（1）构件式玻璃幕墙立柱的安装应符合下列要求：①立柱安装位置应准确，在正式安装时应进行复核，其安装轴线的偏差不应大于2mm；②相邻两根立柱安装标高偏差不应大于3mm，同层立柱的最大标高偏差不应大于5mm，相邻两根立柱固定点的距离偏差不应大于2mm；③立柱安装就位并经调整后，应及时加以固定。

（2）构件式玻璃幕墙横梁的安装应符合下列要求：①横梁应按设计要求安装牢固，如果设计中横梁和立柱间需要留空隙，空隙的宽度应符合设计要求；②同一根横梁两端或相邻两根横梁的水平标高偏差不应大于1mm，同层标高偏差当一幅幕墙宽度不大于35m时，不应大于5mm，当一幅幕墙宽度大于35m时，不应大于7mm；③当安装完一层高度时，应及时进行检查、校正和固定。

（3）构件式玻璃幕墙其他主要附件的安装应符合下列要求：①防火和保温材料应按设计进行铺设，并要铺设平整、可靠固定，拼接处不应留缝隙；②冷凝水排出管及其附件应与水平构件预留孔连接严密，与内衬板出水孔连接处应密封；③玻璃幕墙的其他通气槽孔及雨水排出口等，应按设计要求进行施工，不得出现遗漏，各个封口应按设计要求进行封闭处理；④玻璃幕墙在安装到位后应临时加以固定，在构件紧固后应将临时固定的螺栓及时拆除；⑤玻璃幕墙采用现场焊接或高强螺栓紧固的构件，应在紧固后及时进行防锈处理。

（4）幕墙玻璃安装应按下列要求进行：①玻璃在安装前应进行表面清洁，除设计中另有要求外，应将单片阳光控制镀膜玻璃的镀膜面朝向室内，非镀膜面朝向室外；②应按规定型号选用固定玻璃的橡胶条，其长度宜比边框内槽口长 1.5%～2.0%，橡胶条斜面断开后应拼成预定的设计角度，并应采用黏结剂将其黏结牢固，镶嵌应平整。

（5）铝合金装饰压板的安装，应表面平整、色彩一致，接缝应均匀严密。

（6）硅酮建筑密封胶不宜在夜晚、雨天打胶，注胶温度应符合设计要求和产品说明要求，注胶前应使打胶面清洁、干燥。

（7）构件式玻璃幕墙中硅酮建筑密封胶的施工应符合下列要求：①硅酮建筑密封胶的施工厚度应大于 3.5mm，施工宽度不宜小于施工厚度的 2 倍，较深的密封槽口底部，应采用聚乙烯发泡材料填塞；②硅酮建筑密封胶在接缝内应面对面黏结，而不应三面黏结。

2. 单元式玻璃幕墙安装质量控制要点

（1）单元式玻璃幕墙施工吊装机具准备应符合下列要求：①应根据单元板块的实际情况选择适当的吊装机具，并与主体结构连接牢固；②在正式吊装前，应对吊装机具进行全面质量和安全检验，试吊装合格后方可正式吊装；③吊装机具在吊装中应对单元板块不产生水平分力，吊装的运行速度应可准确控制，并具有可靠的安全保护措施；④在吊装机具运行的过程中，应具有防止单元板块摆动的措施，确保单元板块的安全。

（2）单元构件的运输应符合下列要求：①在正式运输前，应对单元板块进行顺序编号，并做好成品保护工作；②在装卸及运输过程中，应采用有足够承载力和刚度的周转架，并采用衬垫弹性垫，保证板块相互隔开及相对固定，不得相互挤压和串动；③对于超过运输允许尺寸的单元板块，应采取特殊的运输措施，不可勉强采用普通运输；④单元板块在装入运输车时，应按照安装的顺序摆放平衡，不应造成板块或型材变形；⑤在运输的过程中，应选择平坦的道路、适宜的行车速度，并将构件绑扎牢固，采取有效措施减小颠簸和振动。

（3）在场内堆放单元板块时应符合下列要求：①应根据单元板块的实际情况，设置专用的板块堆放场地，并应有安全保护措施；②单元板块应依照安装先出后进的原则按编号排列放置，不得无次序地乱堆乱放；③单元板块宜存放在周转架上，而不能直接进行叠层堆放，同时也不宜频繁装卸。

（4）单元板块起吊和就位应符合下列要求：①吊点和挂点均应符合设计要求，吊点一般情况下不应少于 2 个，必要时可增设吊点加固措施并进行试吊；②在起吊单元板块时，应使各个吊点均匀受力，起吊过程应保持单元板块平稳、安全；③单元板块的吊装升降和平移，应确保单元板块不产生摆动、不撞击其他物体，同时保证板块的装饰面不受磨损和挤压；④单元板块在就位时，应先将其挂在主体结构的挂点上，板块未固定前，吊具不得拆除。

（5）单元板块校正及固定应按下列规定进行：①单元板块就位后，应及时进行校正，使其位置控制在允许偏差内；②单元板块校正后，应及时与连接部位进行固定，并按规定进行隐蔽工程验收；③单元板块的固定经过检查合格后，方可拆除吊具，并应及时清洁单元板块的槽口。

（6）安装施工中如果因故暂停安装，应对插槽口等部位进行保护；安装完毕后的单元板块应及时进行成品保护。

3. 全玻璃幕墙安装质量控制要点

（1）全玻璃幕墙在安装前，应认真清洁镶嵌槽；中途因故暂停施工时，应对槽口采取可靠的保护措施。

（2）全玻璃幕墙在安装过程中，应随时检测和调整面板、"玻璃肋"水平度和垂直度，使墙面安装平整。

（3）每块玻璃的"吊夹"应位于同一平面，"吊夹"的受力应均匀。

（4）全玻璃幕墙玻璃两边嵌入槽口深度及预留空隙应符合设计要求，左右空隙尺寸应相同。

（5）全玻璃幕墙的玻璃面积、重量均很大，吊装安装宜采用机械吸盘安装，并应采取必要的安全措施。

4. 点支承玻璃幕墙安装质量控制要点

（1）点支承玻璃幕墙支承结构的安装应符合下列要求：①钢结构安装过程中，制孔、组装、焊接和涂装等工序，均应符合现行国家标准《钢结构工程施工质量验收规范》（GB 50205—2017）中的有关规定；②有型钢结构构件的吊装，应单独进行吊装设计，在正式吊装前应进行试吊，完全合格后方可正式吊装；③钢结构在安装就位、调整合格后，应及时进行紧固，并应进行隐蔽工程验收；④钢构件在运输、存放和安装过程中损坏的涂层及未涂装的安装连接部位，应当按照《钢结构工程施工质量验收规范》（GB 50205—2017）中的有关规定进行补涂。

（2）张拉杆、索体系中，拉杆和拉索预拉力的施工应符合下列要求：①钢拉杆和钢拉索安装时，必须按设计要求施加预拉力，并应设置预拉力调节装置，预拉力宜采用测力计测定，采用扭力扳手施加预拉力时，应事先对扭力扳手进行标定；②施加预拉力应以张拉力为控制量，拉杆、拉索的预拉力应分次、分批对称进行张拉，在张拉的过程中，应对拉杆、拉索的预拉力随时调整；③张拉前必须对构件、锚具等进行全面检查，并应签发张拉通知单，张拉通知单应包括张拉日期、张拉分批次数、每次进行张拉的控制力、张拉用机具、测力仪器及使用安全措施和注意事项，同时应建立张拉记录。

（3）支承结构的安装允许偏差，应符合表 12-1 中的规定。

表 12-1　支承结构的安装允许偏差

技术要求名称	允许偏差/mm	技术要求名称	允许偏差/mm
相邻两竖向构件间距	±2.5	"爪座"水平度	2
竖向构件垂直度	$l/1000$ 或 ≤5 l 为跨度	同层高度内"爪座"高低差：　间距＞35m　间距≤35m	7　5
相邻三竖向构件外表面平面度	5	相邻两"爪座"垂直间距	±2.0
相邻两"爪座"水平间距和竖向间距	±1.5	单个分格"爪座"对角线	4.0
相邻两"爪座"水平高低差	1.5	"爪座"端面平面度	6.0

四、玻璃幕墙施工质量验收标准

对于建筑高度不大于 150m、抗震设防烈度不大于 8 度的隐框玻璃幕墙、半隐框玻璃幕墙、明框玻璃幕墙、全玻璃幕墙及点支承玻璃幕墙工程，其工程质量验收按国家标准《建筑装饰装修工程质量验收标准》（GB 50210—2018）中的有关规定进行。

1. 主控项目

玻璃幕墙工程质量验收的主控项目应包括：①玻璃幕墙工程所用材料、构件和组件质量；

②玻璃幕墙的造型和立面分格；③玻璃幕墙主体结构上的埋件；④玻璃幕墙连接安装质量；⑤隐框或半隐框玻璃幕墙玻璃托条；⑥明框玻璃幕墙的玻璃安装质量；⑦吊挂在主体结构上的全玻璃幕墙吊夹具和玻璃接缝密封；⑧玻璃幕墙节点、各种变形缝、墙角的连接点；⑨玻璃幕墙的防火、保温、防潮材料的设置；⑩玻璃幕墙防火效果；⑪金属框架和连接件的防腐处理；⑫玻璃幕墙开启窗的配件安装质量；⑬玻璃幕墙防雷。

2. 一般项目

玻璃幕墙工程质量验收的一般项目应包括：①玻璃幕墙表面质量；②玻璃和铝合金型材的表面质量；③明框玻璃幕墙的外露框或压条；④玻璃幕墙拼缝；⑤玻璃幕墙板缝注胶；⑥玻璃幕墙隐蔽节点的遮封；⑦玻璃幕墙安装偏差。

3. 其他检验

玻璃幕墙中每平方米玻璃的表面质量和检验方法，如表 12-2 所示；一个分格玻璃幕墙铝合金型材的表面质量和检验方法，如表 12-3 所示；明框玻璃幕墙安装的允许偏差和检验方法，如表 12-4 所示；隐框、半隐框玻璃幕墙安装的允许偏差和检验方法，如表 12-5 所示。

表 12-2　玻璃幕墙每平方米玻璃的表面质量和检验方法

项次	项目	质量要求	检验方法
1	明显划伤和长度>100mm 的轻微划伤	不允许	观察
2	长度≤100mm 的轻微划伤	≤8 条	用钢尺检查
3	擦伤总面积	≤500mm^2	用钢尺检查

表 12-3　一个分格玻璃幕墙铝合金型材的表面质量和检验方法

项次	项目	质量要求	检验方法
1	明显划伤和长度>100mm 的轻微划伤	不允许	观察
2	长度≤100mm 的轻微划伤	≤2 条	用钢尺检查
3	擦伤总面积	≤500mm^2	用钢尺检查

表 12-4　明框玻璃幕墙安装的允许偏差和检验方法

项次	项目		允许偏差/mm	检验方法
1	幕墙垂直度	幕墙高度≤30m	10	用经纬仪检查
		30m<幕墙高度≤60m	15	
		60m<幕墙高度≤90m	20	
		幕墙高度>90m	25	
2	幕墙水平度	幕墙幅宽≤35m	5	用水平仪检查
		幕墙幅宽>35m	7	
3	构件直线度		2	用 2m 靠尺和塞尺检查
4	构件水平度	构件长度≤2m	2	用水平仪检查
		构件长度>2m	3	
5	相邻构件		1	用钢尺检查
6	分格框对角线长度差	对角线长度≤2m	3	用钢尺检查
		对角线长度>2m	4	

表 12-5　隐框、半隐框玻璃幕墙安装的允许偏差和检验方法

项次	项目		允许偏差/mm	检验方法
1	幕墙垂直度	幕墙高度≤30m	10	用经纬仪检查
		30m<幕墙高度≤60m	15	
		60m<幕墙高度≤90m	20	
		幕墙高度>90m	25	
2	幕墙水平度	层高≤3m	3	用水平仪检查
		层高>3m	5	
3	幕墙表面平整度		2	用 2m 靠尺和塞尺检查

项次	项目	允许偏差/mm	检验方法
4	板材立面垂直度	2	用垂直检测尺检查
5	板材上沿水平度	2	用1m水平尺和钢直尺检查
6	相邻板材板角错位	1	用钢直尺检查
7	阳角方正	2	用直角检测尺检查
8	接缝直线度	3	拉5m线，不足5m拉通线，用钢直尺检查
9	接缝高低差	1	用钢直尺和塞尺检查
10	接缝宽度	1	用钢直尺检查

第三节　金属幕墙的质量标准及检验方法

一、金属幕墙加工质量控制要点

1. 对金属板材的质量要求

金属板材的品种、规格和色泽应符合设计要求；铝合金板材表面氟碳树脂的涂层厚度应符合设计要求。

2. 金属板材加工质量要求

金属板材所选用的材料应符合现行国家产品标准的规定，同时应有出厂合格证。金属板材加工允许偏差应符合表12-6中的规定。

表 12-6　金属板材加工允许偏差　　　　　　　　　单位：mm

项目		允许偏差	项目		允许偏差
边长	≤2000	±2.0	对角线长度	≤2000	3.5
	>2000	±2.5		>2000	3.0
对边尺寸	≤2000	≤2.5	平面度		≤2/1000
	>2000	≤3.0	孔的中心距		±1.5
折弯高度		≤1.0			

3. 单层铝板的加工质量要求

单层铝板的加工应符合下列规定：

（1）单层铝板进行折弯加工时，折弯外圆弧半径不应小于板材厚度的1.5倍。

（2）单层铝板加劲肋的固定可以采用电栓钉，但应确保铝板外表面不变形、不褪色，固定应当确保牢固。

（3）单层铝板的固定耳子应符合设计要求。固定耳子可以采用焊接、铆接或在铝板上直接冲压而成，并做到位置准确、调整方便、固定牢固。

（4）单层铝板构件四周应采用铆接、螺栓或胶黏剂与机械连接相结合的形式固定，并应做到构件刚度满足、固定牢固。

4. 铝塑复合板的加工质量要求

铝塑复合板的加工应符合下列规定：

（1）在切割铝塑复合板内层铝板和聚乙烯塑料时，应保留不小于0.3mm厚的聚乙烯塑料，并不得划伤外层铝板的内表面。

（2）在铝塑复合板加工的过程中，严禁与水接触。

（3）打孔、切口等外露的聚乙烯塑料及角缝，应采用中性硅酮耐候密封胶来加以密封。

5. 蜂窝铝板的加工质量要求

蜂窝铝板的加工质量应符合下列规定：

（1）应根据组装要求决定切口的尺寸和形状，在切除铝芯时不得划伤蜂窝铝板外层铝板的内表面；各部位外层的铝板上，应保留 0.3～0.5mm 的铝芯。

（2）对于蜂窝铝板直角构件的加工，折角处应弯成圆弧状，角缝隙应采用硅酮耐候密封胶密封。

（3）对于蜂窝铝板大圆弧角构件的加工，圆弧部位应填充防火材料。

（4）对于蜂窝铝板边缘的加工，应将外层铝板折合 180°，并将铝芯包封。

6. 对吊挂件、安装件的要求

金属幕墙的吊挂件、安装件应符合下列规定：

（1）单元金属幕墙使用的吊挂件、安装件应当采用铝合金件或不锈钢件，并应具备一定的可调整范围。

（2）单元金属幕墙的吊挂件与预埋件的连接应采用穿透螺栓；铝合金立柱的连接部位的局部壁厚不得小于 5mm。

二、金属幕墙安装质量控制要点

（1）在金属幕墙安装前，应对构件加工精度进行检验，检验合格后方可进行安装。

（2）预埋件安装必须符合设计要求，安装牢固，严禁出现歪、斜、倾现象。安装位置偏差应控制在允许范围以内。

（3）幕墙立柱与横梁安装应严格控制水平度、垂直度以及对角线长度，在安装过程中应反复检查校核，达到要求后方可进行玻璃的安装。

（4）在进行金属板安装时，应拉线控制相邻玻璃面的水平度、垂直度及大面平整度，用木模板控制缝隙宽度，如有误差应均分到每一条缝隙中，防止误差产生积累。

（5）进行密封工作前应对密封面进行清扫，并在胶缝两侧的金属板上粘贴保护胶带，防止注入胶污染周围的板面；注胶应均匀、密实、饱满，胶缝表面应光滑；同时应注意注胶方法，防止气泡产生并避免浪费。

（6）在进行金属幕墙清扫时，应选用合适的清洗溶剂，清扫工具禁止使用金属物品，以防止损坏金属幕墙的金属板或构件表面。

三、金属幕墙施工质量验收标准

建筑高度不大于 150m 的金属幕墙工程，应当按照《建筑装饰装修工程质量验收规范》（GB 50210—2018）中的如下强制性条文规定进行质量验收。

1. 主控项目

金属幕墙工程质量验收的主控项目包括：①金属幕墙工程所用材料和配件质量；②金属幕墙的造型、立面分格、颜色、光泽、花纹和图案；③金属幕墙立体结构上的埋件；④金属幕墙连接安装质量；⑤金属幕墙的防火保温防潮材料的设置；⑥金属框架和连接件的防腐处理；⑦金属幕墙防雷；⑧变形缝、墙角的连接节点；⑨金属幕墙的防水效果。

2. 一般项目

金属幕墙工程质量验收的一般项目包括：①金属幕墙表面质量；②金属幕墙的压条安装质量；③金属幕墙板缝注胶；④金属幕墙流水坡向和滴水线；⑤金属板的表面质量；⑥金属幕墙安装偏差。

3. 其他检验

金属幕墙中每平方米金属板的表面质量和检验方法，如表 12-7 所示；金属幕墙安装的允许偏差和检验方法，如表 12-8 所示。

表 12-7 金属幕墙每平方米金属板的表面质量和检验方法

项次	项目	质量要求	检验方法
1	明显划伤和长度＞100mm 的轻微划伤	不允许	观察
2	长度≤100mm 的轻微划伤	≤8 条	用钢尺检查
3	擦伤总面积	≤500mm²	用钢尺检查

表 12-8 金属幕墙安装的允许偏差和检验方法

项次	项目		允许偏差/mm	检验方法
1	幕墙垂直度	幕墙高度≤30m	10	用经纬仪检查
		30m＜幕墙高度≤60m	15	
		60m＜幕墙高度≤90m	20	
		幕墙高度＞90m	25	
2	幕墙水平度	层高≤3m	3	用水平仪检查
		层高＞3m	5	
3	幕墙表面平整度		2	用 2m 靠尺和塞尺检查
4	板材立面垂直度		2	用垂直检测尺检查
5	板材上沿水平度		2	用 1m 水平尺和钢直尺检查
6	相邻板材板角错位		1	用钢直尺检查
7	阳角方正		2	用直角检测尺检查
8	接缝直线度		3	拉 5m 线，不足 5m 拉通线，用钢直尺检查
9	接缝高低差		1	用钢直尺和塞尺检查
10	接缝宽度		1	用钢直尺检查

第四节　石材幕墙的质量标准及检验方法

一、石材幕墙加工质量控制要点

1. 石材幕墙所用石板的加工质量

石材幕墙所用石板的加工质量应符合下列规定：

（1）石板的连接部位应无损坏、暗裂等质量缺陷；当其他部位的崩边尺寸不大于 5mm× 20mm，或缺角不大于 20mm 时可修补后使用，但每层修补的石板块数不应大于 2%，且应当用于立面不明显部位。

（2）石板的长度、宽度、厚度、直角、异型角、半圆弧形状、异型材及花纹图案造型、石板的外形尺寸均应符合设计要求。

（3）石板外表面的色泽应符合设计要求，花纹图案应按照样板进行检查。石板的周围不得有明显的色差。

（4）"火烧石"是一种天然石材，色彩是天然生长而成的，是天然的玄武岩，具有抗酸、抗碱、耐高温等特点。当采用"火烧石"时，应按样板检查"火烧石"的均匀程度，"火烧石"不得有暗裂和崩裂等缺陷。

（5）石板应结合其组合形式，并在确定安装的基本形式后进行加工。为便于幕墙石板的顺利安装，石板在加工中应进行编号，石板的编号应同设计一致，不得因加工而造成顺序混乱。

（6）石板加工尺寸允许偏差应符合现行国家标准《天然花岗石建筑板材》（GB/T 18601—2009）的有关规定中一等品的要求。

2. 钢销式安装的石板加工质量要求

钢销式安装的石板加工应符合下列规定：

（1）钢销的孔位应根据石板的大小而定，孔位距离边端部不得小于石板厚度的 3 倍，也不得大于 180mm；钢销间距不宜大于 600mm；板材边长不大于 1.0m 时每边应设两个钢销，边长大于 1.0m 时应采用复合连接。

（2）石板钢销孔洞的深度宜为 22～33mm，孔的直径宜为 7mm 或 8mm，钢销的直径宜为 5mm 或 6mm，钢销的长度宜为 20～30mm。

（3）石板的钢销孔洞应当完整，不得有损坏或崩裂现象，孔内应光滑、顺直、洁净。

3. 通槽式安装的石板加工质量要求

通槽式安装的石板加工应符合下列规定：

（1）石板的通槽宽度宜为 6mm 或 7mm，不锈钢支撑板的厚度不宜小于 3.0mm，铝合金支撑板的厚度不宜小于 4.0mm。

（2）石板开槽后不得有任何损坏或崩裂缺陷，槽口应当打磨成 45°倒角，槽内应光滑、洁净。

4. 短槽式安装的石板加工质量要求

短槽式安装的石板加工应符合下列规定：

（1）每块石板上下边应各开两个短平槽，短平槽的长度不应小于 100mm，在有效长度内槽深度不宜小于 15mm；开槽宽度宜为 6mm 或 7mm，不锈钢支撑板的厚度不宜小于 3.0mm，铝合金支撑板的厚度不宜小于 4.0mm，弧形槽的有效长度不应小于 80mm。

（2）两短槽边距离石板两端部的距离不应小于石板厚度的 3 倍且不应小于 85mm，也不应大于 180mm。

（3）石板开槽后不得有任何损坏或崩裂缺陷，槽口应当打磨成 45°倒角，槽内应光滑、洁净。

5. 对不锈钢支撑件或铝合金型材专用件的要求

石板的转角宜采用不锈钢支撑件或铝合金型材专用件进行组装，并应当符合下列规定：

（1）当采用不锈钢支撑件进行组装时，不锈钢支撑件的厚度不应小于 3.0mm。

（2）当采用铝合金型材专用件进行组装时，铝合金型材壁厚不应小于 4.0mm，连接部位的壁厚不应小于 5.0mm。

6. 单元石板幕墙的加工组装质量要求

单元石板幕墙的加工组装应符合下列规定：

（1）有防火要求的全石板幕墙单元，应将石板、防火板、防火材料按设计要求组装在铝合金框架上。

（2）有可视部分的混合幕墙单元，应将玻璃板、石板、防火板及防火材料按设计要求组装在铝合金框架上。

（3）幕墙单元内石板之间可采用铝合金 T 形连接件进行连接；T 形连接件的厚度应根据石板的尺寸及重量经计算后确定，且其最小厚度不应小于 4.0mm。

（4）在幕墙单元内，边部石板与金属框架的连接，可采用铝合金 L 形连接件，L 形连接件的厚度应根据石板的尺寸及重量经计算后确定，且其最小厚度不应小于 4.0mm。

7. 其他方面的具体要求

（1）石板经切割或开槽等工序后，均应将石屑用清水冲洗干净，石板与不锈钢的挂件之间，应采用环氧树脂类石材专用结构胶黏结。

（2）对已加工好、质量合格的石板，应当存放于通风良好的仓库内，立放角度一般不应小于 85°。

二、石材幕墙安装质量控制要点

（1）在正式进行石材幕墙安装前，应对构件加工精度进行认真检验，必须达到设计要求及规范标准方可安装。

（2）预埋件的安装必须符合设计要求，安装牢固可靠，不应出现歪斜、倾倒等质量缺陷。安装位置的偏差应控制在允许范围以内。

（3）在石材板材安装时，应拉线控制相邻板材面的水平度、垂直度及大面平整度；用木模板控制缝隙的宽度，如出现误差，应均分在每一条缝隙中，防止误差的积累。

（4）在进行密封工作前，应对需要密封的面进行认真清扫，并在胶缝两侧的石板上粘贴保护胶带，防止注入的胶液污染周围的板面；注胶应均匀、密实、饱满，胶缝表面应光滑，同时应注意采用正确的注胶方法，避免产生浪费。

（5）在对石材幕墙进行清扫时，应当选用合适的清洗溶剂，清扫工具禁止使用金属物品，以防止磨损石板表面或构件表面。

三、石材幕墙施工质量验收标准

建筑高度不大于100m、抗震设防烈度不大于8度的石材幕墙工程，应当按《建筑装饰装修工程质量验收标准》（GB 50210—2018）中的如下强制性条文规定进行质量验收。

1. 主控项目

石材幕墙工程质量验收的主控项目包括：①石材幕墙工程所用材料质量；②石材幕墙的造型、立面分格、颜色、光泽、花纹和图案；③石材孔、槽的加工质量；④石材幕墙主体结构上的埋件；⑤石材幕墙的连接安装质量；⑥金属框架和连接件的防腐处理；⑦石材幕墙的防雷；⑧石材幕墙的防火、保温、防潮材料的设置；⑨变形缝、墙角的连接节点；⑩石材表面和板缝的处理；⑪有防水要求的石材幕墙防水效果。

2. 一般项目

石材幕墙工程质量验收的一般项目包括：①石材幕墙的表面质量；②石材幕墙压条安装质量；③石材接缝、阴阳角、凸凹线、洞口、槽；④石材幕墙板缝注胶；⑤石材幕墙流水坡向和滴水线；⑥石材的表面质量；⑦石材幕墙安装偏差。石材幕墙工程质量验收的一般项目见表12-9。

表 12-9　石材幕墙工程质量验收的一般项目

项次	质量要求	检验方法
1	石材幕墙表面应平整、洁净，无污染、缺损和裂痕；颜色和花纹应协调一致，无明显色差，无明显修痕	观察
2	石材幕墙的压条应平直，洁净，接口严密，安装牢固	观察；手扳检查
3	石材接缝应横平竖直、宽窄均匀；阴阳角石板压向应正确，板边合缝应顺直；凹凸线出墙厚度应一致，上下口应平直；石材面板上洞口、槽边应套割吻合，边缘应齐整	观察；尺量检查
4	石材幕墙的密封胶缝应横平竖直、深浅一致、宽窄均匀、光滑顺直	观察
5	石材幕墙上的滴水线、流水坡向应正确、顺直	观察；用水平尺检查
6	每平方米石材的表面质量和检验方法应符合规定	
7	石材幕墙安装的允许偏差和检验方法应符合规定	

3. 其他检验

石材幕墙中每平方米玻璃的表面质量和检验方法，如表12-10所示；石材幕墙安装的允许偏差和检验方法，如表12-11所示。

表 12-10　石材幕墙中每平方米玻璃的表面质量和检验方法

项次	项目	质量要求	检验方法
1	明显划伤和长度＞100mm 的轻微划伤	不允许	观察
2	长度≤100mm 的轻微划伤	≤8 条	用钢尺检查
3	擦伤总面积	≤500mm²	用钢尺检查

表 12-11　石材幕墙安装的允许偏差和检验方法

项次	项目		允许偏差/mm		检验方法
			光面	麻面	
1	幕墙垂直度	幕墙高度≤30m	10		用经纬仪检查
		30m＜幕墙高度≤60m	15		
		60m＜幕墙高度≤90m	20		
		幕墙高度＞90m	25		
2	幕墙水平度		3		用水平仪检查
3	板材立面垂直度		3		用垂直检测尺检查
4	板材上沿水平度		2		用1m水平尺和钢直尺进行检查
5	相邻板材板角错位		1		用钢直尺检查
6	幕墙表面平整度		2	3	用2m靠尺和塞尺检查
7	阳角方正		2	4	用直角检测尺检查
8	接缝直线度		3	4	拉5m线,不足5m拉通线,用钢直尺检查
9	接缝高低差		1	—	用钢直尺和塞尺检查
10	接缝宽度		1	2	用钢直尺检查

第五节　陶瓷板幕墙的质量控制

陶瓷板幕墙安装工程质量控制适用于建筑高度不大于150m的陶瓷板幕墙安装工程的质量验收。

一、陶瓷板幕墙安装工程质量控制一般规定

1. 检验批的划分
检验批应按下列规定划分：

（1）相同设计、材料、工艺和施工条件的陶瓷板幕墙工程每500～1000m² 应划分为一个检验批，不足500m² 也应划分为一个检验批。

（2）同一单位工程的不连续幕墙工程应单独划分检验批。

（3）对于异形或有特殊要求的幕墙，检验批的划分应根据幕墙的结构、工艺特点及幕墙工程规模，由监理单位（或建设单位）和施工单位通过协商确定。

2. 检查数量要求
检查数量应符合下列规定：

（1）每个检验批每100m² 应至少抽查一处，每处不得小于10m²。

（2）对于异形或有特殊要求的幕墙工程，应根据幕墙的结构和工艺特点，由监理单位（或建设单位）和施工单位通过协商确定。

二、陶瓷板幕墙安装工程质量控制主控项目

（1）陶瓷板幕墙工程所使用的各种材料和配件，应符合设计要求及国家现行产品标准和工程技术规范的规定。检验方法：检查产品合格证书、性能检验报告、材料进场验收记录和复验报告。

（2）陶瓷板幕墙的造型和立面分格应符合设计要求。检验方法：观察，尺量检查。

（3）陶瓷板的品种、规格、颜色、光泽及安装方向应符合设计要求。检验方法：观察，检查进场验收记录。

（4）陶瓷板安装必须符合设计要求，安装必须牢固。检验方法：手扳检查，检查隐蔽工程验收记录。

（5）陶瓷板接缝的处理应符合设计要求。检验方法：观察。

（6）陶瓷板幕墙应无渗漏。检验方法：在易渗漏部位进行淋水检查。

三、陶瓷板幕墙安装工程质量控制一般项目

（1）陶瓷板表面应平整、洁净、无明显色差、无污染，不得有凹坑、缺角、裂缝、斑痕，施釉表面不得有裂纹和龟裂。检验方法：观察。

（2）陶瓷板幕墙的压条应平直、洁净、接口严密、安装牢固。检验方法：观察，手扳检查。

（3）陶瓷板接缝应横平竖直、宽窄均匀；阴阳角陶瓷板压向应正确，板边拼缝应顺直；表面出墙厚度应一致，上下口应平直；陶瓷板面板上洞口、槽边应切割吻合，边缘应整齐。检验方法：观察，尺量检查。

（4）陶瓷板幕墙上的滴水线、流水坡向应当正确、顺直。检验方法：观察，并用水平尺进行检查。

（5）每块陶瓷板的表面质量和检验方法应符合表 12-12 的规定。

表 12-12　每块陶瓷板的表面质量和检验方法

项次	项目	质量要求	检验方法
1	缺棱：长度 5～10mm、宽度不超过 1mm	≤1 处	用钢尺检查
2	缺角：面积（2～5）mm×2mm	≤1 处	用钢尺检查
3	单条长度≤100mm 的轻微划伤	≤2 条	用钢尺检查
4	轻微擦伤总面积	≤300mm^2	用钢尺检查

（6）陶瓷板幕墙安装的允许偏差和检验方法应符合表 12-13 的规定。

表 12-13　陶瓷板幕墙安装的允许偏差和检验方法

项次	项目		允许偏差/mm	检验方法
1	幕墙垂直度	幕墙高度≤30m	10	用经纬仪检查
		30m＜幕墙高度≤60m	15	
		60m＜幕墙高度≤90m	20	
		90m＜幕墙高度≤150m	25	
2	幕墙水平度		3.0	用水平仪检查
3	板材立面垂直度		3.0	用垂直检测尺检查
4	板材上沿水平度		2.0	用 1m 水平尺和钢直尺检查
5	相邻板材板角错位		1.0	用钢直尺检查
6	幕墙表面平整度		3.0	用 2m 靠尺和塞尺检查
7	阳角方正		4.0	用直角检测尺检查
8	接缝直线度		4.0	拉 5m 线，不足 5m 拉通线，用钢直尺检查
9	接缝高低差		1.0	用钢直尺和塞尺检查
10	接缝的宽度		2.0	用钢直尺检查

参考文献

▶▶▶

[1] 罗忆，黄圻，刘忠伟．建筑幕墙设计与施工（第二版）．北京：化学工业出版社，2017．

[2] 李继业，周翠玲，胡琳琳．建筑装饰装修工程施工技术手册．北京：化学工业出版社，2017．

[3] 张芹．建筑幕墙与采光顶设计施工手册．北京：中国建筑工业出版社，2002．

[4] 李继业，胡琳琳，贾雍．建筑装饰工程实用技术手册．北京：化学工业出版社，2014．

[5] 李继业，田洪臣，张立山．幕墙施工与质量控制要点·实例．北京：化学工业出版社，2016．

[6] 胡琳琳．幕墙与采光工程施工问答实例．北京：化学工业出版社，2012．

[7] 宋业功，等．建筑装修工程施工技术与质量控制．北京：中国建材工业出版社，2007．

[8] 许炳权．装饰装修施工技术．北京：中国建材工业出版社，2003．

[9] 周菁，等．建筑装饰装修技术手册．合肥：安徽科学技术出版社，2006．

[10] 李继业．装饰幕墙工程．北京：化学工业出版社，2009．